全国高职高专规划教材——工学结合教材

计算机辅助设计（CAD）项目化教程

汪立军　主编

中国环境出版集团·北京

图书在版编目（CIP）数据

计算机辅助设计（CAD）项目化教程/汪立军主编．　—北京：中国环境出版集团，2016.4（2023.1 重印）

全国高职高专规划教材. 工学结合教材

ISBN　978-7-5111-0105-1

Ⅰ．①计… Ⅱ．①汪… Ⅲ．①计算机辅助设计—AutoCAD 软件—高等职业教育—教材 Ⅳ．①TP391.72

中国版本图书馆 CIP 数据核字（2016）第 015921 号

出 版 人	武德凯	
责任编辑	黄晓燕	侯华华
责任校对	尹　芳	
封面设计	宋　瑞	

出版发行	中国环境出版集团
	（100062　北京市东城区广渠门内大街 16 号）
	网　　　址：http://www.cesp.com.cn
	电子邮箱：bjgl@cesp.com.cn
	联系电话：010-67112765（编辑管理部）
	010-67112735（第一分社）
	发行热线：010-67125803，010-67113405（传真）
印　　刷	北京市联华印刷厂
经　　销	各地新华书店
版　　次	2016 年 4 月第 1 版
印　　次	2023 年 1 月第 2 次印刷
开　　本	787×960　1/16
印　　张	23.5
字　　数	430 千字
定　　价	39 元

编审人员

主　编：汪立军

副主编：卞小燕　姚世明　牛玉霞

　　　　周文斌　徐海锋

序　言

　　工学结合人才培养模式经由国内外高职高专院校的具体教学实践与探索，越来越受到教育界和用人单位的肯定和欢迎。国内外职业教育实践证明，工学结合、校企合作是遵循职业教育发展规律，体现职业教育特色的技能型人才培养模式。工学结合、校企合作的生命力就在于工与学的紧密结合和相互促进。在国家对高等应用型人才需求不断提升的大环境下，坚持以就业为导向，在高职高专院校内有效开展结合本校实际的"工学结合"人才培养模式，彻底改变了传统的以学校和课程为中心的教育模式。

　　《全国高职高专规划教材——工学结合教材》丛书是一套高职高专工学结合的课程改革规划教材，是在各高等职业院校积极践行和创新先进职业教育思想和理念，深入推进工学结合、校企合作人才培养模式的大背景下，根据新的教学培养目标和课程标准组织编写而成的。

　　本套丛书是近年来各院校及专业开展工学结合人才培养和教学改革过程中，在课程建设方面取得的实践成果。教材在编写上，以项目化教学为主要方式，课程教学目标与专业人才培养目标紧密贴合，课程内容与岗位职责相融合，旨在培养技术技能型高素质劳动者。

前　言

随着计算机应用的普及，计算机辅助设计（Computer aided design，CAD）技术已经广泛应用于机械、电子、汽车、造船、建筑、化工等各行各业，并成为提高产品和工程设计质量、缩短设计周期和降低消耗的重要技术手段。计算机绘图（Computer graphics，CG）是CAD技术的重要组成部分，也是进行计算机辅助设计与制造（Computer aided manufacturing，CAD/CAM）的基础。

AutoCAD是一款非常优秀且通用的计算机辅助设计软件，由于它的功能强大、操作简便、体系结构开放、能适应各种软硬件平台等特点，深受广大工程技术人员的喜爱，是目前使用最为广泛的计算机辅助设计软件之一。

高职高专教育以培养技术应用型人才为目标，担负着为国家经济建设高速发展输送第一线的高素质技能人才的重任。为了满足AutoCAD版本的更新和学校课程教学的需要，更好地与全国计算机信息高新技术考试——计算机辅助设计接轨，我们结合多年的教学实践编写了本书。

本书在编写过程中，力求体现以下特征：

1. 本书把职业能力的培养作为目标，把提高学生学习兴趣作为突破口。教材在编写过程中，体现当前高职教育教学改革的要求，通过大量源于工程实际的案例，将每个知识点融入案例中进行讲解。

2. 本书每个项目中都精心设计了项目的实训，目的是培养学生的绘制专业图的能力。在教学内容的安排上，体现理论够用、按需组织的原则，对必要的基本知识进行深入浅出、图文并茂的讲解，使其浅显易懂。

3. 突出技能培养，将专业教学与职业资格认证的要求相结合，选用AutoCAD2005版本，与当前全国计算机信息高新技术考试——计算机辅助设计认证考试相一致，通过学习，可以参加该认证考试。

4. 突出实用性和可操作性，每章后配有不同形式的测试和项目训练题，便于读者课余时间练习，巩固所学知识。

本书由南通科技职业学院的汪立军老师担任主编，卞小燕、姚世明、牛玉霞、周文斌和徐海锋老师担任副主编。参加编写的还有校企合作单位南通锦泽装饰设计有限公司的陈天老师等。

由于编者的水平有限，书中难免有不足之处，欢迎广大读者提出宝贵意见。联系邮箱：ntnywlj@163.com。

编 者
2015 年 6 月

目　录

项目 1　体验计算机辅助设计

项目目标

了解计算机辅助设计技术的基本概念、内容和发展历史；熟悉计算机辅助设计系统的软、硬件构成与功能；了解计算机辅助设计技术的主要作用和应用。

1.1　计算机辅助设计的概况

计算机辅助设计（Computer aided design，CAD）是 20 世纪 60 年代发展起来的新兴的综合性计算机应用技术。它是以设计者为中心，利用计算机辅助设计系统的资源，对工程和产品设计进行规划、分析、综合、模拟、评价、修改、决策并形成工程文档的创造性活动。在工程和产品设计中，计算机可以帮助设计人员担负计算、信息存储和绘图等项工作。在设计中通常要用计算机对不同方案进行大量的计算、分析和比较，以决定最优方案；各种设计信息，不论是数字的、文字的或图形的，都能存放在计算机的内存或外存里，并能快速地检索；设计人员通常用草图开始设计，将草图变为工作图的繁重工作可以交给计算机完成；由计算机自动产生的设计结果，可以快速将图形显示出来，使设计人员及时对设计做出判断和修改；利用计算机可以进行与图形的编辑、放大、缩小、平移和旋转等有关的图形数据加工等工作。

1.1.1　计算机辅助设计的产生与发展

计算机辅助设计的研究最初起步于计算机图形显示硬件和交互式计算机图形学。1963 年春，在美国计算机联合会的年会上，MIT 的研究小组发表了有关 CAD 项目的五篇论文，给工程界以很大的震动，其中 24 岁的研究生萨泽兰德（L. E. Sutherland）发表的《SKETCH-PAD（素描板）——一种人机对话系统》论文中，介绍了这个系统能在 10～15 min 内完成通常需要几周时间才能完成的工作。从此，CAD 开始发展起来，经过近 40 年计算机硬件和软件技术的发展，CAD 技术已成为一门新的学科，并成为计算机应用的极其重要的新领域。

计算机辅助设计的工作过程一般是：①工程或产品规划，根据市场需求提出功能要求；②进行方案设计，根据功能要求选择合适的科学原理或构造原理，确定总体方案；③结构、技术设计，对工程或产品的造型、外观、尺寸等进行设计，进行有限元分析，使其结构、尺寸与应力相适应；④对工程或产品进行加工模拟，如注塑（塑料制品）、压铸（金属件）、锻压或机械加工等过程进行模拟，从中发现制造或施工过程中出现的问题，进而修改设计方案；⑤对产品实施运动或功能模拟，对其性能做出评价、分析和优化，最终完成详细结构设计。机械产品的计算机辅助设计过程如图 1-1 所示。

由此可见，计算机辅助设计系统包括了图形功能（几何造型和图形处理），科学计算功能，信息交换、传输和共享功能，工程分析与仿真功能，产品的表示与管理功能。

1.1.2　计算机辅助设计的特点

计算机辅助设计是促进科研成果开发和转化、实现设计自动化、加快国民经济发展和国防现代化的一项关键技术；是提高产品和工程设计水平、降低消耗、缩短科研和新产品开发周期、大幅度提高劳动生产率的重要手段；是科研单位提高自主研究与开发能力，企业提高创新能力和管理水平，参与国际竞争的重要条件。

计算机辅助设计有以下主要特点：

（1）提高设计效率。计算机辅助设计能够减轻设计人员的劳动，缩短设计周期，加速产品的更新换代，增强产品的市场竞争力。

（2）提高设计质量。利用 CAD 系统提供的优化技术和设计计算功能，有限元分析和装配运动仿真技术，可以减少认为的设计误差，提高设计质量和产品的可靠性。

（3）修改设计便捷。当产品的信息进入计算机后，零部件之间数据关联，如果对其做局部的修改，则与之相关的全部信息会自动更新。

（4）设计与分析统一。CAD 系统有统一描述产品模型的数据库，通过分析评价，可以预知产品的性能。

（5）易于实现标准化。企业产品数据包括设计、图文、技术文档等，标准化易于企业积累产品资源，方便产品数据的存储、传递、转换和理解。

（6）易于实现网络协同设计。由于产品数据的标准化和共享性，设计人员借助 Internet 就可以在不同地点、不同部门进行产品的协同设计。

（7）为无纸化生产奠定基础。可提供 CAM 或 CIMS 基础数据，实现无纸化加工和绿色制造。

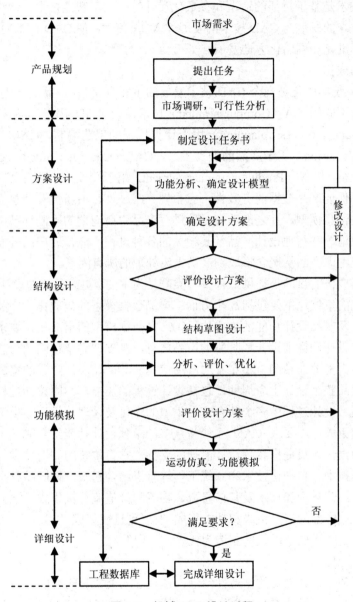

图 1-1 机械 CAD 设计过程

1.1.3 计算机辅助设计技术的发展趋势

CAD 技术对科学技术的进步产生了深远的影响，做出了巨大的贡献。目前采用的主流技术是基于特征的造型和参数化设计等，人工智能技术、网络技术和工程数据库技术的发展为 CAD 技术的发展注入新的活力，使 CAD 技术向着集成化、智能化、标准化和网络化方向发展。

（1）集成化

CAD 系统集成化是当今 CAD 技术发展的重要方面。在产品的全生命周期中，引入了各种不同的 CA（Computer aided）技术，如 CAD 用于产品设计，CAPP（Computer-aided process planning）用于计算机辅助工艺编制，CAM（Computer aided manufacturing）用于产品的加工生产，CAE（Computer aided engineering）用于产品分析，PDM（Product data management）用于管理与产品有关的数据和过程等。为了保证产品数据的有效性、完整性、唯一性、最新性及共享性，必须建立集成产品信息模型，使之能够容易地进行产品生命周期的不同环节间的转换，能支持集成地、并行地设计产品及其相关的各种过程，能帮助产品开发人员在设计一开始就考虑产品从概念形成到产品报废处理的所有因素。

系统集成化的目的是提供一种某一类产品为主的、更高效能的设计/制造整体系统。系统的集成化主要包括 3 个方面：产品数据模型的集成化、产品设计过程的集成化以及产品设计功能的集成化。①产品数据模型的集成化，要求系统支持产品从功能设计到详细设计各阶段的产品信息，既支持完整精确的信息，也支持设计过程中大量的非精确、不完整的产品信息。②产品设计过程的集成化，要求系统支持产品整个设计生命周期，包括设计过程的监控，不同设计过程之间的模型转换，同一设计过程中多个共存产品模型的转化及管理，设计历史维护等。③设计功能的集成化，要求 CAD 系统将众多的单独设计功能组合成一个系统的设计环境，为设计人员提供各种设计活动的支持，它将传统的制造技术与现代信息技术、管理技术、自动化技术和系统工程等有机结合起来，使产品整个生命周期涉及的人、经营管理和技术及其信息流、物流和价值流有机集成并优化运行，正在从当前企业内部的信息集成和功能集成，发展到过程集成（以并行工程为代表），并正在向企业间集成（以敏捷制造为代表）方向发展。

（2）智能化

设计活动是设计人员的创造性活动，体现了人类特有的智能行为。随着人工智能技术的发展，智能 CAD 成为 CAD 发展的必然方向。智能 CAD 要求系统能深入了解人类设计的思维模型，并用信息技术来表达和模拟它。智能 CAD 是指通过运用专家系统、人工神经网络等人工智能技术使在设计过程中具有某种程度人工智能的 CAD 系统。智能 CAD 系统的智能行为包括捕捉设计者的设计意图、设计目标的规划、设计问题的自动求解、设计知识的获取与应用和约束求解等，从而使设计的自动化程度更高。

伴随网络技术的发展，集成化智能 CAD（Integrated intelligent CAD，I2CAD）应运而生。I2CAD 是以智能 CAD 系统为基础，以各种智能设计方法作为理论依据（方法的集成），能对产品设计的各个阶段工作提供支持（系统的集成），有唯一且共同的数据描述（知识的集成）具有发现错误、提出创造性方案等智能特性，有良好的人机智能交互界面；同时能自动获取数据并生成方案，能对设计过程和设计结果进行智能显示；最后，系统内部不但能够实现网络化，并且行业间的 CAD 系统也能组成 CAD 信息互联网。

（3）标准化

标准化为技术的发展提供保障和相对稳定的平台，在一些关键的领域它还对技术具有一定引导作用，是技术向生产力转化的纽带。工程上任何产品的开发都离不开标准。没有标准化就没有现代工业。软件开发同样也离不开标准化，软件的标准化有助于提高软件的一致性、完整性和可理解性。软件产品的开发可能在不同的地区、不同的企业或者采用不同的软硬件环境进行。要使这些产品开发的信息数据能相互交换，必须有相应数据交换的标准。现在有一些国际标准（如IGES、STEP）被广泛地应用在工业界，几乎所有国际知名的 CAD 系统都支持 IGES接口。

（4）网络化

在网络时代，人们通过互联网获取信息并与外界进行交流。"协同"应用的开展，可以使业务人员随时随地进行业务操作，而不受地域与时间的限制，管理者可以随时监控各项业务的执行情况，及时解决流程执行中发生的问题，提高业务执行的效率，还可规范企业的业务执行流程，提高企业业务执行的成熟度。互联网为 CAD 开创了一个新天地，实时交流和协作及资源共享成为可能。

基于网络的 CAD 技术是计算机辅助设计和因特网及网络计算相集成的新兴技术，是一个重要而崭新的交叉学科，涉及实体造型、计算几何、数据库、分布计算和远程通信，是 21 世纪设计与制造的发展方向。

1.2　计算机辅助设计的硬件和软件

计算机辅助设计系统由一系列的硬件和软件组成。硬件主要指计算机及各种配套设备，软件一般包括系统软件、支撑软件和应用软件。

1.2.1 CAD 的硬件结构

CAD 的硬件一般由计算机主机、输入设备（键盘、鼠标、数字化仪、扫描仪、三维坐标测量仪）、输出设备（显示器、绘图仪、打印机、快速成型机、三维打印机）、信息存储设备（主要是外存，如硬盘阵列、光盘、磁带机等）、网络设备、多媒体设备等组成。如图 1-2 所示。

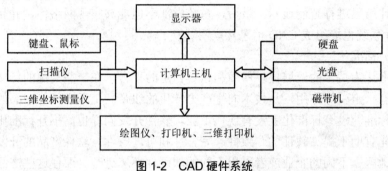

图 1-2　CAD 硬件系统

1.2.2 CAD 软件

软件是指计算机程序以及解释和指导使用程序的文档的总和。程序是一系列按照特定顺序组织的计算机指令的集合。所谓文档，是指用自然语言或者形式化语言所编写的文字资料和图表，用来描述程序的内容、组成、设计、功能规格、开发情况、测试结果及使用方法。CAD 系统的软件一般分为系统软件、支撑软件和应用软件。

（1）系统软件

系统软件主要用于计算机的管理、维护、控制及运行，以及对计算机程序的翻译和运行。主要包括操作系统、网络软件、高级语言翻译器。常用的操作系统有 DOS、UNIX、Linux、Windows 系列等。编译系统的主要作用是将用高级语言编写的程序编译成计算机能够直接执行的指令。常用的语言编译器有 Java、C/C++、Pascal、LISP、汇编语言等。

（2）CAD 支撑软件

支撑软件是 CAD 系统的重要组成部分，是在系统软件的基础上开发的满足 CAD 用户一些共同需要的通用软件，一般有专门的软件公司开发。CAD 支撑软件分为单一功能型和综合功能型。单一功能型支撑软件只提供 CAD 系统中某些典型的功能，如二维绘图、三维造型设计、工程分析计算、数据库管理系统等。

综合集成型 CAD 支撑软件提供了造型、设计计算、有限元分析、自动生成代码及加工刀路轨迹仿真等多种模块。

（3）CAD 应用软件

应用软件是在系统软件、支撑软件的基础上，针对某一专门应用领域的需要而研制的软件；这类软件通常由用户结合当前设计工作需要自行开发，即"二次开发"。如模具设计软件、电器设计软件、机械零件设计软件、建筑结构 CAD软件等均属于应用软件。

1.3　计算机辅助设计的应用

1.3.1　AutoCAD 的主要功能

作为以 CAD 技术为内核的辅助设计软件，AutoCAD 具备了 CAD 技术能够实现的基本功能。作为一个通用的工程设计平台，AutoCAD 还拥有强大的人机交互能力和简便的操作方法，十分便于广大普通用户使用。下面介绍 AutoCAD 的主要功能。

（1）具有强大的二维图形绘制功能。AutoCAD 提供了创建直线、圆、圆弧、多边形、椭圆、曲线及图案填充等方便的多种图形对象工具。

（2）方便的实用工具。AutoCAD 提供了多种文字、多种字体等完美的文本书写功能，用以满足对不同标准的图样，一套完整的二维和三维图形尺寸标注命令，完成符合标准的尺寸标注要求。可以方便地设置图形元素的图层、线型、颜色、线宽等，以保证同一个团队以及合作伙伴所绘制图形的一致性。

（3）精确定位定形功能。AutoCAD 提供了坐标输入、对象捕捉、栅格捕捉、追踪等功能，利用这些功能可以精确地为图形对象定位和定形。

（4）具有方便的图形编辑功能。AutoCAD 提供了复制、旋转、阵列、修剪、倒角、缩放、偏移等方便使用的编辑工具，大大提高了绘图效率。

（5）图形输出功能。图形输出包括屏幕显示和打印出图，AutoCAD 提供了方便的缩放和平移等屏幕显示工具，模型空间、图纸空间、布局、发布和打印等功能，极大地丰富了出图选择。

（6）轴测图绘制功能。AutoCAD 提供了在二维空间绘制具有三维效果的二维绘图技术。

（7）三维造型功能。AutoCAD 具备三维模型、布尔运算、三维操作、三维编辑、渲染和着色等功能。

（8）辅助设计功能。可以查询绘制好的图形的长度、面积、体积和力学特性等；提供多种软件的接口，可方便地将设计数据和图形在多个软件中共享，进一步发挥各软件的特点和优势。

（9）强大的 Internet 功能。它能使设计者共享资源和信息，同步进行设计、讨论、演示、发布消息，可以使工程设计人员为众多的用户在他们的计算机桌面上演示产品的功能，可以实现联机修改、联机解答，无论参与者在何处。

（10）允许用户进行二次开发：AutoCAD 自带的 AutoLISP 语言让用户自行定义新命令和开发新功能。通过 DXF、IGES 等图形数据接口，可以实现 AutoCAD 和其他系统的集成。此外，AutoCAD 支持 ObjectARX、ActiveX、VBA 等技术，提供了与其他高级编程语言的接口，具有很强的开发性。

1.3.2　AutoCAD 的主要应用

应用 CAD 技术能起到提高企业的设计效率、优化设计方案、减轻技术人员的劳动强度、缩短设计周期、加强设计的标准化等作用。机械制造是最早最广泛应用 CAD 技术的领域，随着 CAD 技术的发展，CAD 技术已经广泛地应用在机械、电子、航天、化工、建筑等行业，所带来的经济效益是十分明显的。例如：过去设计一个大规模集成电路芯片，要花两年时间，用 CAD 只要两周即可完成；美国道格拉斯公司生产 F15 战斗机，用 CAD 技术试制第一架飞机便解决了发动机气道和机舱密封等关键问题；哥伦比亚航天飞机表面防热系统的成功组装，也是采用 CAD 技术的成功典范；英国的三叉戟飞机比美国波音 747 飞机早开工却晚一年完成，其原因在于美国波音 747 采用了 CAD 技术；美国 GM 公司汽车设计中应用 CAD 技术，使新型汽车的设计周期由 5 年缩短为 3 年，新产品的可信度由 20%提高到 60%；法国一家公司在飞机的设计中应用了 CAD 技术能在很短的时间内设计出几十个方案，供用户选择，使新产品的性能提高了 9%；以前波音公司的飞机维修手册叠加在一起有 3 m 多厚，而现在一张光盘上可存贮 1 000 多张图样信息，如此等等，都是采用 CAD 技术的结果。

CAD 技术的发展与应用水平已经成为和衡量一个国家的科学技术现代化和工业现代化的重要标志之一。在国际贸易市场竞争激烈的今天，时间就是金钱，而加快产品的更新换代，提高设计速度和设计质量是很关键的环节，这一环节在很大程度上取决于一个国家的产品设计和工程设计这两大领域中心技术应用的能力。世界各国对 CAD 新技术的研究和应用十分重视，已经推出了各种可供应的 CAD 设计绘图系统，充分显示了这一新技术在设计生产领域中的优势和广阔前景，而且发展的势头非常迅猛。因为当今世界工业产品市场的竞争，归根到底是设计水平的竞争，发展中国家的工业产品要在世界市场占一席之地，不采用 CAD 技术是不可行的。

CAD 这一新兴学科能充分运用计算机高速运算和快速绘图的强大功能为工程设计及产品设计服务，因而发展非常迅速，目前已获得广泛应用。CAD 技术之所以在短短 30 年内发展如此迅速，是因为它是人类在 20 世纪取得的重大科技成果之一，它几乎推动了一切领域的设计革命，彻底改变了传统的手工设计绘图方式，极大地提高了产品开发的速度和精度，使科技人员的智慧和能力得到了延伸。

项目小结

本项目主要学习了计算机辅助设计发展历史；弄懂了计算机辅助设计的软、硬件；熟悉了计算机辅助设计的主要作用和应用。

项目训练题一

1. 如何理解计算机辅助设计（CAD）的含义？
2. 计算机辅助设计有哪些特点？
3. 常用的计算机辅助设计（CAD）系统的硬件和软件包括哪些？
4. 简要说明计算机辅助设计作用有哪些？
5. 简要说明计算机辅助设计有哪些应用？

项目 2 绘制 A4 图幅和标题栏

项目目标

熟悉 AutoCAD 的工作界面，掌握命令的输入方式；掌握文件操作的基本方法；熟练掌握绘图界限、绘图单位、线型、线宽和图层的基本设置；掌握样板文件的使用。

在使用 AutoCAD 绘图之前，必须对工作环境有一个清晰的认识。AutoCAD 2005 提供了方便快捷的操作环境，主要包括工作界面、文件操作、绘图环境设置、线型线宽设置、图层设置以及图形缩放等操作。

2.1 AutoCAD 的简介

2.1.1 AutoCAD 起源和版本的发展

AutoCAD 是由美国 Autodesk 公司开发的一种通用计算机辅助设计软件包。经过不断地完善，现已经成为国际上广为流行的绘图工具。

AutoCAD 的发展过程可分为初级阶段、发展阶段、高级发展阶段、完善阶段和进一步完善阶段五个阶段。

（1）在初级阶段里 AutoCAD 更新了五个版本。

1982 年 11 月，首次推出了 AutoCAD 1.0 版本；

1983 年 4 月，推出了 AutoCAD 1.2 版本；

1983 年 8 月，推出了 AutoCAD 1.3 版本；

1983 年 10 月，推出了 AutoCAD 1.4 版本；

1984 年 10 月，推出了 AutoCAD 2.0 版本。

（2）在发展阶段里，AutoCAD 更新了以下版本。

1985 年 5 月，推出了 AutoCAD 2.17 版本和 2.18 版本；

1986 年 6 月，推出了 AutoCAD 2.5 版本；

1987 年 9 月后，陆续推出了 AutoCAD 9.0 版本和 9.03 版本。

（3）在高级发展阶段里，AutoCAD 经历了三个版本，使 AutoCAD 的高级协助设计功能逐步完善。它们是 1988 年 8 月推出的 AutoCAD 10.0 版本、1990 年推出的 11.0 版本和 1992 年推出的 12.0 版本。

（4）在完善阶段中，AutoCAD 经历了三个版本，逐步由 DOS 平台转向 Windows 平台。

1996 年 6 月，AutoCAD R13 版本问世；

1998 年 1 月，推出了划时代的 AutoCAD R14 版本；

1999 年 1 月，AutoCAD 公司推出了 AutoCAD 2000 版本。

（5）在进一步完善阶段中，AutoCAD 经历了多个版本，功能逐渐加强。

2001 年 9 月，Autodesk 公司向用户发布了 AutoCAD 2002 版本。

2003 年 5 月，Autodesk 公司在北京正式宣布推出其 AutoCAD 软件的划时代版本——AutoCAD 2004 简体中文版。在 2004 简体中文版的基础上，又新增了一些功能，演变为 AutoCAD 2005 简体中文版。

2.1.2 AutoCAD 的基本功能和应用领域

AutoCAD 可以绘制任意二维和三维图形，并且同传统的手工绘图相比，用 AutoCAD 绘图速度更快、精度更高、而且便于操作，并与 3ds max、Lightscape 和 Photoshop 等渲染处理软件相结合，能实现具有真实感的三维透视和动画图形功能。它不仅在机械、建筑、电子、石油、化工等部门得到了大规模的应用，同时也在地理、气象、航海及拓扑等特殊图形，甚至乐谱、幻灯及广告等领域开辟了极其广阔的市场，并取得了丰硕的成果和巨大的经济效益。

AutoCAD 具有良好的用户界面，通过交互菜单或命令行方式便可以进行各种操作。它的多文档设计环境，让非计算机专业人员也能很快地学会使用。在不断实践的过程中更好地掌握它的各种应用和开发技巧，从而不断提高工作效率。

AutoCAD 具有广泛的适应性，它可以在各种操作系统支持的微型计算机和工作站上运行，并支持分辨率由 320 mm×200 mm 到 2 048 mm×1 024 mm（以下全书对此类数字后的单位均指 mm，不再标示）的各种图形显示设备 40 多种，以及数字仪和鼠标器 30 多种，绘图仪和打印机数十种，这就为 AutoCAD 的普及创造了条件。

随着计算机技术的飞速发展，CAD 软件系统已经成为当今 CAD 工程的主流，如图 2-1 所示。

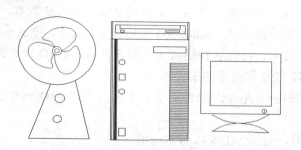

图 2-1　AutoCAD 应用示例

2.1.3　AutoCAD 2005 的运行环境和安装

（1）AutoCAD 2005 对用户计算机系统的要求

①操作系统，推荐采用以下之一：Windows XP Professional、Windows XP Home、Windows XP Tablet PC、Windows 2000。

②处理器，推荐采用 Intel Pentium 3 以上 CPU，主频最小应为 800 MHz。

③内存，最小配置应为 256 MB，建议配置 512 MB，或更大容量的内存以提高处理的速度。

④磁盘空间，安装该软件需要 300 MB 可用的磁盘空间。

⑤显示器，1 024×768 VGA，真彩色（最低）。

（2）AutoCAD 2005 的安装

将软件光盘插入光驱，然后双击光盘上的安装程序 setup.exe，系统将进入 AutoCAD 2005 浏览器界面，如图 2-2 所示。

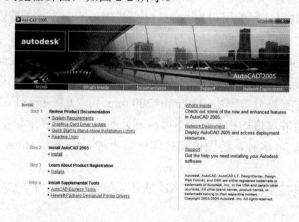

图 2-2　AutoCAD 2005 浏览器界面

AutoCAD 2005 的安装界面中有【install】选项，只要单击该选项，即可开始它的安装。在安装过程中，用户只要根据安装向导的各项提示进行相应的设置（通常采用默认设置）。

用户还可以根据界面中的其他选项，在安装 AutoCAD 2005 之前获得其他的相关信息，如 AutoCAD 2005 对计算机系统的配置要求、序列号信息、注册信息和安装辅助工具等。

在 AutoCAD 2005 安装界面中，用户还可以通过其他选项了解其他相关信息。

（3）成功安装后的操作启动

成功安装 AutoCAD 2005 后，程序会自动地在桌面上生成一个快捷方式图标 ，双击该图标即可启动 AutoCAD 2005 软件进行绘图操作。

第一次启动 AutoCAD 2005 后，程序会自动地显示出注册向导，此时用户需要根据此向导对 AutoCAD 2005 进行注册。

2.2 工作界面

启动 AutoCAD 2005 中文版后，即可进入如图 2-3 所示的工作界面。AutoCAD 2005 的工作界面主要由菜单栏、各种工具栏、命令窗口、状态栏等组成。

图 2-3 AutoCAD 2005 工作界面

2.2.1　标题栏

绝大多数 Windows 应用软件都有标题栏，它位于程序窗口的最上面，显示当前正在运行的 AutoCAD 版本及当前所操作的图形文件的名称，缺省文件名多为"DrawingN.dwg"（N 是阿拉伯数字）。利用标题栏右边的各按钮，可以分别实现窗口的最大化、最小化以及关闭 AutoCAD 2005 的操作，具体如图 2-4 所示。

图 2-4　AutoCAD 2005 标题栏

2.2.2　菜单栏

AutoCAD 2005 的菜单栏如图 2-5 所示，主要包括：下拉菜单、快捷菜单和屏幕菜单。AutoCAD 2005 将大部分绘图命令放在下拉菜单中。单击菜单中的某一项，就会弹出相应的下拉菜单，图 2-6 所示为【视图】菜单项弹出的下拉菜单。

图 2-5　AutoCAD 2005 菜单栏

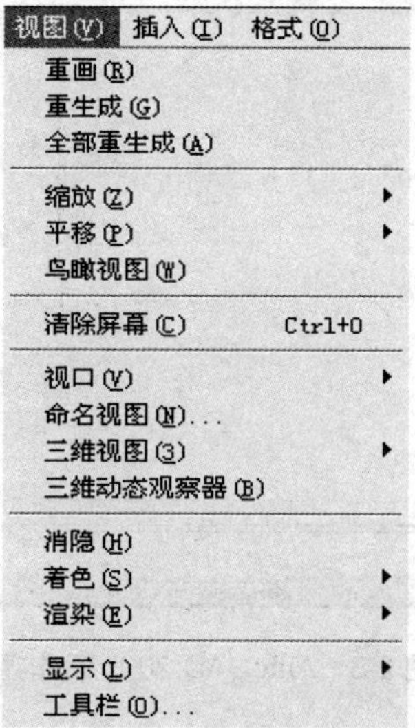

图 2-6　【视图】下拉菜单

2.2.3　工具栏

AutoCAD 2005 提供了众多的工具栏，利用这些工具栏上的按钮可以方便地启动对应 AutoCAD 的命令。默认设置下，AutoCAD 2005 要在工作界面显示出标准、特性、样式、图层、绘图和修改等工具栏，如图 2-7 所示。

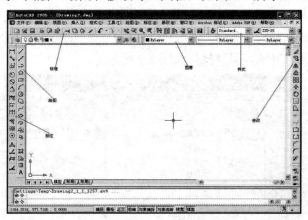

图 2-7　AutoCAD 2005 工具栏

用户可以根据需要打开（即显示）或者关闭某一个工具栏。具体的操作过程为：单击下拉菜单项【视图】→【工具栏】，AutoCAD 弹出【自定义】对话框。激活该对话框的【工具栏】选项卡，如图 2-8 所示，然后在【工具栏】列表框中选中某一个复选框即可打开对应的工具栏；而通过单击方式取消对复选框的选中，则可关闭【自定义】对话框。在打开的工具栏中，单击位于右上角的【关闭】按钮也可以关闭对应的工具栏。

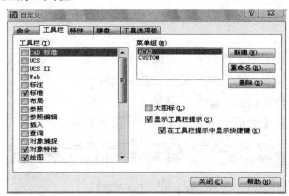

图 2-8　【自定义】对话框

2.2.4 命令窗口

　　命令行是人机对话的窗口，用户通过键盘向计算机发出命令，计算机通过命令行提示用户怎么做。它位于模型与布局工具栏或图形窗口的下方，用户可通过鼠标拖动或系统设置放大或缩小它。AutoCAD 2005 的文本窗口是 AutoCAD 2005 命令的历史记录区，用户的所有操作均可以在这里记录下来，也可以说 AutoCAD 的文本窗口是放大的命令行窗口。用户通过按 F2 键，或单击"视图→显示→文本窗口"菜单项来打开它，具体操作如图 2-9 所示。

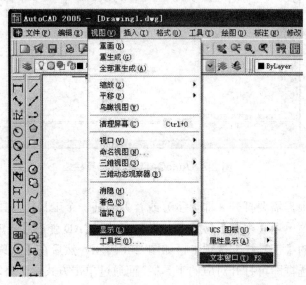

图 2-9　【文本窗口】下拉菜单

2.2.5 状态栏

　　状态栏用于显示和设置当前的绘图状态，状态栏可以分成三部分：第一部分用于显示光标的位置；第二部分是八个功能设置按钮，通过这八个功能按钮，可以打开或关闭栅格、捕捉、正交、对象追踪等功能（按钮按下去表示启动该项功能）；第三部分是【通信中心】和【状态行菜单】按钮，如图 2-10 所示。

图 2-10　【状态栏】

在 AutoCAD 2005 状态栏上新增了【通信中心】按钮，利用该按钮，可以通过 Internet 对软件进行升级并获得相关的支持文档。另外，单击位于状态栏最右侧的小箭头能够弹出一个菜单，如图 2-11 所示，通过该菜单选择在状态栏上显示的内容。

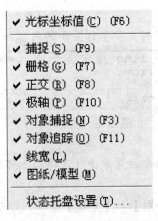

图 2-11   状态行菜单

2.2.6   快捷菜单

AutoCAD 2005 提供了对象捕捉以及与当前操作相关联的快捷菜单，用户利用这些菜单可以更方便地完成当前的操作。

（1）对象捕捉快捷菜单

对象捕捉功能是提高绘图速度和精度的重要手段，当光标位于绘图区内呈十字形时，单击鼠标中键（三键鼠标），或按住 Shift（或 Ctrl）键的同时单击鼠标右键，AutoCAD 2005 会弹出对象捕捉快捷菜单，利用该菜单可以快速准确地捕捉到端点、中点、圆心等图形上的特殊点。

（2）与当前操作相关联的快捷菜单

AutoCAD 2005 具有右击菜单。当光标位于绘图区内时单击鼠标右键，AutoCAD 弹出与当前操作相对应的快捷菜单。根据当前操作的不同，AutoCAD 可弹出许多不同的快捷菜单。

2.2.7   命令的执行方式

AutoCAD 2005 的命令输入方式有很多种，用户可以从 AutoCAD 菜单栏中的菜单、屏幕菜单、工具栏、右键快捷菜单、命令行或用快捷键来启动命令。下面以画线为例，来说明 AutoCAD 2005 最常用的三种命令输入方法。

实训 1　绘制直线

（1）工具按钮法

用鼠标单击工具条 ╱ 图标，命令行显示的内容如图 2-12 所示。

```
命令: _line 指定第一点: *取消*
命令: line

指定第一点: |
```

图 2-12　直线命令行

用鼠标在绘图区任意两个位置单击，获得两点可形成一条直线。

（2）下拉菜单法

单击下拉菜单栏的【绘图】→【直线】命令，命令行显示的内容如图 2-12 所示，按命令行的提示在绘图区选取两点可形成一条直线。

（3）从键盘输入命令法

在命令行输入"Line"或"L"命令后回车，命令行给出的提示如图 2-12 所示，按命令行的提示在绘图区选取两点可形成一条直线。

2.2.8　命令的撤销、恢复和重复

用户在操作过程中，可能出现误操作，AutoCAD 2005 提供了放弃上一个命令的功能，用户只需要按照命令行提示选择"U"，回车后便可放弃上一个操作。

如果用户需要重复执行上一个命令，则可按回车键或者空格键实现；或者在绘图区域中右击，然后在弹出的快捷菜单中选择【重复（R）】命令即可。如图 2-13 所示为绘制圆弧的过程中的右键快捷菜单，此时应选择【重复圆弧（R）】命令。

用户如果需要终止操作，方法有两种：一种是绘制完成后按下回车键，有的按下 Esc 键也可以；另一种是右击，然后在弹出的快捷菜单中选择【确认】命令即可，如图 2-14 所示。

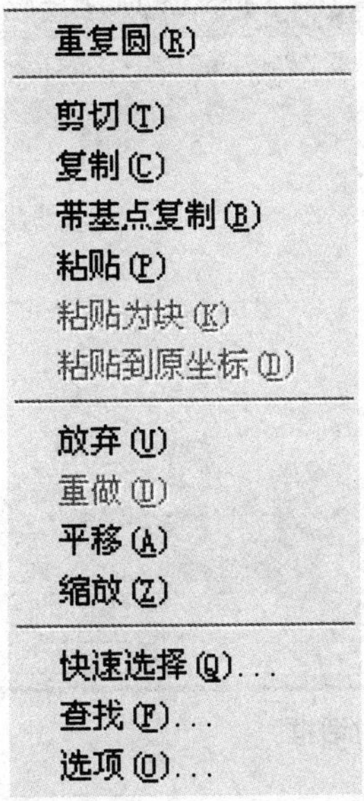

重复圆(R)
剪切(T)
复制(C)
带基点复制(B)
粘贴(P)
粘贴为块(K)
粘贴到原坐标(D)
放弃(U)
重做(D)
平移(A)
缩放(Z)
快速选择(Q)…
查找(F)…
选项(O)…

确认(E)
取消(C)
闭合(C)
放弃(U)
对象捕捉光标菜单(V)　▶
平移(P)
缩放(Z)

图 2-13　绘制窗口右键快捷菜单 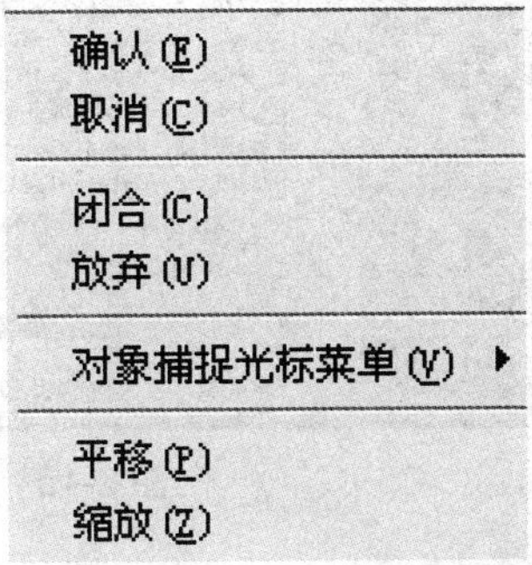　　　　　　图 2-14　右键快捷菜单

2.3　基本文件操作

2.3.1　创建新图形文件

用户在使用 AutoCAD 2005 软件之前必须要准备好一张样板图，然后才能在样板图中绘制图形，而准备样板图的过程就是建立新的图形文件的过程。AutoCAD 2005 软件新建图形的命令格式如下：

◆　下拉菜单：【文件】→【新建】
◆　图标位置：单击"标准"工具栏中▣图标
◆　输入命令：New

下面就运用"命令"的方法来说明新建图形的操作步骤。

在命令行输入"New"命令，出现如图 2-15 所示"选择样板"对话框，用户根据设计要求，选择合适的样板文件，单击【打开】按钮，建立新的图形文件。

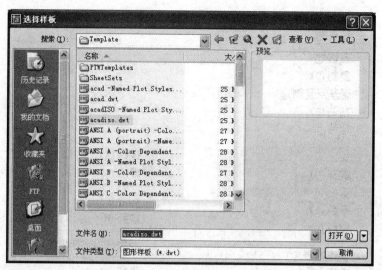

图 2-15 "选择样板"对话框

样板文件中通常有与绘图有关的一些通用设置，如图层、线型、文字样式和尺寸标注等。此外还包括一些通用图形对象，如标题栏、图框等。利用样板创建新的图形，可以避免绘图设置和绘制相同图形对象这样的重复操作，不仅能提高绘图效率，而且还能保证图形的一致性。

2.3.2 打开图形文件

AutoCAD 2005 软件可以打开已经存储好的文件，重新进行编辑，命令格式如下：

◆ 菜单命令：【文件】→【打开】
◆ 图标位置：单击"标准"工具栏中 图标
◆ 输入命令：Open

下面就运用"命令"的方法来说明打开图形的操作步骤。

在命令行输入"Open"命令，出现如图 2-16 所示"选择文件"对话框，用户根据设计要求，选择需要的文件，单击【打开】按钮即可。

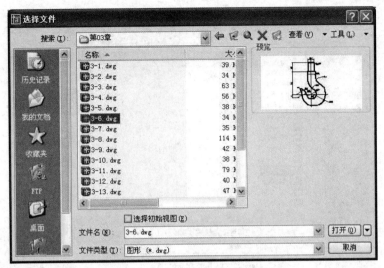

图 2-16 "选择文件"对话框

2.3.3 保存图形文件

AutoCAD 2005 有多种方式将所绘制图形进行存盘。

（1）快速存盘命令格式

◆ 菜单命令：【文件】→【保存】

◆ 图标位置：单击"标准"工具栏中 ⊟ 图标

◆ 输入命令：Qsave

下面就运用"命令"的方法来说明快速存盘的操作步骤。

在命令行输入"Qsave"命令，如果该图形文件是第一次执行保存命令，将出现如图 2-17 所示"图形另存为"对话框，用户根据磁盘情况，选择合适的路径，输入相应的文件名，单击【保存】按钮即可。如果该图形文件已经执行过保存命令，程序将以原名直接保存。

（2）赋名存盘命令格式

◆ 菜单命令：【文件】→【另存为】

◆ 命令：Qsave as

赋名存盘的功能是将当前图形以新的文件名存盘。当执行该命令后，用户只需要按照对话框提示输入文件的路径和名称，就可以将当前编辑的图形以新的名字存盘。

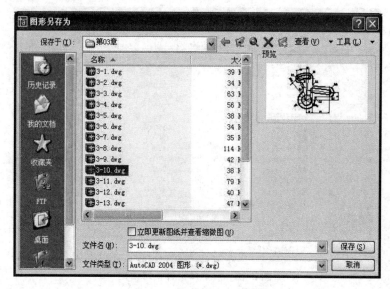

图 2-17　"图形另存为"对话框

2.4　基本绘图环境设置

2.4.1　图形界限

图形界限的作用体现在两个方面，一是决定了栅格的显示范围，二是在绘图时可以通过设置，将图形限制在图形界限之内，在 AutoCAD 2005 中，图形界限的命令格式如下：

◆　菜单命令：【格式】→【图形界限】
◆　命令：Limits

实训 2　设置图形界限

题目：根据图 2-18 的尺寸，设置图形界限。

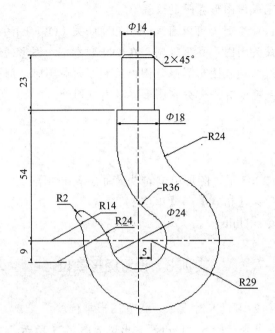

图 2-18 例图

操作步骤:

(1) 在命令行输入"Limits",出现如图 2-19 所示命令提示。

```
LIMITS
重新设置模型空间界限:

指定左下角点或 [开(ON)/关(OFF)] <0.0000,0.0000>:
```

图 2-19 输入左下角点坐标的命令行提示

(2) 在指定左下角点处输入"0, 0"或直接回车,出现如图 2-20 所示命令提示。

```
重新设置模型空间界限:
指定左下角点或 [开(ON)/关(OFF)] <0.0000,0

指定右上角点 <420.0000,297.0000>:
```

图 2-20 输入右上角点坐标的命令行提示

(3) 在指定右上角点处输入"110, 140"(该坐标要大于图形实际尺寸,并预留标注尺寸的位置)后回车。设置完成后,点击菜单命令【视图】→【缩放】

→【全部】后便完成该图形界限的设置。

在执行 Limits 命令时，可以看到[开（ON）/关（OFF）]两个选项，通过这两个选项可以打开或关闭图形界限限制。在 ON 状态下，图形的绘制范围会受到一些限制，例如直线必须在图形界限范围内绘制，绘制圆时，圆心必须在图形界限范围内，而圆本身可以有一部分在图形界限内范围外。

2.4.2　绘图单位

在 AutoCAD 2005 中，图形单位的设置命令格式如下：
◆　下拉菜单：【格式】→【单位】
◆　输入命令：Units

实训 3　设置图形单位

题目：根据图 2-18 的尺寸要求，设置图形单位。

操作步骤：在命令行输入"Units"，出现如图 2-21 所示"图形单位"对话框。

图 2-21　"图形单位"对话框

根据尺寸要求，在"长度类型"中选择"小数"，"精度"中选择"0"，其他默认，点击"确认"即可完成该图形单位的设置。

单位设置还包括角度、方向的设置，单位设置如图 2-21 所示，根据实际需要改变其类型和精度，而方向设置如图 2-22 所示，在该对话框中可以设定基准角度方向，默认 0° 为东方向。如果要设定除东南西北四个方向以外的为 0° 方向，就可以先选择"其他"选项，再输入或拾取基准角度。

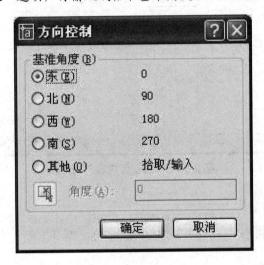

图 2-22 "方向控制"对话框

2.5 设置线型和线宽

2.5.1 设置线型

线型简单地说就是线条的样式，根据绘图标准，不同性质的线条（比如基准线、中心线）采用不同的线型，在默认的情况下，图层的线型为 Continuous（连续线型）。AutoCAD 2005 为用户提供多种线型，设置格式如下：

◆ 下拉菜单：【格式】→【线型】

◆ 输入命令：Linetype

在命令行输入 Linetype 命令后，出现如图 2-23 所示"线型管理器"对话框，下面详细介绍一下"线型管理器"对话框的使用方法。

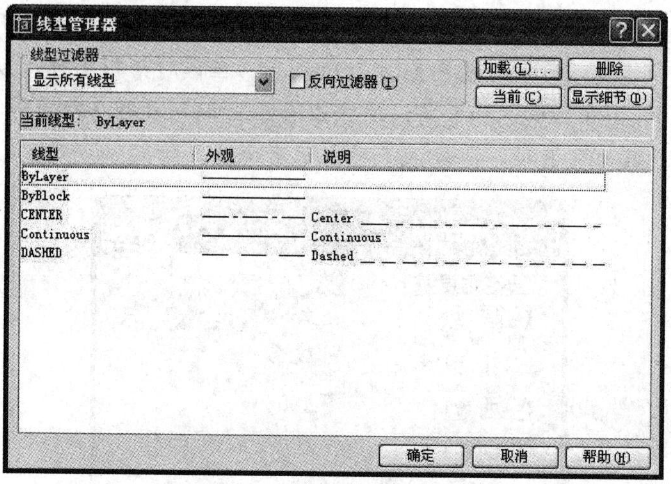

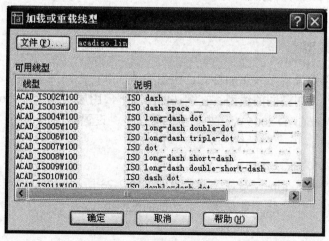

图 2-23   "线型管理器"对话框

（1）线型过滤器

设置过滤线型的条件。AutoCAD 2005 在线型列表中只显示满足条件的线型。

（2）当前线型

显示当前所使用的线型。

（3）"加载"按钮

用于加载线型。单击"加载"按钮，弹出如图 2-24 所示的"加载或重载线型"对话框，用户可以根据需要选择线型，单击"确定"即可。

图 2-24   "加载或重载线型"对话框

（4）"删除"按钮

用于删除已加载且没有被使用的线型。

（5）"当前"按钮

用于设置当前线型。单击已加载的某个线型，使之亮显，再单击"当前"按钮，该线型即成为新绘制图形使用的线型。

（6）"显示细节"按钮

用于显示选择线型的详细材料，其详细资料会显示在对话框的下方，如图 2-25 所示。

图 2-25　"详细信息"对话框

（7）线型列表框

在线型列表中列出了程序加载的所有线型，其中包括系统自动加载的"随层线型"（ByLayar）、"随块线型"（ByBlock）和"连续线型" 3 种线型。使用最多的是随层线型，其含义是新绘制图形的线型使用层中设置的线型。

实训 4　设置线型

题目：根据图 2-26 所示例图，设置图形线型及其比例。

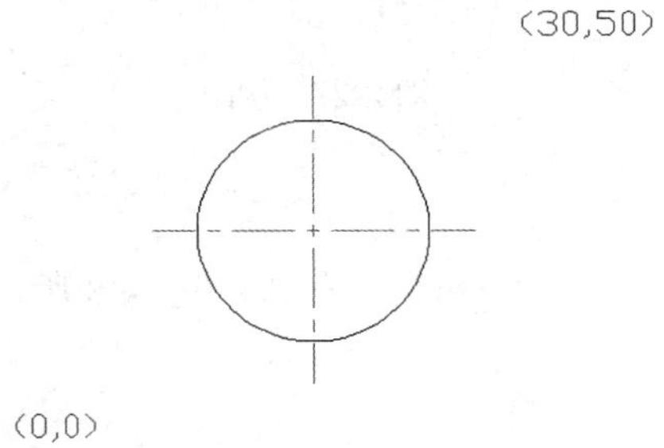

〈30,50〉

〈0,0〉

图 2-26　例图

操作步骤：

（1）在命令行输入"Linetype"，出现如图 2-23 所示"线型管理器"对话框。

（2）单击"加载"按钮，出现如图 2-24 所示"加载或重载线型"对话框，选择"Center"线型后"确定"即可。

（3）点击"显示细节"按钮，在"全局比例因子"中输入："0.1"左右的数据。

2.5.2　设置线宽

在 AutoCAD 2005 中，线宽是用于控制线型宽度设置和显示。用户可以直接在屏幕上观察到所设线宽的宽度，真正实现了所见及所得。

图形线宽的设置格式如下：

◆　下拉菜单：【格式】→【线宽】

◆　输入命令：Lweight

实训 5　设置图形线宽

题目：将图 2-26 所示线型的线宽设置为图 2-27 所示线型的线宽。

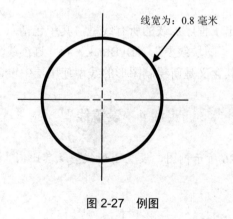

线宽为：0.8 毫米

图 2-27　例图

操作步骤：

（1）在命令行输入"Lweight"，出现如图 2-28 所示"线宽设置"对话框。

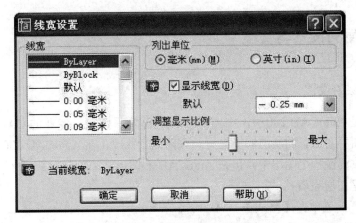

图 2-28　"线宽设置"对话框

（2）根据设置要求，选中 0.8 mm，确定后，再选图 2-27 中的圆，打开"对象特性"工具栏"线宽"下拉式列表框，如图 2-29 所示，将"随层"线宽改变为 0.8 mm，再点击程序状态栏上的"线宽"按钮，使线宽功能处于打开状态。

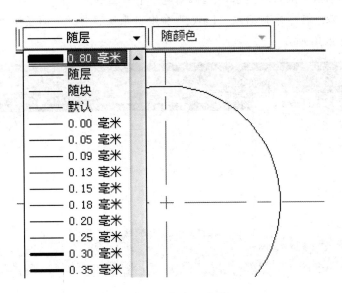

图 2-29　线宽工具栏

2.6 图层的设置与管理

2.6.1 图层的设置

图层是 AutoCAD 2005 中组织图形的最有效工具之一，专业的 CAD 图形建立在不同的图层之上。图层能够被打开、关闭或者修改，在 AutoCAD 2005 中可以将一组对象放置在一个图层中，但是 AutoCAD 的图形必须绘制在某一个图层之上。

下面是图层设置格式：

◆ 下拉菜单：【格式】→【图层】

◆ 图标位置：单击"格式"工具栏中 图标

◆ 输入命令：Layer

实训 6 设置图层

题目：根据一般设计要求，随机创建一个新图层。

操作步骤：在命令行输入"Layer"命令，系统将打开"图层特性管理器"对话框，如图 2-30 所示。

图 2-30 "图层特性管理器"对话框

在图层特性管理器的对话中，图层的各种格式一目了然，对于 AutoCAD 2005 本身提供的模板，图层只有一个"0"图层，它的各种设置都是默认值。

（1）创建新图层

为了新建图层，可以多次单击"图层特性管理器"上的"新建 🐭"按钮，图层列表就会出现"图层 1"、"图层 2"、"图层 3"等新图层，如图 2-31 所示。随后，就可以通过单击图层列表上的属性按钮，更改图层的名称、颜色、线宽、线型、打印样式以及图层的各种状态。

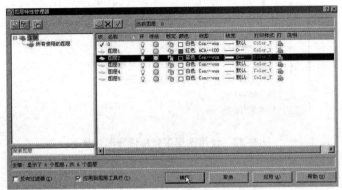

图 2-31　图层特性管理器的新建图层选项

（2）设置图层颜色

为了能清楚醒目地区分不同的图层，除了给图层起不同的名称外，还可以把不同的图层设置为不同的颜色。

单击图层 1 对应的颜色小方块■，出现如图 2-32 所示的"选择颜色"对话框，根据设计需要，用户可以选择需要的颜色。

图 2-32　"选择颜色"对话框

（3）设置图层状态

图层有三种状态（关闭、冻结和锁定），如图 2-33 所示，各图标功能说明如表 2-1 所示。

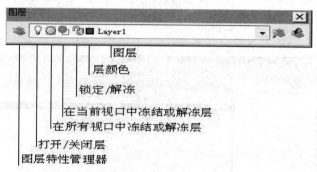

图 2-33　使用图层工具栏设置图层状态

表 2-1　图层的图标功能表

图示	名称	功能说明
♀/♀	打开/关闭	将图层设置为打开或关闭状态，当呈现关闭状态时，该图层上的所有对象将隐藏不显示，打印时也不会出现；只有打开状态的图层会在屏幕上显示。绘制复杂的视图时，先将不编辑图层暂时关闭，可降低图形的复杂性
◯/✱	解冻/冻结	当图层设置为解冻或冻结状态时，当图层呈现冻结状态时，该图层上的对象均不会显示。将视图中不编辑的图层暂时冻结，可加快绘图编辑的速度
♪/♪	解锁/锁定	将图层设置为解锁或锁定状态时，被锁定的图层，仍然显示在画面上，但不能以编辑命令修改被锁定的对象，只能绘制新的对象，如此可防止重要的图形被修改

2.6.2　图层的管理

在 AutoCAD 2005 中，使用"图层特性管理器"对话框不仅可以创建图层，设置图层的颜色、线型和线宽，还可以对图层进行更多的设置与管理，如图层的切换、重命名、删除及图层的显示控制等。

（1）设置图层特性

在绘制图形时，新对象的各种特性将默认为随层，由当前图层的默认设置决定。也可以单独设置对象的特性，新设置的特性将覆盖原来随层的特性。在"图层特性管理器"对话框中，每个图层都包含状态、名称、打开/关闭、冻结/解冻、锁定/解锁、颜色、线型、线宽和打印样式等特性，如图 2-34 所示。

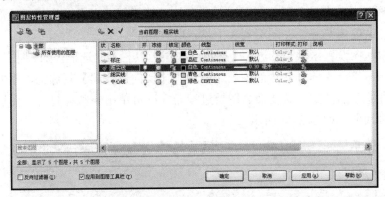

图 2-34　"图层特性管理器"对话框

（2）切换当前层

切换当前层的方法有 4 种。

①命令：Clayer，输入后，按回车键提示：

输入 CLAYER 的新值＜"Defpoints"＞：

其中 Defpoints 表示当前层的名称。在此提示下输入新选的图形名称，按回车键即可将所选图层设置为当前图层。

②在"图层特性管理器"对话框列表中选择新选的图层，按 ✔ 键使其为当前层。

③在"图层"工具栏中的【图层控制】下拉列表中，选择要将其设置为当前层的图层名称即可。

④选择"图层"工具栏中的【把对象的图层置为当前】工具按钮 🎇，然后选择某个图形实体，即可将该实体所在的图层设置为当前图层，如图 2-35 所示。

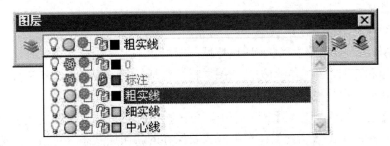

图 2-35　在"图层"工具栏中设置当前层

（3）显示图层

当图形中包含大量的图层，利用"图层特性管理器"对话框左侧的树状图，则会在图层列表中显示所有的图层、所有使用的图层或者所有依赖于外部参照的图层。默认的情况下，在图形列表中显示所有图层。

在树状图设置区中，若选中【应用到图层工具栏】复选框，则"图层"工具栏中仅显示符合当前过滤器的图层。若选中【反向过滤器】复选框，则表示仅显示通过过滤器的图层；若要命名图层过滤器，则可单击 按钮打开"图层过滤器特性"对话框，如图 2-36 所示。

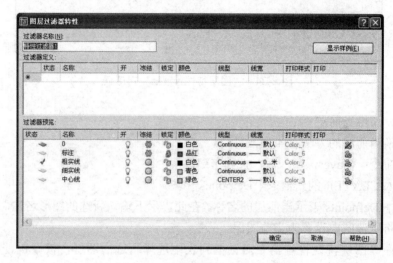

图 2-36　"图层过滤器特性"过滤器

在"图层过滤器特性"对话框中，可以设置图层名称、状态、颜色、线型和线宽等过滤条件。当指定名称、颜色、线宽、线型以及打印样式时，可以使用标准的【*】和【？】等多种通配符。其中，【*】用来代替任意多个字符，【？】用来代替任意一个字符。

（4）保存与恢复图层状态

图层设置包括图层状态和图层特性。图层状态包括图层是否打开、冻结、锁定、打印和在新视口中自动冻结。图层特性包括颜色、线型、线宽和打印样式。可以选择要保存的图层状态和图层特性。

在【图层特性管理器】对话框中，单击按钮 可以打开【图层状态管理器】对话框。然后单击【新建】按钮打开"要保存的新图层状态"对话框，从中可以保存图层状态，如图 2-37 所示。

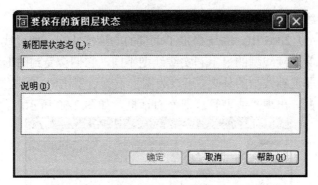

图 2-37 "要保存的新图层状态"对话框

如果要恢复已经保存的图层状态，在【图层状态管理器】列表中选择某一个图层状态后单击【恢复】按钮即可。

（5）重命名图层

当建立多个图层时，为了容易识别每个图层，可以将新建的多个图层根据设计需要重新命名。重新命名的方法有两种，一是在图层显示栏中双击该图层名称修改。第二种是选中该图层，然后单击 F2 键来修改图层名称。重命名图层如图 2-38 所示。

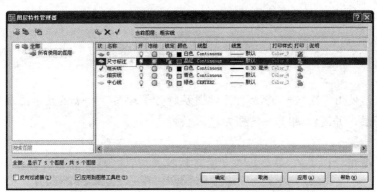

图 2-38 【图层特性管理器】重命名状态

（6）改变对象所在图层

在实际绘图中，如果绘制完某一图形元素后，发现该元素并没有绘制在预先设置的图层上，可选中该图形元素，并在"图层"工具栏的图层控制下拉列表框中选择目标图层，然后按 Esc 键退出图形选择状态，图形将放置在目标图层中来改变对象所在图层。

（7）设置线型比例

在 AutoCAD 2005 中，系统提供了大量的非连续线型，如虚线、点划线和中心线等。通常非连续线型的显示和实线线型不同，它们会受到图形尺寸的影响。

为了改变非连续线型的外观，可以为图形设置线型比例。方法如下，选择【格式】→【线型】，出现"线型管理器"对话框，如图 2-39 所示。

图 2-39　"线型管理器"对话框

用户根据设计需要，改变全局比例因子，即可改变图形中所有的非连续线型的外观；改变当前对象缩放比例，即可改变将要绘制的非连续线型的外观，而原来的绘制的外观则不受影响。

实训 7　图层的管理

题目：使用"Layer"命令打开"图层特性管理器"对话框显示图层组，然后重命名图层，并随机删除一个图层。

操作步骤：

（1）使用"Layer"命令打开"图层特性管理器"对话框如图 2-40 所示。

图 2-40　"图层特性管理器"对话框

（2）双击选中图层，然后输入新的名称即可（也可以单击选中图层，然后按 F2 键），如图 2-41 所示。

图 2-41　重命名图层

（3）单击选中图层，单击【删除图层】按钮 ✖（或者按 Delete 键）标记选定图层，然后单击【应用】或者【确定】按钮即可删除相应的图层，如图 2-42 所示。需要注意的是，如果图层中已经绘有图形时，是不允许删除的。

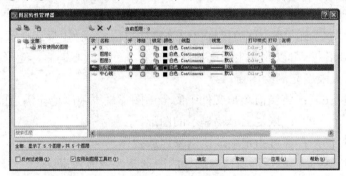

图 2-42　删除图层

2.7　图形缩放与平移

图形缩放的功能可以改变图形显示的大小，从而方便地观察当前视窗中太大或太小的图形。图形缩放的命令格式如下：

◆　下拉菜单：【视图】→【缩放】
◆　工具条如图 2-43 所示
◆　输入命令：Zoom

图2-43 缩放工具条

下面就运用"命令"的方法来说明图形缩放的操作步骤。

（1）在命令行输入"Zoom"命令，出现如下所示命令提示：

[全部（A）/中心（C）/动态（D）/范围（E）/上一个（P）/比例（S）/窗口（W）/对象（O）]<实时>：（输入选择项）

下面是各选项的功能说明：

①全部（A）：是将图形界限和全部图形以最大限度地充满绘图窗口。

②中心（C）：先在绘图窗口指定一点为中心，然后再按指定的比例因子或指定的高度来显示图形。直接输入数字表示指定高度，如果想输入比例因子，则需要在比例因子后面加一个x。

③动态（D）：选择该项后，系统临时将全部图形显示出来，同时出现一个矩形选择窗口，该窗口有两种状态，可以通过单击在两种状态间切换，当矩形选择窗口内有"×"标记时，移动鼠标可以确定选择位置，当矩形选择窗口内有"→"标记时，移动鼠标可以改变矩形选择窗口的大小。按回车键后，矩形选择窗口内的图形已最大限度充满绘图窗口。

④范围（E）：将当前图形文件中的全部图形最大限度地充满当前视窗。

⑤上一个（P）：恢复上一幅显示的图形。

⑥比例（S）：通过指定缩放比例来缩放视图。

⑦窗口（W）：将矩形窗口内选择的图形充满当前视窗。

⑧对象（O）：可以将选取的对象，尽可能大地显示在屏幕上的整个图形窗口中。

（2）图形平移的功能是指在不改变缩放系数的情况下，上下左右移动图样以便观察当前视窗中图形的不同部位。

图形平移的命令格式如下：

◆ 下拉菜单：【视图】→【平移】

◆ 图标位置：单击"视图"工具条 图标

◆ 输入命令：Pan

（3）下面是运用"命令"的方法来说明图形平移的操作步骤。

在命令行输入"Pan"命令时，屏幕上出现一个手形符号，通过一直按鼠标左键，上下左右移动鼠标，可实现图形的上下左右移动。此时，如果单击鼠标右键，在屏幕上弹出一个快捷菜单，选择"退出"选项或按"Esc"（或回车）键，系统结束"平移"命令。

实训 8　绘制 A4 图幅边框和标题栏

绘制 A4 图幅（竖放）的外、内边框，画标题栏并填写文字。

绘图步骤如下：

（1）设置绘图环境

新建图形文件、设置图形界限（A4 竖放）、图层（2 个图层：粗实线层、细实线层）、文字样式。

（2）绘制外边框

将细实线层设为当前层，单击"矩形"图标，命令行提示：

指定第一个角点或[倒角（C）/标高（E）/圆角（F）/厚度（T）/宽度（W）]：0, 0↙（输入矩形第一角点坐标值）

指定另一个角点或[尺寸（D）]：210, 297↙（输入矩形另一个对角点坐标值；也可输入 d 命令，通过给定矩形的尺寸绘制矩形）

（3）绘制内边框

①将粗实线层设为当前层，重复"矩形"命令，命令行提示：

指定第一个角点或[倒角（C）/标高（E）/圆角（F）/厚度（T）/宽度（W）]：10, 10↙

指定另一个角点或[尺寸（D）]：200, 287↙

②完成图框的绘制，如图 2-44 所示。

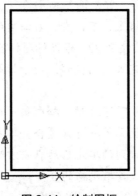

图 2-44　绘制图框

（4）绘制标题栏

①在绘制图框基础上，用创建表格的方法绘制标题栏。标题栏尺寸如图 2-45 所示。

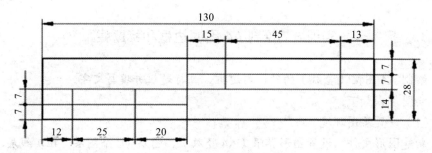

图 2-45　标题栏尺寸

②设置标题栏表格样式。

A．设置表格样式。单击菜单栏中的【格式】→【表格样式】命令，弹出"表格样式"对话框，单击【修改】按钮，弹出"修改表格样式"对话框，在"列标题"选项卡中，去掉"单元特性"中"有标题行"的选项，再在"标题"选项卡中，去掉"单元特性"中"包含标题行"的选项。单击【确定】按钮，返回到"修改表格样式"对话框，单击【关闭】按钮。

B．在图框的右下角插入"标题栏"表格。单击菜单栏中的【绘图】→【表格】命令，弹出"插入表格"对话框。在"列和行设置"栏中，将"列"设为 6、"列宽"设为 45、"数据行"设为 2、"行高"设为 7。在"插入方式"栏中选择"指定插入点"方式。单击按钮，将标题栏插入到适当位置，移动、调整表格的左下角到图框中右下角。

C．编辑"标题栏"表格。首先调整单元格行、列的宽度和高度。拾取第六列中的任一单元格，该单元格上、下、左、右四边的中点出现编辑冷夹点（蓝色小方块），拾取左边夹点向左移动 22。根据标题栏各栏的尺寸大小，对第四、三、二、一列进行同样的编辑，完成列的位移；由于标题栏行高均为 7，所以不需要重新编辑。

D．其次合并单元格。按下 Shift 键，拾取第一行和第二行的第一列至第三列的单元格后点击右键，在快捷菜单中选择【合并单元】→【全部】命令；拾取第三行至第四行的第四列至第六列的单元格后点击右键，在快捷菜单中选择【合并单元】→【全部】命令，完成各单元格的合并。

（5）填写文字。在需要填写文字的单元格内双击，弹出"文字格式"对话框。

输入相应的文字后，单击按钮，完成填写标题栏中的文字。

（6）保存文件。单击"范围缩放"图标，将图形满屏显示。单击"保存"图标，在弹出的"图形另存为"对话框中，确定存盘地址并输入文件名存盘。

项目小结

本项目主要针对该软件的基本操作环境进行叙述，并提供详细的操作步骤。熟悉了 AutoCAD 2005 的基本窗口组成，图形文件的管理等重要部分，以及绘图前环境的设计，为后续绘图的学习奠定了基础。

项目训练题二

1. 选择题

（1）下面哪一项不是 AutoCAD 2005 工作界面的组成部分。（　　）

　　A. 工具栏　　　　B. 绘图窗口　　　　C. 对话窗口　　　　D. 状态栏

（2）如果一张图样的左下角点为（0，0），右上角点为（150，200），那么该图样的图限范围为（　　）。

　　A. 100×80　　　　B.70×90　　　　C.150×200　　　　D.200×250

（3）在 AutoCAD 2005 中设置线型时，可以使用（　）命令来实现。

　　A.【格式】→【图层】　　　　　　B.【格式】→【线型】

　　C.【格式】→【线宽】　　　　　　D.【格式】→【颜色】

（4）在 AutoCAD 2005 中设置线宽时，可以使用（　）命令来实现。

　　A.【格式】→【图层】　　　　　　B.【格式】→【线型】

　　C.【格式】→【线宽】　　　　　　D.【格式】→【颜色】

2. 操作题

（1）建立新文件，按照下列要求完成如题图 2-1 所示样图。

（2）设立图形范围 12×9，左下角点为（0，0），将显示范围设置得和图形范围相同。

（3）长度单位采用十进制，精度为小数点后面 4 位，角度采用十进制，精度为小数点后面 1 位。

（4）设立新层 1 和 2，1 层线型为默认线，颜色为绿色，2 层线型为 center，颜色为红色。

（5）在 2 层上绘制红色的中心线，在 0 层上绘制一个等腰梯形。

（6）在 1 层上绘制一个圆，该圆经过梯形上底边的两个端点和中心线的交叉点，整个图形以垂直中心线为左右对称。

（7）将完成的图形命名保存。

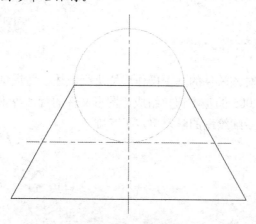

题图 2-1　完成的图形

3. 模板题

（1）建立新文件：运行 AutoCAD 软件，建立新模板文件，模板的图形范围是 120×90，0 层颜色为红色（RED）。将完成的模板图形以 KSCAD1-1.DWT 为文件名保存。

（2）建立新文件：运行 AutoCAD 软件，建立新模板文件，模板的图形范围是 4 200×2 900，网格（grid）点距为 100。将完成的模板图形以 KSCAD1-2.DWT 为文件名保存。

项目3 绘制工程基本图形

项目目标

掌握点、直线、圆（弧）、正多边形、矩形、多段线的绘制；掌握基本的图形编辑命令如删除、拷贝、修剪、移动等；掌握对象捕捉的操作方法。

AutoCAD 2005 提供有多个绘图命令来绘制基本图形，要准确快速地绘制工程图，就要熟练掌握基本图形绘制和编辑各种图形元素，执行绘图和编辑命令的快捷方法是单击绘图工具条（图 3-1）和修改工具条（图 3-2）上的按钮。

图 3-1　绘图工具条

图 3-2　修改工具条

3.1　绘制直线

AutoCAD 2005 提供了多种绘制线条的工具，这些工具和其他绘制二维图形的工具一起位于"绘图"工具栏内（图 3-1）。另外还可以通过执行"绘图"菜单中的各种命令来绘制基本线条。为了获得所需图形，在很多情况下都必须借助图形编辑命令，对图形基本对象进行加工。系统中提供了丰富的图形编辑命令，如删除、修剪与延伸等，如图 3-2 所示。

本节通过简单实例介绍绘制直线与删除图形的基本方法。

3.1.1 AutoCAD 中的坐标

AutoCAD 2005 在绘制工程图中，使用笛卡儿坐标系统来确定"点"的位置。AutoCAD 2005 缺省的坐标系为世界坐标系（缩写为 WCS）。世界坐标系坐标原点位于图形左下角；X 轴为水平轴，向右为正；Y 轴为垂直轴，向上为正；Z 轴方向垂直于 XY 平面，指向绘图者为正向。在二维绘图中，可暂不考虑点的 Z 坐标。

WCS 坐标系在绘图中是常用的坐标系，它不能被改变。在特殊需要时（如绘制轴测图），也可以相对于它建立其他的坐标系。相对于 WCS 建立起的坐标系称为用户坐标系，缩写为 UCS。用户坐标系可以用 UCS 命令来创建。

AutoCAD 2005 有多种输入点的方式，下面介绍几种基本的输入方式。

（1）移动鼠标选点

移动鼠标选点，单击左键确定。当移动鼠标时，十字光标和坐标值随着变化，状态行左边的坐标显示区将显示当前位置，如图 3-3 所示。在 AutoCAD 2005 中，坐标的显示有动态直角坐标、动态极坐标、静态坐标 3 种显示模式。

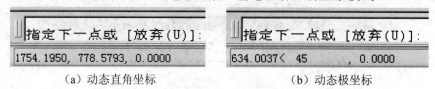

（a）动态直角坐标 　　　　　（b）动态极坐标

图 3-3　坐标显示

动态直角坐标：显示光标的绝对坐标值，随着光标移动，坐标的显示连续更新，随时指示出当前光标位置的坐标值，如图 3-3（a）所示。

动态极坐标：显示相对于上一个点的相对距离和角度，随着光标移动坐标值随时更新。这种方式显示一个相对极坐标，如图 3-3（b）所示。

静态坐标：显示上一个选取点的坐标，只有在新的点被选取时，坐标显示方被更新。这种方式下坐标显示区域是灰色的，表示显示关闭。

可按 F6 键或单击坐标显示处或按<Ctrl>+<D>键在 3 种方式之间进行切换，但应注意，有时绘图环境如在"命令："（Command：）提示下是不支持动态极坐标的，此时只能在动态直角坐标或静态直角坐标两种显示方式间切换。

（2）输入点的直角坐标

①绝对直角坐标：输入点的绝对直角坐标"X，Y"，从原点 X 向右为正，Y 向上为正，反之为负，输入后按回车键确定。这种方式是 AutoCAD 2005 的缺省方式，指当前点相对坐标原点的坐标值。如图 3-4 所示 A 点的绝对坐标为"17.2，24.6"。

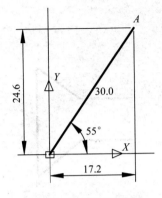

图 3-4 绝对直角坐标

②相对直角坐标：相对直角坐标是指当前点相对于某一点的坐标的增量。相对直角坐标前加"@"符号。例如 A 点的绝对坐标为"10，15"，B 点相对 A 点的相对直角坐标为"@5，-2"，则 B 点的绝对直角坐标为"15，13"。

（3）输入点的极坐标

①绝对极坐标：用"距离<角度"表示。其中距离为当前点相对坐标原点的距离，角度表示当前点和坐标原点连线与 X 轴正向的夹角。如图 3-4 所示，A 点的绝对极坐标可表示为"30.0<55"。

②相对极坐标：相对极坐标用"@距离<角度"表示，例如"@4.5<30"表示当前点到下一点的距离为 4.5，当前点与下一点连线与 X 轴正向夹角为 30º。

（4）直接距离

用鼠标导向，从键盘直接输入相对前一点的距离，按回车键确定该点。

3.1.2 绘制直线

直线是图形中最常见、最简单的实体。在 AutoCAD 2005 中绘制直线的命令是 line。用户通过执行该命令绘制一条或连续多条直线。

（1）直线段（Line）

①功能：绘制直线。

②命令格式

◆ 下拉菜单：【绘图】→【直线】

◆ 图标位置：单击"绘图"工具栏中 按钮

◆ 输入命令：L ↙ （Line 的缩写，↙ 表示按下回车键）

③命令的操作

以图 3-5 所示为例。

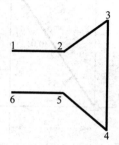

图 3-5　绘制直线

选择上述任一种方式输入命令，命令行提示：

①命令：_line

指定第一点：（用鼠标选，给直线段的第"1"点）

指定下一点或［放弃（U）］：<u>24↙</u>（用直接距离给第"2"点，如输入 U，则放弃第"1"点）

指定下一点或［放弃（U）］：<u>@20，16↙</u>（用直角相对坐标给第"3"点）

…

指定下一点或［闭合（C）/放弃（U）］：<u>52↙</u>（用直接距离给第"4"点）

指定下一点或［放弃（U）］：<u>@−20，16↙</u>（用直角相对坐标给第"5"点）

指定下一点或［放弃（U）］：<u>24↙</u>（用直接距离给第"6"点）

指定下一点或［闭合（C）/放弃（U）］：<u>↙</u>（直接回车或选择右键菜单中的"确定"）

②命令：（表示该命令结束，处于接受新命令状态，后面省略此说明）

效果如图 3-5 所示。

（2）射线（Ray）

①功能：绘制射线，即只有起点并无限延长的直线。射线一般用作辅助线。

②命令格式

◆　下拉菜单：【绘图】→【射线】

◆　图标位置：单击"绘图"工具栏中 按钮

◆　输入命令：<u>Ray↙</u>

③命令的操作

选择上述任一种方式输入命令，命令行提示：

指定起点：✓（指定射线起点）

指定通过点：✓（指定射线第二点，确定射线方向）

指定通过点：✓（指定射线另一点，确定第二条射线方向）

…

指定通过点：✓（直接回车，结束命令）

注意：射线一般用作辅助线，在图形完成之后，辅助线要被删除。为方便起见，射线最好设置在单独的一层。

（3）构造线（XLine）

①功能：绘制两端无限延长的直线。主要用来绘制辅助线。

②命令格式

◆　下拉菜单：【绘图】→【构造线】

◆　图标位置：▨在"绘图"工具栏中。

◆　输入命令：XL ✓（XLine 的缩写）。

③命令的操作

以图 3-6 所示为例

A．绘制构造线 *a*、*c*、*d*。

选择上述任一种方式输入命令，命令行提示：

命令：_xline 指定点或 [水平（H）/垂直（V）/角度（A）/二等分（B）/偏移（O）]：H ✓（要画一条水平的构造线，因此选择此项）

指定通过点：单击绘图区内一点（得到构造线 *a*）

指定通过点：✓（回车结束构造线的绘制，再次回车重新输入构造线命令）

命令：_xline 指定点或 [水平（H）/垂直（V）/角度（A）/二等分（B）/偏移（O）]：O✓（作与构造线 *a* 定距的线，选择此选项）

指定偏移距离或 [通过（T）] <通过>：10 ✓（做与 *a* 相距 10 的另一条构造线）

选择直线对象：选择构造线 *a*

指定向哪一侧偏移：单击 *a* 线上方一点（得到构造线 c）

选择直线对象：✓（回车结束对象选择）

同理可得到与 *a* 平行的相距为 30 的构造线 *d*（步骤略）

B．绘制构造线 *b*、*e*、*f*。

输入构造线命令。

AutoCAD 提示：

命令：XLINE 指定点或 [水平（H）/垂直（V）/角度（A）/二等分（B）/偏

移（O）]：<u>V</u>↙（绘制竖直的线 b，因此选择此项）

指定通过点：（单击绘图内一点，得到构造线 b）

指定通过点：↙（回车结束命令）

同理利用偏移选项（O），可得到 e 和 f 线。绘制结果如图 3-6 所示。

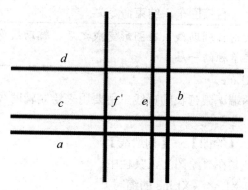

图 3-6　构造线布置图

3.1.3　图形的删除与修剪

（1）删除命令（Erase）

①功能：删除实体。

②命令格式。

◆　下拉菜单：【修改】→【删除】

◆　图标按钮：单击"修改"工具栏中 ✎ 按钮

◆　输入命令：<u>E</u> ↙（Erase 的缩写）

③命令的操作。

选择上述任一种方式输入命令，命令行提示：

选择对象：（可按需要采用不同的选择方式拾取实体后回车，所选实体在屏幕上消失，结束命令）

（2）修剪命令（Trim）

①功能：用剪切边修剪某些实体的一部分，相当于用橡皮擦去实体多余部分。

②命令格式。

◆　下拉菜单：【修改】→【修剪】

◆　图标按钮：单击"修改"工具栏中 ✁ 按钮

◆　输入命令：<u>Tr</u> ↙（Trim 的缩写）

③命令的操作。

以图 3-7 所示为例。

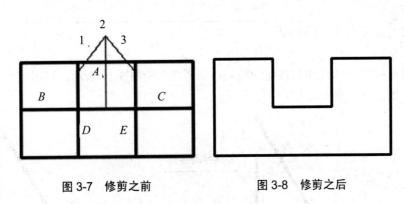

图 3-7　修剪之前　　　　　图 3-8　修剪之后

选择上述任一种方式输入命令，命令行提示：

A．命令：_trim

当前设置：投影=UCS，边=无（提示当前设置）

选择剪切边（提示以下的选择为选择剪切边）

选择对象：（拾取直线作为修剪边界，选择剪切边界"1"）

选择对象：（拾取直线作为修剪边界，选择剪切边界"2"）

选择对象：（拾取直线作为修剪边界，选择剪切边界"3"）

选择对象：∠（继续拾取剪切边。按鼠标右键，结束选择剪切边界的操作）

拾取要修剪的对象，或 [投影（P）/边（E）/放弃（U）]：（选择要剪切的"A"部分）

拾取要修剪的对象，或 [投影（P）/边（E）/放弃（U）]：（选择要剪切的"B"部分）

拾取要修剪的对象，或 [投影（P）/边（E）/放弃（U）]：（选择要剪切的"C"部分）

拾取要修剪的对象，或 [投影（P）/边（E）/放弃（U）]：（选择要剪切的"D"部分）

拾取要修剪的对象，或 [投影（P）/边（E）/放弃（U）]：（选择要剪切的"E"部分）

拾取要修剪的对象，或 [投影（P）/边（E）/放弃（U）]：∠（结束剪切）

B．命令：（略）

完成修剪如图 3-8 所示。

注意：修剪图形时最后的一段或单独的一段是无法剪掉的，可以用删除命令删除。在使用修剪命令时，可以选中所有参与修剪的实体作为修剪边，让它们互为剪刀。

（3）延伸命令（Extend）

①功能

将选中的实体延伸到指定的边界，如图 3-9 和图 3-10 所示。利用该命令，求出线与线的交点最为方便。

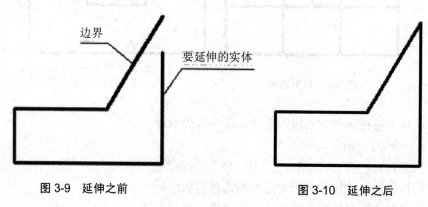

图 3-9　延伸之前　　　　　　　　　　　　图 3-10　延伸之后

②命令格式

◆　下拉菜单：【修改】→【延伸】

◆　图标按钮：单击"修改"工具栏中 ⊸ 按钮

◆　输入命令：Ex ✓（Extend 的缩写）

③命令的操作

选择上述任一种方式输入命令，命令行提示：

A．命令：_extend

当前设置：投影=UCS，边=无

选择边界的边

选择对象：找到 1 个

选择对象：✓（结束边界选择）

选择要延伸的对象，或 [投影（P）/边（E）/放弃（U）]：（选择要延伸的实体）

选择要延伸的对象，或 [投影（P）/边（E）/放弃（U）]：✓

B．命令说明：

a．以上操作是命令的缺省方式，是常用的方式。

b．延伸命令最后一行提示中的后 3 项的含义是：

"P"选项：用于确定是否指定或使用投影方式。

"E"选项：用于指定延伸的边方式。其中有"延伸"与"不延伸"两种方式。"不扩展"方式限制延伸后实体必须与边界相交才可延伸。"扩展"方式对延伸后被延伸实体是否与边界相交没有限制。

"U"选项：撤销延伸命令中最后一次操作。

实训 1 绘制五角星

用"直线"命令绘制如图 3-11 所示的五角星。

绘图步骤如下：

单击按钮 ，命令行提示如下：

命令_line 指定第一点： ✓（第一点任意拾取）

指定下一点或［放弃（U）］： @150<0✓（用相对极坐标输入第 2 点）

指定下一点或［放弃（U）］： @150<216✓（用相对极坐标输入第 3 点）

指定下一点或［放弃（U）］： @150<72✓（用相对极坐标输入第 4 点）

指定下一点或［放弃（U）］： @150<288✓（用相对极坐标输入第 5 点）

指定下一点或［闭合（C）/放弃（U）］： C✓（输入 C 闭合图形）

命令：

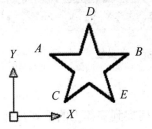
图 3-11 用剪切命令绘制五角星

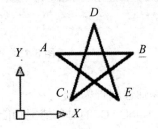
图 3-12 用直线命令绘制五角星

单击修剪按钮 ，命令行提示"选择对象"，用鼠标拾取 AB、BC、CD、DE、EA 各边作为剪切边，如图 3-12 所示。这时五角星的五条边将变成虚线。单击鼠标右键，结束剪切边界的拾取。命令行提示"选择要修剪的对象"，依次拾取五角星的五条要修剪的线段，如图 3-11 所示，完成全图。

3.2　绘制圆和圆弧

3.2.1　设置对象捕捉

在绘图过程中，有时要精确地找到已经绘出图形上的特殊点，例如直线的端点和中点，圆的圆心、切点等。如果单凭肉眼来拾取它们，不可能非常准确地找到这些点。AutoCAD 提供了"对象捕捉"功能，使用户可以迅速准确地捕捉到这些特殊点，从而大大提高作图的准确性和速度。

对象捕捉方式包括单一对象捕捉和固定对象捕捉两种。

（1）单一对象捕捉方式

①单一对象捕捉方式的激活

在任何命令中，当 AutoCAD 要求输入点时，就可以激活单一对象捕捉方式。单一对象捕捉模式中包含有多项捕捉模式。

单一对象捕捉常用以下几种方式来激活：

A. 从"对象捕捉"工具栏单击相应捕捉模式，如图 3-13 所示。

B. 在绘图区域任意位置，先按住<Shift>键，再单击鼠标右键，将弹出右键菜单，可从相应菜单中单击相应捕捉模式。

图 3-13　"对象捕捉"工具栏

②对象捕捉的种类

利用 AutoCAD 的对象捕捉功能，可以捕捉到实体上的下列几种点，即几种捕捉模式：

⊶：临时追踪点。

⌐：捕捉自下一点起为基准的相对点。

⌿：捕捉直线段或圆弧等实体的端点。

⟋：捕捉直线段或圆弧等实体的中点。

✕：捕捉直线段或圆弧、圆等实体之间的交点。

⤬：捕捉实体延长线上的点。捕捉此点前，应先捕捉该实体上的某端点。

⊙：捕捉圆或圆弧的圆心。

⊕：捕捉圆或圆弧上 0°、90°、180°、270°位置上的点。

○：捕捉所画线段与某圆或圆弧的切点。

⊥：捕捉所画线段与某直线段、圆、圆弧或其延长线垂直的点。

∥：捕捉与某平行的点。此不能捕捉绘制实体的起点。

品：捕捉图块的插入点。

。：捕捉由 POINT 等命令绘制的点。

（2）固定对象捕捉方式

固定对象捕捉方式即是执行 OSNAP 命令，其可通过单击状态行上"对象捕捉"（OSNAP）按钮来打开或关闭"固定对象捕捉方式"，也可以用<F3>功能键或<Ctrl>＋<F>组合键打开或关闭。

固定对象捕捉方式与单一对象捕捉方式的区别是：单一对象捕捉方式是一种临时性的捕捉，它选择一次捕捉模式只捕捉一个点；固定对象捕捉方式是固定在一种或数种捕捉模式下，打开它可自动执行所设置模式的捕捉，直至关闭。

绘图时，一般将常用的几种对象捕捉模式设成固定对象捕捉，对不常用的对象捕捉模式使用单一对象捕捉。

①固定对象捕捉模式的设定。

A．固定对象捕捉模式的设定是通过显示"对象捕捉"标签的"设置"对话框来完成的。其可用下列方法之一输入命令弹出对话框：

◆　用右键单击状态栏上"对象捕捉"按钮，从弹出的右键菜单中选择"设置"

◆　从下拉菜单中选取：【工具】→【草图设置】

◆　从键盘键入：OSNAP↙

B．输入命令后，AutoCAD 将弹出显示"对象捕捉"标签的"草图设置"对话框，如图 3-14 所示。该对话框中各项内容及操作如下：

a．"启用对象捕捉"（F3）开关。

该开关控制固定捕捉的打开与关闭。

b．"对象捕捉模式"区。

该区内有 13 种固定捕捉模式，其与单一对象捕捉模式相同。可以从中选择一种或多种对象捕捉模式形成一个固定模式。选择后单击"确定"按钮即确定设置。

如果要清除所有选择，可单击对话框中的"全部清除"按钮。

如果单击"全部选择"按钮，将把 13 种固定捕捉模式全部选中。

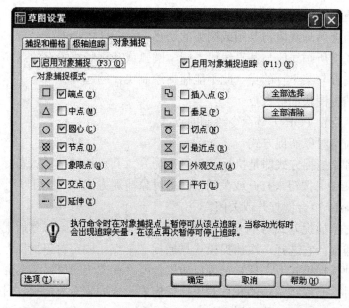

图 3-14　显示"对象捕捉"标签的"草图设置"对话框

②对象捕捉标记

在 AutoCAD2005 中打开对象捕捉时，把捕捉框放在一个实体上，AutoCAD 不仅会自动捕捉该实体上符合设置或选择条件的几何特征点，而且还显示相应的标记。对象捕捉标记的形状与捕捉工具栏上的图标并不一样，而是与图 3-15 所示"对象捕捉模式"区内的各捕捉模式的图形是一致的，在 AutoCAD 中绘图，应熟悉这些标记。

□：捕捉"端点"标记。

△：捕捉"中点"标记。

○：捕捉"圆心"标记。

⊗：捕捉"节点"标记。

◇：捕捉"象限点"标记。

×：捕捉"交点"标记。

–：捕捉"延伸"标记。

⑤：捕捉"插入点"标记。

⊾：捕捉"垂足"标记。

○：捕捉"切点"标记。

⊠：捕捉"最近点"标记。

⊠：捕捉"外观交点"标记。

⁄⁄：捕捉"平行"标记。

3.2.2　实体的镜像

（1）功能

该命令将选中的实体按指定的镜像线作镜像。镜像指以相反的方向生成所选择实体的复制，并根据需要保留或删除原实体的对象。

（2）命令格式

◆　下拉菜单：【修改】→【镜像】

◆　图标位置：单击"修改"工具栏中⚖按钮

◆　输入命令：Mi∠（Mirror 的缩写）

选择上述任一种方式输入命令，命令行提示：

命令：_mirror

选择对象：（拾取需要镜像的实体对象）。

选择对象：（可进行多次拾取。直接回车或单击鼠标右键，结束对象拾取，命令行继续提示）。

指定镜像线的第一点：（拾取或输入对称轴线上的第一点，命令行继续提示）。

指定镜像线的第二点：（拾取或输入对称轴线上的第二点，命令行继续提示）。

是否删除源对象？[是（Y）/否（N）] <N>：（输入 Y，删除原拾取的对象；输入 N，则不删除原对象，该选项为默认选项）。

3.2.3　绘制圆和圆弧

（1）绘制圆

①功能

按指定方式画圆。

②命令格式

◆　下拉菜单：【绘图】→【圆】→从级联子菜单中选一种画圆方式

◆　图标位置：单击"绘图"工具栏中⊘按钮

◆　输入命令：C∠（Circle 的缩写）

③操作说明

选择上述任一种方式输入命令，命令行提示：

CIRCLE 指定圆的圆心或 [三点（3P）/两点（2P）/相切、相切、半径（T）]：

AutoCAD 提供了多种画圆的方法，现分别介绍如下：

A．指定圆心、半径画圆。"指定圆的圆心"选项为该命令的默认选项，当输入圆心坐标值后，命令行提示：

a．指定圆的半径或 [直径（D）]：（输入圆的半径，结束命令。如果输入 D，命令行继续提示）

b．指定圆的直径：（输入圆的直径，结束命令）

B．点（3P）。该选项表示用圆上三点确定圆的大小和位置。输入 3P 并回车后，命令提示：

a．指定圆上的第一个点：（输入圆上第一点坐标值）

b．指定圆上的第二个点：（输入圆上第二点坐标值）

c．指定圆上的第三个点：（输入圆上第三点坐标值）

C．点（2P）。该选项表示用给定两点为直径画圆。输入 2P 并回车后，命令行提示：

a．指定圆直径的第一个端点：（输入圆直径的第一个端点坐标值）

b．指定圆直径的第二个端点：（输入圆直径的第二个端点坐标值）

D．相切、相切、半径（T）。该选项表示要画的圆与两条线段相切。输入 T 并回车后，命令行提示：

a．指定对象与圆的第一个切点：（拾取第一条与圆相切的线段、圆或圆弧）

b．指定对象与圆的第二个切点：（拾取第二条与圆相切的线段、圆或圆弧）

c．指定圆的半径：（输入半径，结束命令）

E．相切、相切、相切（A）。该选项表示作一个与三条线段相切的圆。此选项只能通过下拉菜单输入，即【绘图】→【圆】→【相切、相切、相切】。输入下拉菜单，命令行提示：

a．指定圆上的第一个点：（拾取第一条与圆相切的线段、圆或圆弧。光标靠近某线段后，即出现"切点"光标）

b．指定圆上的第二个点：（拾取第二条与圆相切的线段、圆或圆弧）

c．指定圆上的第三个点：（拾取第三条与圆相切的线段、圆或圆弧）

（2）绘制圆弧

①功能

按指定方式画圆弧。

②命令格式

◆　下拉菜单：【绘图】→【圆弧】→从级联子菜单中选一种画圆弧方式

◆　图标位置：单击"绘图"工具栏中 按钮

◆　输入命令：A↙（Arc 的缩写）

③操作说明

选择上述任一种方式输入命令，命令行提示：_Arc 指定圆弧的起点或 [圆心（C）]：

AutoCAD 提供了多种画圆弧的方法，现分别介绍如下：

A. 三点方式（缺省项）如图 3-15 所示。

图 3-15　三点方式绘圆弧

指定圆弧的起点或[圆心（C）]：（给第"1"点）

指定圆弧的第二个点或 [圆心（C）/端点（E）]：（给第"2"点）

指定圆弧的端点：（给第"3"点）。

B. 用其他方式画圆弧，从下拉菜单输入命令或用右键菜单选项都可以。若从下拉菜单输入命令，选取子菜单中画圆弧方式后，AutoCAD 将按所取方式依次提示，给足三个条件即可绘制出一段圆弧。下面从下拉菜单输入命令画圆弧的方法来介绍。

a. 起点、圆心、端点方式

指定圆弧的起点或 [圆心（CE）]：（给起点"S"）

指定圆弧的第二点或 [圆心（CE）/端点（EN）]：_c 指定圆弧的圆心：（给圆心"O"）

指定圆弧的端点或 [角度（A）/弦长（L）]：（给终点"E"）

b. 起点、圆心、角度方式

命令：_Arc 指定圆弧的起点或 [圆心（C）]：（给起点"S"）

指定圆弧的第二个点或 [圆心（C）/端点（E）]：_c 指定圆弧的圆心：（给圆心"O"）

指定圆弧的端点或 [角度（A）/弦长（L）]：_A 指定包含角：-220↙（给角度）

c. 起点、圆心、弦长方式

命令：_Arc 指定圆弧的起点或 [圆心（C）]：（给起点"S"）

指定圆弧的第二个点或 [圆心（C）/端点（E）]：_c 指定圆弧的圆心：（给圆心"O"）

指定圆弧的端点或 [角度（A）/弦长（L）]：_l指定弦长：<u>78</u>✓（给弦长）

d. 起点、端点、角度方式

命令：_Arc 指定圆弧的起点或 [圆心（C）]：（给起点"S"）

指定圆弧的第二个点或 [圆心（C）/端点（E）]：_e

指定圆弧的端点：（给终点"E"）

指定圆弧的圆心或 [角度（A）/方向（D）/半径（R）]：A 指定包含角：<u>-120</u>✓（给角度）

实训 2　绘制篮球场地

用"直线"、"圆"和"圆弧"等命令绘制如图 3-16 所示的篮球场地。

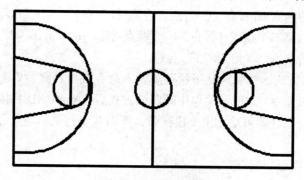

图 3-16　篮球场地

绘图步骤如下：

（1）绘制左半篮球场地的边框，如图 3-17 所示。

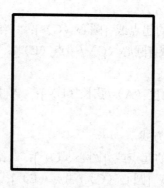

图 3-17　左半篮球场地的边框

单击按钮 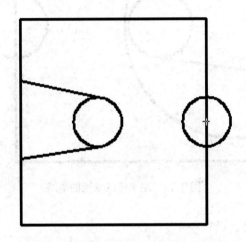，命令行提示如下：

命令：_line 指定第一点：

指定下一点或 [放弃（U）]：<正交 开> 140✓

指定下一点或 [放弃（U）]：150✓

指定下一点或 [闭合（C）/放弃（U）]：140✓

指定下一点或 [闭合（C）/放弃（U）]：C✓

（2）绘制左半篮球场地的圆和切线，如图 3-18 所示。

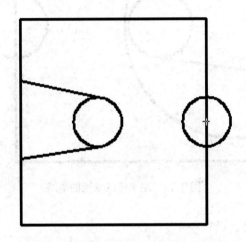

图 3-18 左半篮球场地的圆和切线

命令：（输入画圆的命令）

命令：_circle 指定圆的圆心或 [三点（3P）/两点（2P）/相切、相切、半径（T）]：（设置中点捕捉，单击右边线中点）

指定圆的半径或 [直径（D）] <62.5000>：18✓

命令：（输入画圆的命令）

命令：_circle 指定圆的圆心或 [三点（3P）/两点（2P）/相切、相切、半径（T）]：58✓（设置中点捕捉，移动鼠标至左边线中点后输入）

指定圆的半径或 [直径（D）] <18.0000>：18✓

命令：（输入直线的命令）

命令：_line 指定第一点：（设置中点捕捉，移动鼠标至左边线中点后临时捕捉）

指定下一点或 [放弃（U）]：30✓

指定下一点或 [放弃（U）]：（在左圆上捕捉切点后单击得到切线）

（3）绘制左半篮球场地的半圆，如图 3-19 所示。

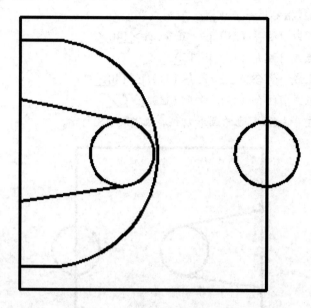

图 3-19 左半篮球场地的半圆

命令：（输入画圆的命令）

命令：_circle 指定圆的圆心或 [三点（3P）/两点（2P）/相切、相切、半径（T）]：
<u>15.7</u>↙（设置中点捕捉，移动鼠标至左边线中点后输入）

指定圆的半径或 [直径（D）] <62.5000>：<u>62.5</u>↙

命令：（输入直线命令）

命令：_line 指定第一点：（大圆最上部的最近点）

指定下一点或 [放弃（U）]：<正交 开>

指定下一点或 [放弃（U）]：（与左边线的最近点）

命令：（输入打断命令）

命令：_Break 选择对象：（选择大圆）

指定第二个打断点或 [第一点（F）]：<u>F</u>↙

指定第一个打断点：（单击上交点）

指定第二个打断点：（单击下交点）

（4）镜像左半篮球场地得到整个篮球场地，如图 3-16 所示。

3.3 绘制多段线

3.3.1 绘制多段线

（1）功能

多段线命令可以画等宽或不等宽的有宽线，该命令不仅可以画直线，还可以画圆弧，画直线与圆弧、圆弧与圆弧的组合线。

（2）命令格式

◆ 下拉菜单：【绘图】→【多段线】

◆ 图标按钮：单击"绘图"工具栏中⤴按钮

◆ 输入命令：<u>PL↙</u>（PLINE 缩写）

（3）命令的操作

命令：（输入命令）

指定起点：（给起点）

当前线宽为 0.00（信息行）

指定下一个点或 [圆弧（A）/半宽（H）/长度（L）/放弃（U）/宽度（W）]：（给点或选项）

注：上行称为直线方式提示行

①直线方式提示行各选项含义。

给点（缺省项）：所给点是直线的另一端点，给点后仍出现直线方式提示行，可继续给点画直线或按回车键结束命令。

"W"选项：可改变当前线宽。

输入选项后，出现提示行：

指定起点宽度 <0.0000>：（给起始线宽）

指定端点宽度 <0.0000>：（给终点线宽）

给线宽后仍出现直线方式提示行。

如起始线宽与终点线宽相同，画等宽线；如起始线宽与终点线宽不相同，所画第一条线为不等宽线，后续线段将按终点线宽画等宽线。

"H"选项：按线宽的一半指定当前线宽。

"U"选项：在命令中擦去最后画出的那条线。

"L"选项：可输入一个长度值，按指定长度延长上一条直线。

"A"选项：使 Pline 命令转入画圆弧方式。

选项后，出现圆弧方式提示行：

指定圆弧的端点或[角度（A）/圆心（CE）/闭合（CL）/方向（D）/半宽（H）/直线（L）/半径（R）/第二个点（S）/放弃（U）/宽度（W）]：（给点或选项）。

②圆弧方式提示行各选项含义。

给点（缺省项）：所给点是圆弧的终点。

"A"选项：可输入所画圆弧的包含角。

"CE"选项：可指定所画圆弧的圆心。

"R"选项：可指定所画圆弧的半径。

"S"选项：可指定按三点方式画弧的第2点。

"D"选项：可指定所画圆弧起点的切线方向。

"L"选项：返回画直线方式，出现直线方式提示行。

其他"CL"、"H"、"W"、"U"选项与直线方式中的同类选项相同。

说明：在执行同一次 PLINE 命令中所画各线段是一个实体。

实训 3 绘制雨伞

绘制雨伞，如图 3-20 所示，本题要用到圆弧、样条曲线和多段线命令。在绘制的过程中，必须注意不同线条绘制的先后顺序。

图 3-20 雨伞

（1）绘制伞的外框

命令：ARC↙

指定圆弧的起点或 [圆心（C）]：C↙

指定圆弧的圆心：（在屏幕上指定圆心）

指定圆弧的起点：（在屏幕上圆心位置右边指定圆弧的起点）

指定圆弧的端点或 [角度（A）/弦长（L）]：A↙

指定包含角：180↙（注意角度的逆时针转向）

（2）绘制伞的底边

命令：SPLINE↙（或者单击下拉菜单"绘图"→"样条曲线"，或者单击绘图工具栏命令图标，下同）

指定第一个点或 [对象（O）]：（指定样条曲线的第一个点）

指定下一点：（指定样条曲线的下一个点）

指定下一点或 [闭合（C）/拟合公差（F）]＜起点切向＞：（指定样条曲线的下一个点）

指定下一点或 [闭合（C）/拟合公差（F）]＜起点切向＞：（指定样条曲线的下一个点）

指定下一点或 [闭合（C）/拟合公差（F）]＜起点切向＞：（指定样条曲线的下一个点）

指定下一点或 [闭合（C）/拟合公差（F）]＜起点切向＞：（指定样条曲线的下一个点）

指定下一点或 [闭合（C）/拟合公差（F）]＜起点切向＞：（指定样条曲线的下一个点）

指定下一点或 [闭合（C）/拟合公差（F）]＜起点切向＞：↙

指定起点切向：（指定一点并鼠标右击确认）

指定端点切向：（指定一点并鼠标右击确认）

（3）绘制伞面

命令：ARC↙

指定圆弧的起点或 [圆心（C）]：（指定圆弧的起点）

指定圆弧的第二个点或 [圆心（C）/端点（E）]：（指定圆弧的第二个点）

指定圆弧的端点：（指定圆弧的端点）

命令：ARC↙

指定圆弧的起点或 [圆心（C）]：（指定圆弧的起点）

指定圆弧的第二个点或 [圆心（C）/端点（E）]：（指定圆弧的第二个点）

指定圆弧的端点：（与上面相同方法绘制第二段圆弧）

命令：ARC↙

指定圆弧的起点或 [圆心（C）]：（指定圆弧的起点）

指定圆弧的第二个点或 [圆心（C）/端点（E）]：（指定圆弧的第二个点）

指定圆弧的端点：（与上面相同方法绘制第三段圆弧）

命令：<u>ARC↙</u>

指定圆弧的起点或 [圆心（C）]：（指定圆弧的起点）

指定圆弧的第二个点或 [圆心（C）/端点（E）]：（指定圆弧的第二个点）

指定圆弧的端点：（与上面相同方法绘制第四段圆弧）

命令：<u>ARC↙</u>

指定圆弧的起点或 [圆心（C）]：（指定圆弧的起点）

指定圆弧的第二个点或 [圆心（C）/端点（E）]：（指定圆弧的第二个点）

指定圆弧的端点：（与上面相同方法绘制第五段圆弧）

绘制结果如图 3-21 所示。

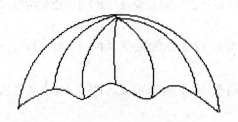

图 3-21　伞面

（4）绘制伞顶和伞把

命令：<u>PLINE↙</u>

指定起点：（指定伞顶起点）

当前线宽为 3.0000

指定下一个点或 [圆弧（A）/半宽（H）/长度（L）/放弃（U）/宽度（W）]：<u>W↙</u>

指定起点宽度：<u>4↙</u>

指定端点宽度：<u>2↙</u>

指定下一个点或 [圆弧（A）/半宽（H）/长度（L）/放弃（U）/宽度（W）]：（指定伞顶终点）

指定下一点或 [圆弧（A）/闭合（C）/半宽（H）/长度（L）/放弃（U）/宽度（W）]：<u>U↙</u>（觉得位置不合适，取消）

指定下一个点或 [圆弧（A）/半宽（H）/长度（L）/放弃（U）/宽度（W）]：（重新指定伞顶终点）

指定下一点或 [圆弧（A）/闭合（C）/半宽（H）/长度（L）/放弃（U）/宽

度（W）]:（鼠标右击确认）

命令：<u>PLINE</u>↙

指定起点：（指定伞把起点）

当前线宽为 2.0000

指定下一个点或 [圆弧（A）/半宽（H）/长度（L）/放弃（U）/宽度（W）]:

<u>H</u>↙

指定起点半宽：<u>1.5</u>↙

指定端点半宽：<u> </u>↙

指定下一个点或 [圆弧（A）/半宽（H）/长度（L）/放弃（U）/宽度（W）]:

（指定下一点）

指定下一点或 [圆弧（A）/闭合（C）/半宽（H）/长度（L）/放弃（U）/宽

度（W）]: <u>A</u>↙

指定圆弧的端点或[角度（A）/圆心（CE）/闭合（CL）/方向（D）/半宽（H）/

直线（L）/半径（R）/第二个点（S）/放弃（U）/宽度（W）]:（指定圆弧的端点）

指定圆弧的端点或[角度（A）/圆心（CE）/闭合（CL）/方向（D）/半宽（H）/

直线（L）/半径（R）/第二个点（S）/放弃（U）/宽度（W）]:（鼠标右击确认）

最终绘制的图形如图 3-20 所示。

3.4　绘制正多边形和矩形

3.4.1　绘制正多边形

（1）功能

该命令可按指定方式画 3～1 024 边的正多边形。AutoCAD 提供了如下画正

多边形的命令格式。

（2）命令格式

◆　下拉菜单：【绘图】→【正多边形】

◆　图标位置：单击"绘图"工具栏中⬠按钮

◆　输入命令：<u>POLYGON</u>↙

（3）命令操作

执行绘制正多边形命令后，命令行提示如下：

①输入边的数目：（输入正多边形边的数目）

②指定正多边形的中心点或[边（E）]：（指定正多边形的中心点）

③输入选项[内接于圆（I）/外切于圆（C）]：（输入 I，用内接于圆方法绘制正多边形）

④指定圆的半径：（输入内接圆的半径）

如图 3-22 所示为"内接于圆"法和图 3-23 所示为"外切于圆"法绘制的正多边形。

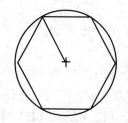
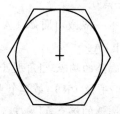

图 3-22　"内接于圆"法绘制正多边形　　　图 3-23　"外切于圆"法绘制正多边形

⑤其他命令。

绘制正多边形时，除了上例中用到的命令选项外，其他的命令选项功能为：

A. 边（E）：此选项是根据正多边形边的两个端点来绘制正多边形。选择此选项后，命令行提示如下：

a. 指定边的第一个端点：（指定边的第一个端点）。

b. 指定边的第二个端点：（指定边的第二个端点）。

c. 确定了边的两个端点后，正多边形的边长就确定了，AutoCAD 根据正多边形边长相等的特性，依次确定正多边形其他边的位置来绘制正多边形。

B. 外切于圆（C）：此选项是指绘制的正多边形外切于辅助的圆，此圆不显示。选择此选项后，命令行提示如下：

a. 指定圆的半径：（输入圆的半径）。

b. 此时，该圆的圆心和绘制的正多边形的中心重合。

说明：默认情况下，AutoCAD 采用"内接于圆"的方法绘制正多边形。

3.4.2 绘制矩形

（1）功能

该命令不仅可以画矩形，还可画四角是斜角或者是圆角的矩形。

（2）命令格式

◆ 下拉菜单：【绘图】→【矩形】

◆ 图标位置：单击"绘图"工具栏中▢按钮

◆ 输入命令：<u>RECTANT</u>↙

（3）AutoCAD 2005 中执行绘制矩形命令的方法。

主要有以下几种：

①单击"绘图"工具栏中的"矩形"按钮。

②选择→命令。

③在命令行中输入绘制矩形命令。

（4）执行绘制矩形命令后，命令行提示如下：

①指定第一个角点或[倒角（C）/标高（E）/圆角（F）/厚度（T）/宽度（W）]：（指定第一个角点）

②指定另一个角点或[尺寸（D）]：（指定另一个角点）

③绘制的矩形如图 3-24 所示。

④在执行绘制矩形命令后，命令行中提示其他绘制矩形的方法。分别介绍如下：

A．倒角（C）：设置矩形各顶点倒角参数。

B．标高（E）：设置在三维空间内矩形面的高度。

C．圆角（F）：设置矩形各顶点倒圆角的参数。

D．厚度（T）：设置在三维空间内矩形的厚度，即 Z 轴方向上的值。

E．宽度（W）：设置矩形的线宽。

F．如图 3-24 所示是绘制的几种矩形图。

（a）倒角　　　　　　　（b）倒圆角　　　　　　　（c）设置线宽

图 3-24　三种矩形

实训 4　卡通造型

　　绘制的卡通造型，如图 3-25-1 所示，由于大圆与小圆和矩形有相切关系，所以应先画小圆和矩形，然后再画大圆及其内部的椭圆和正六边形，最后画其他部分。绘制过程中要用到直线、圆、圆弧、椭圆、圆环、矩形和正多边形等命令。

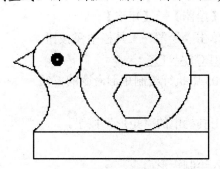

图 3-25-1　卡通造型

（1）绘制左边小圆及圆环

①命令：CIRCLE↙

指定圆的圆心或 [三点（3P）/两点（2P）/相切、相切、半径（T）]：230，210↙

　　指定圆的半径或 [直径（D）] <0.0000>：30↙

②命令：DONUT↙（或单击下拉菜单绘图）

指定圆环的内径：5↙

指定圆环的外径：15↙

指定圆环的中心点 <退出>：230，210↙

指定圆环的中心点 <退出>：↙

（2）绘制矩形

命令：RECTANG↙

指定第一个角点或 [倒角（C）/标高（E）/圆角（F）/厚度（T）/宽度（W）]：200，122↙

　　指定另一个角点：420，88↙

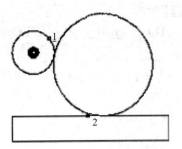

图 3-25-2 卡通造型步骤图

（3）绘制右边大圆及小椭圆、正六边形

①命令：<u>CIRCLE</u>↙

指定圆的圆心或 [三点（3P）/两点（2P）/相切、相切、半径（T）]：<u>T</u>↙（用指定两个相切对象及给出圆的半径的方式画圆）

在对象上指定一点作圆的第一条切线：如图 3-25-2 所示用鼠标在点 1 附近选取小圆）

在对象上指定一点作圆的第二条切线：如图 3-25-2 所示用鼠标在点 2 附近选取矩形）指定圆的半径：<u>70</u>↙

②命令：<u>ELLIPSE</u>↙

指定椭圆的轴端点或 [圆弧（A）/中心点（C）]：<u>C</u>↙（用指定椭圆圆心的方式画椭圆）

指定椭圆的中心点：<u>330，222</u>↙

指定轴的端点：<u>360，222</u>↙（椭圆长轴的右端点的坐标值）

指定到其他轴的距离或 [旋转（R）]：<u>20</u>↙（椭圆短轴的长度）

③命令：<u>POLYGON</u>↙（或单击下拉菜单"绘图"→"正多边形"，或者单击工具栏命令图标，下同）

输入边的数目：<u>6</u>↙（正多边形的边数）

指定多边形的中心点或 [边（E）]：<u>330，165</u>↙（正六边形的中心点的坐标值）

输入选项 [内接于圆（I）/外切于圆（C）]：<u>↙</u>（用内接于圆的方式画正六边形）

指定圆的半径：<u>30</u>↙（正六边形内接圆的半径）

（4）绘制左边折线及圆弧

①命令：<u>LINE</u>↙

　　指定第一点：202，221

　　指定下一点或 [放弃（U）]：@30<-150✓（用相对极坐标值给定下一点的坐标值）

　　指定下一点或 [放弃（U）]：@30<-20✓（用相对极坐标值给定下一点的坐标值）

　　指定下一点或 [闭合（C）/放弃（U）]：✓

　　②命令：ARC✓

　　指定圆弧的起点或 [圆心（CE）]：200，122✓（给出圆弧的起点坐标值）

　　指定圆弧的第二点或 [圆心（CE）/端点（EN）]：EN✓（用给出圆弧端点的方式画圆弧）

　　指定圆弧的端点：210，188✓（给出圆弧端点的坐标值）

　　指定圆弧的圆心或 [角度（A）/方向（D）/半径（R）]：R✓（用给出圆弧半径的方式画圆弧）

　　指定圆弧半径：45✓

　　（5）绘制右边折线

　　命令：LINE✓

　　指定第一点：420，122✓

　　指定下一点或 [放弃（U）]：@68<90✓

　　指定下一点或 [放弃（U）]：@23<180✓

　　指定下一点或 [闭合（C）/放弃（U）]：✓

实训 5　旋具的立面图

　　绘制的旋具（旧称"螺丝刀"），如图 3-26 所示。

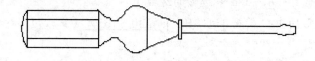

图 3-26　旋具

　　分析：旋具的左部把手可以看成是由圆弧、矩形、直线组成的，可用圆弧命令 ARC、矩形命令 RECTANG、直线命令 LINE 绘制完成；螺丝刀的中部由两段

曲线和一些折线组成。因此，可用样条曲线命令 SPLINE 绘制曲线，用直线命令
LINE 绘制折线；旋具的右部是由直线和圆弧组成的，我们可以用多段线命令
PLINE 绘制完成。

（1）绘制旋具左部把手

①命令：RECTANG✓

指定第一个角点或 [倒角（C）/标高（E）/圆角（F）/厚度（T）/宽度（W）]:
45，180✓

  指定另一个角点：170，120✓

②命令：LINE✓

  指定第一点：45，166✓

  指定下一点或 [放弃（U）]：@125<0✓

  指定下一点或 [放弃（U）]：✓

③命令：LINE✓

  指定第一点：45，134✓

  指定下一点或 [放弃（U）]：@125<0✓

  指定下一点或 [放弃（U）]：✓

④命令：ARC✓

  指定圆弧的起点或 [圆心（CE）]：45，180✓

  指定圆弧的第二点或 [圆心（CE）/端点（EN）]：35，150✓

  指定圆弧的端点：45，120✓

⑤绘制的图形如图 3-27 所示。

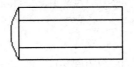

图 3-27　绘制旋具左部把手

（2）绘制旋具的中间部分

①命令：SPLINE✓

  指定第一个点或 [对象（O）]：170，180✓

  指定下一点：192，165✓

  指定下一点或 [闭合（C）/拟合公差（F）] <起点切向>：225，187✓

  指定下一点或 [闭合（C）/拟合公差（F）] <起点切向>：255，180✓

指定下一点或 [闭合（C）/拟合公差（F）] <起点切向>: ✓指定起点切向: 202，150✓（给出样条曲线起点切线上一点的坐标值）

指定端点切向: 280，150✓

②命令: SPLINE✓

指定第一个点或 [对象（O）]: 170，120✓

指定下一点: 192，135✓

指定下一点或 [闭合（C）/拟合公差（F）] <起点切向>: 225，113✓

指定下一点或 [闭合（C）/拟合公差（F）] <起点切向>: 255，120✓

指定下一点或 [闭合（C）/拟合公差（F）] <起点切向>: ✓

指定起点切向: 202，150✓

指定端点切向: 280，150✓

③命令: LINE✓

指定第一点: 255，180✓

指定下一点或 [放弃（U）]: 308，160✓

指定下一点或 [放弃（U）]: @5<90✓

指定下一点或 [闭合（C）/放弃（U）]: @5<0✓

指定下一点或 [闭合（C）/放弃（U）]: @30<-90✓

指定下一点或 [闭合（C）/放弃（U）]: @5<-180✓

指定下一点或 [闭合（C）/放弃（U）]: @5<90✓

指定下一点或 [闭合（C）/放弃（U）]: 255，120✓

指定下一点或 [闭合（C）/放弃（U）]: 255，180✓

指定下一点或 [闭合（C）/放弃（U）]: ✓

④命令: LINE✓

指定第一点: 308，160✓

指定下一点或 [放弃（U）]: @20<-90✓

指定下一点或 [放弃（U）]: ✓

⑤绘制完此步后的图形如图 3-28 所示。

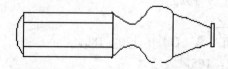

图 3-28　绘制旋具中间部分后的图形

（3）绘制旋具的右部

①命令：<u>PLINE</u>↙

指定起点：<u>313, 155</u>↙

当前线宽为 0.0000

指定下一点或 [圆弧（A）/闭合（C）/半宽（H）/长度（L）/放弃（U）/宽度（W）]：<u>@162<0</u>↙

指定下一点或 [圆弧（A）/闭合（C）/半宽（H）/长度（L）/放弃（U）/宽度（W）]：<u>A</u>↙

指定圆弧的端点或[角度（A）/圆心（CE）/闭合（CL）/方向（D）/半宽（H）/直线（L）/半径（R）/第二点（S）/放弃（U）/宽度（W）]：<u>490, 160</u>↙

指定圆弧的端点或[角度（A）/圆心（CE）/闭合（CL）/方向（D）/半宽（H）/直线（L）/半径（R）/第二点（S）/放弃（U）/宽度（W）]：<u></u>↙

②命令：<u>PLINE</u>↙

指定起点：<u>313, 145</u>↙

当前线宽为 0.0000

指定下一点或 [圆弧（A）/闭合（C）/半宽（H）/长度（L）/放弃（U）/宽度（W）]：<u>@162<0</u>↙

指定下一点或 [圆弧（A）/闭合（C）/半宽（H）/长度（L）/放弃（U）/宽度（W）]：<u>A</u>↙

指定圆弧的端点或[角度（A）/圆心（CE）/闭合（CL）/方向（D）/半宽（H）/直线（L）/半径（R）/第二点（S）/放弃（U）/宽度（W）]：<u>490, 140</u>↙

指定圆弧的端点或[角度（A）/圆心（CE）/闭合（CL）/方向（D）/半宽（H）/直线（L）/半径（R）/第二点（S）/放弃（U）/宽度（W）]：<u>L</u>↙

指定下一点或 [圆弧（A）/闭合（C）/半宽（H）/长度（L）/放弃（U）/宽度（W）]：<u>510, 145</u>↙

指定下一点或 [圆弧（A）/闭合（C）/半宽（H）/长度（L）/放弃（U）/宽度（W）]：<u>@10<90</u>↙

指定下一点或 [圆弧（A）/闭合（C）/半宽（H）/长度（L）/放弃（U）/宽度（W）]：<u>490, 160</u>↙

指定下一点或 [圆弧（A）/闭合（C）/半宽（H）/长度（L）/放弃（U）/宽度（W）]：<u></u>↙

③最终绘制的图形如图 3-37 所示。

项目小结

在本项目中讲述了 AutoCAD 2005 中的一些基本绘图方法，包括如何绘制直线、射线、构造线、绘多义线、绘正多边形、绘矩形、圆、圆弧等内容。通过本项目的学习，用户可以利用 AutoCAD 2005 绘制出图形的基本结构模型。

项目训练题三

1. 填空题

（1）在 AutoCAD 中，显示坐标主要有_____、_____和_____三种模式。

（2）AutoCAD 中的直线类图形元素包括直线、多段线、多线、构造线和射线等，其中最常用的是_____、_____和_____。

（3）用_____极坐标方法绘制五角星是比较方便的，正五角星的每个内角是____度。

（4）有___种画圆的方法，系统默认的方法是_____。

（5）绘制正多边形可以通过_____和_____的大小确定其位置和大小。

（6）AutoCAD 2005 中点的绘制有 4 种方法，分别为_____、_____、_____和_____。

（7）AutoCAD 2005 中提供了多种画线方式，包括绘制_____、_____、_____、_____和_____。

（8）AutoCAD 2005 中提供了多种绘制圆的方法，试举出 3 种绘制圆的方法：_____、_____和_____。

（9）如果要绘制实心圆，则只需_____。

（10）AutoCAD 2005 中，用_____命令控制圆环是否填充。

2. 选择题

（1）画一个正五角星，可一次输入____命令完成。

    A. 构造线   B. 多段线   C. 直线   D. 射线

（2）画一条直线，可以通过____启动命令。

    A. 输入 A   B. 输入 L   C. 输入 C   D. 输入 U

（3）输入修剪命令，可以通过____启动命令。

    A. 输入 E   B. 输入 Tr   C. 输入 C   D. 输入 U

3. 上机操作题

（1）操作要求：绘制题图 3-1 中的图形，不标注尺寸。①建立新图形文件：建立新图形文件，绘图区域为：240×200；②绘图：绘制一个长为 100×25 的矩形，在矩形中绘制一个样条曲线，样条曲线顶点的间距相等，左端点切线与直方向夹角为 45°，右端点切线与直方向的夹角为 135°。

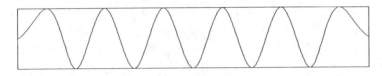

题图 3-1

（2）操作要求：①建立新图形文件：建立新图形文件，绘图区域为：240×200。②绘图：绘制一个三角形，其中：*AB* 长为 90，*BC* 长为 70，*AC* 长为 50；绘制三角形 *AB* 边的高 *CO*；绘制三角形 *OBC* 的内切圆；绘制三角形 *ABC* 的外接圆，完成后的图形参见绘制题图 3-2 中的图形。

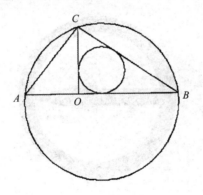

题图 3-2

（3）绘制题图 3-3 中的图形，不标注尺寸。一个边长为 20、*AB* 边与水平线夹角为 30° 的正七边形；绘制一个半径为 10 的圆，且圆心与正七边形同心；再绘制正七边形的外接圆；绘制一个与正七边形相距 10 的外围正七边形。

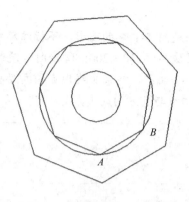

题图 3-3

（4）操作要求：①建立新图形文件：建立新图形文件，绘图区域为：420×297。②绘图：绘制一个宽度为 10、外圆直径为 100 的圆环。在圆中绘制箭头，箭头尾部宽为 10，箭头起始宽度（圆环中心处）为 20；箭头的头尾与圆环的水平四分点重合。绘制一个直径为 50 的同心圆。完成后的图形参见题图 3-4。

题图 3-4

项目 4　绘制工程复杂图形

　　掌握椭圆、椭圆弧的绘制；掌握倒直角与倒圆角方法；掌握图案填充的方法；掌握图块的定义与使用；掌握栅格的显示与捕捉、正交绘图方式；掌握图形的偏移复制、阵列、查询、属性修改等操作。

4.1　倒直角和倒圆角

　　要绘制出符合制图标准的工程图样，必须学会设置所需要的绘图环境，然后设置成样板文件。绘图环境的设置包括绘图单位、绘图界限、对象捕捉、栅格和正交模式的设置等。绘图环境的设置不仅是绘制图形的基本要求，而且是提高绘图速度和精度的必备条件。绘图环境的设置见 2.2 节。

　　在绘图过程中，有时候需要尖锐的角，有时候需要光滑的角，AutoCAD 2005 为用户提供了这两种角的绘制工具：倒直角和倒圆角。

4.1.1　倒直角

　　在 AutoCAD 2005 中，倒角的基本功能是用一条斜线把两个倒角对象连接起来。

①执行倒角命令的格式如下：

◆　下拉菜单：【修改】→【倒角】

◆　图标按钮：单击"修改"工具栏 按钮

◆　输入命令：CHAMFER

②执行倒角命令后，命令行提示如下：

命令：CHAMFER（"修剪"模式）当前倒角的距离 1=0.000 0，距离 2=0.000 0

选择第一条直线或[多段线（P）/距离（D）/角度（A）/修剪（T）/方式（M）/多个（U）]：

　　如果使用命令的默认执行方法，就直接选择倒角对象，否则选择一种命令选项。AutoCAD 系统默认初始倒角距离 1 和倒角距离 2 均为 0，所以最初执行倒角命令时都需要选择一种命令选项进行设置。系统提供了 6 种命令选项供用户选择，其各选项功能分别为：

A. 多段线（P）：选择此选项，将对整条多段线进行倒角。

例如：对如图 4-1（a）所示的多段线进行倒角。操作步骤如下：

● 单击"修改"工具栏中的 ⌐ 按钮，执行倒角命令。

● 选择第一条直线或[多段线（P）/距离（D）/角度（A）/修剪（T）/方式（M）/多个（U）]：输入 P，按回车键。如果当前倒角距离太短，可选择"距离（D）"命令选项进行修改，然后再选择该命令选项。

● 选择二维多段线：用拾取框选择图 4-1（a）中的多段线，这时命令文本框提示"8 条直线已被倒角"，操作结束。编辑多段线的效果如图 4-1（b）所示。

（a）原始对象　　　　　　　　　　（b）倒角后的对象

图 4-1　对多段线进行倒角

B. 距离（D）：此选项为系统默认选项，表示确定倒角时的倒角距离。选择该选项，命令行陆续提示"指定第一个倒角距离和指定第二个倒角距离"，用户只需输入距离值，按回车键即可。

例如：对如图 4-2（a）所示的图形进行倒角。操作步骤如下：

● 单击"修改"工具栏中的 ⌐ 按钮，执行倒角命令。

● 选择第一条直线或[多段线（P）/距离（D）/角度（A）/修剪（T）/方式（M）/多个（U）]：由于系统默认的倒角方式就是这种方式，所以直接用拾取框选择如图 4-2（a）所示的线段 *AB*。

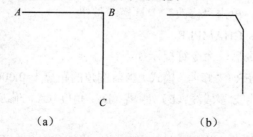

（a）　　　　　　　　　　（b）

图 4-2　以"距离"方式倒角

- 选择第二条直线：再用拾取框选择如图 4-2（a）所示的线段 BC。操作结束，经倒角后的图形如图4-2（b）所示。

C. 角度（A）：选择此选项，将根据一个倒角距离和一个角度进行倒角。例如：对如图 4-3（a）所示的图形进行倒角。操作步骤如下：

- 单击"修改"工具栏中的 按钮，执行倒角命令。
- 选择第一条直线或[多段线（P）/距离（D）/角度（A）/修剪（T）/方式（M）/多个（U）]：A↙。
- 指定第一条直线的倒角长度：10↙。
- 指定第一条直线的倒角角度：30↙。
- 选择第一条直线或[多段线（P）/距离（D）/角度（A）/修剪（T）/方式（M）/多个（U）]：选择图4-3（a）中的线段 AB。
- 选择第二条直线：选择图4-3（a）中的线段 BC。操作结束，经倒角后的图形如图 4-3（b）所示。

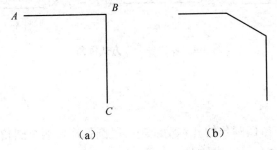

图 4-3　以"角度"方式倒角

D. 修剪（T）：选择此选项，命令行提示"输入修剪模式选项[修剪（T）/不修剪（N）]<修剪>"。如果选择"修剪"，倒角后可以对倒角边进行修剪；如果选择"不修剪"，倒角后不能修剪。

E. 方式（M）：此选项表示按什么方式倒角。选择此选项后，命令行提示"输入修剪方法[距离（D）/角度（A）]<距离>"，选择相应的命令选项进行修剪。

F. 多个（U）：以当前设置重复对多个对象进行倒角。在"选择第一条直线或[多段线（P）/距离（D）/角度（A）/修剪（T）/方式（M）/多个（U）]"的提示下输入 U，按回车键，命令行会出现相同的提示，这时就可以对另一个对象进行倒角。

例如：对如图 4-4（a）所示的图形进行倒角。操作步骤如下：

- 单击"修改"工具栏中的 按钮，执行倒角命令。

- 选择第一条直线或[多段线（P）/距离（D）/角度（A）/修剪（T）/方式（M）/多个（U）]：U↙。
- 选择第一条直线或[多段线（P）/距离（D）/角度（A）/修剪（T）/方式（M）/多个（U）]：用拾取框选择如图 4-4（a）所示矩形的边 AD。
- 选择第二条直线：用拾取框选择如图 4-4（a）所示矩形的边 AB，这时，角 A 就被倒成如图 4-4（b）所示图形。
- 选择第一条直线或 [多段线（P）/距离（D）/角度（A）/修剪（T）/方式（M）/多个（U）]：继续依次选择角 B、角 C、角 D 的两边，按回车键或单击鼠标右键，选择"确定"命令，结束操作。

经倒角后的图形如图 4-4（c）所示。

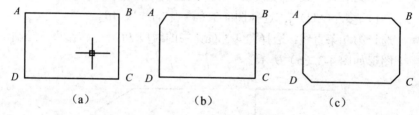

（a）　　　　　　　　（b）　　　　　　　　（c）

图 4-4　以"多个"方式倒角

4.1.2　倒圆角

在 AutoCAD 中，倒圆角的基本功能是一段圆弧连接两个圆角对象。

①执行倒圆角命令的格式如下：

◆　下拉菜单：【修改】→【圆角】

◆　图标按钮：单击"绘图"工具栏　按钮

◆　输入命令：FILLET

②执行圆角命令后，命令行提示如下：

命令：FILLET

当前设置：模式=修剪，半径=50.0000。

选择第一个对象或[多段线（P）/半径（R）/修剪（T）/多个（U）]：（如果默认当前设置，则选择对象，否则选择一种命令选项）。

选择第二个对象：（选择角的另一边）。

在选择第一个对象时，命令行提示中有 4 个命令选项。其各选项功能分别为：

A．多段线（P）：选择该选项，将对整条多段线进行倒圆角操作。

例如：对如图 4-5（a）所示的多段线进行倒圆角操作。操作步骤如下：

- 单击"修改"工具栏中的 ⌐ 按钮，执行圆角命令。
- 当前设置：模式=修剪，半径=1.0000。

选择第一个对象或[多段线（P）/半径（R）/修剪（T）/多个（U）]：如果当前设置不合适，可直接在命令行输入 R，按回车键进行修改；如果当前设置合适，则输入 P，按回车键。

- 选择二维多段线：用拾取框选择如图 4-5（a）所示的多段线。操作结束，倒圆角操作后的多段线如图 4-5（b）所示。

一般情况下，AutoCAD 将按默认的圆角设置在多段线的转折处进行倒圆角；使用闭合命令封闭的多段线，在使用倒圆角命令时，每个转折处均被倒圆角；使用目标捕捉的封闭多段线，对闭合处不进行倒圆角处理。

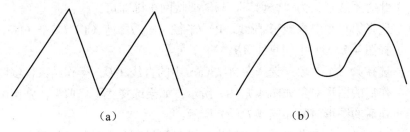

（a）　　　　　　　　　　　　　（b）

图 4-5　倒圆角操作

B．半径（R）：选择该选项，可以设置连接对象的圆弧的半径。

例如：对如图 4-6（a）所示的图形进行倒圆角操作，设置圆弧半径为 2。具体步骤如下：

- 单击"修改"工具栏中的 ⌐ 按钮，执行圆角命令。
- 当前设置：模式=修剪，半径=1.0000。

选择第一个对象或[多段线（P）/半径（R）/修剪（T）/多个（U）]：<u>R↙</u>。

- 指定圆角半径：<u>2↙</u>。
- 选择第一个对象或[多段线（P）/半径（R）/修剪（T）/多个（U）]：选择如图 4-6（a）所示角的一边。

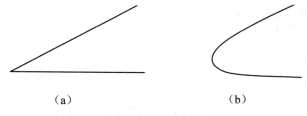

（a）　　　　　　　　　　　　　（b）

图 4-6　以圆角半径为 3 进行圆角操作

● 选择第二个对象：选择图 4-6（a）中角的另一边。操作结束，倒圆角操
作后的图形如图 4-6（b）所示。

C．修剪（T）：选择此选项，命令行提示"输入修剪模式选项[修剪（T）/
不修剪（N）]<修剪>"。如果选择"修剪"，在进行倒圆角操作的同时对角进行
修剪；如果选择"不修剪"，倒圆角操作后，不对图形进行修剪。

例如：对如图 4-7（a）所示的图形倒圆角操作后进行修剪。操作步骤如下：
● 单击"修改"工具栏中的 ┏ 按钮，执行圆角命令。
● 当前设置：模式=修剪，半径=2.000 0。
● 选择第一个对象或[多段线（P）/半径（R）/修剪（T）/多个（U）]：T↙
● 输入修剪模式选项[修剪（T）/不修剪（N）]<修剪>：输入 T，按回车键。
此时系统默认为"修剪"，只需要按回车键即可。
● 选择第一个对象或[多段线（P）/半径（R）/修剪（T）/多个（U）]：选
择图 4-7（a）中的直线 AB。
● 选择第二个对象：选择图 4-7（a）中的直线 CD。操作结束，倒圆角操
作后的图形对象如图 4-7（b）所示；如果选择"不修剪"，则倒圆角操
作后的图形对象如图 4-7（c）所示。

D．多个（U）：选择此选项，以当前设置重复对多个对象进行圆角操作，其
方法与倒角时对多个对象的操作相同。

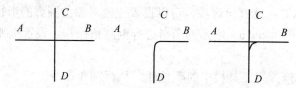

（a）原始对象　（b）使用修剪　（c）不使用修剪

图 4-7　圆角后两种修剪模式

实训 1　绘制垫片

绘制密封垫，如图 4-8 所示。

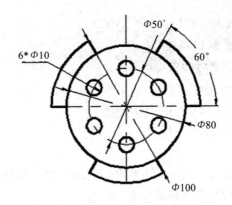

图 4-8 密封垫

分析：主要应用绘图辅助命令中的设置图形界限命令 limits，图形缩放命令 zoom，设置图层命令 LAYER 以及对象捕捉功能，并且使用了圆命令 CIRCLE，直线命令 line 及修剪命令 TRIM，阵列命令 ARRAY。

（1）设置图层

单击下拉菜单【格式】→【图层】，或者单击图层工具栏命令图标，新建两个图层：

① "轮廓线" 层，线宽属性为 0.3 mm，其余属性默认；

② "中心线" 层，颜色设为红色，线型加载为 CENTER，其余属性默认。

（2）设置绘图环境

①命令：LIMITS↙

重新设置模型空间界限：

指定左下角点或 [开（ON）/关（OFF）]: ↙（回车，图样左下角点坐标取默认值）

指定右上角点：297，210↙（设置图样右上角点坐标值）

②命令：ZOOM↙

指定窗口角点，输入比例因子（nX 或 nXP），或[全部（A）/中心点（C）/动态（D）/范围（E）/上一个（P）/比例（S）/窗口（W）] <实时>: A↙（进行全部缩放操作，显示全部图形）

（3）绘制图形的对称中心线

将 "中心线" 层设置为当前层。

①命令：L↙

LINE 指定第一点：50，100↙

指定下一点或 [放弃（U）]: <u>160, 100</u>✓

指定下一点或 [放弃（U）]: ✓

命令: ✓（绘制竖直对称中心线）

LINE 指定第一点: <u>100, 50</u>✓

指定下一点或 [放弃（U）]: <u>100, 160</u>✓

指定下一点或 [放弃（U）]: ✓

②命令: <u>C</u>✓

CIRCLE 指定圆的圆心或 [三点（3P）/两点（2P）/相切、相切、半径（T）]: _int 于（捕捉中心线的交点作为圆心）

指定圆的半径或 [直径（D）]: <u>D</u>✓

指定圆的直径: <u>50</u>✓

③结果如图 4-9 所示。

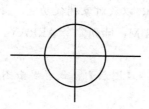

图 4-9　绘制中心线

（4）绘制图形的主要轮廓线

将"轮廓线"层设置为当前层。

①命令: _CIRCLE（绘制Φ80 圆）

指定圆的圆心或 [三点（3P）/两点（2P）/相切、相切、半径（T）]: _int 于（捕捉中心线的交点作为圆心）

指定圆的半径或 [直径（D）]: <u>D</u>✓

指定圆的直径: <u>80</u>✓

②命令: ✓（绘制Φ100 圆）

CIRCLE 指定圆的圆心或 [三点（3P）/两点（2P）/相切、相切、半径（T）]: _cen 于（捕捉中心线的交点作为圆心）

指定圆的半径或 [直径（D）]: <u>D</u>✓

指定圆的直径: <u>100</u>✓

③命令: ✓（绘制Φ10 圆）

CIRCLE 指定圆的圆心或 [三点（3P）/两点（2P）/相切、相切、半径（T）]:

_int 于（捕捉中心线圆与竖直中心线的交点作为圆心）

　　指定圆的半径或 [直径（D）]: D✓

　　指定圆的直径: 10✓

　　④命令: _LINE

　　指定第一点: _int 于（捕捉Φ80圆与水平对称中心线的交点）

　　指定下一点或 [放弃（U）]: _int 于（捕捉Φ100圆与水平对称中心线的交点）

　　指定下一点或 [放弃（U）]: ✓

　　⑤结果如图 4-10 所示。

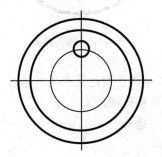

图 4-10　绘制主要轮廓线

（5）阵列操作

　　在命令行输入命令 ARRAY，或者单击下拉菜单【修改】→【阵列】，或者单击修改工具栏命令图标，系统打开"阵列"对话框，按下状态栏上的"捕捉对象"按钮，在单击"拾取中心点"按钮，选择同心圆圆心为中心点，设置"项目总数"为 6，"填充角度"为 360 度，打开"复制时旋转项目"复选框，如图 4-11 所示，然后单击"选择对象"按钮，选择绘制的圆与直线。单击"确定"按钮，绘制的图形如图 4-12 所示。

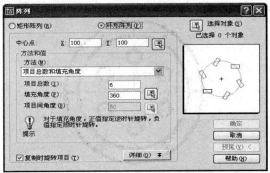

图 4-11　"阵列"对话框

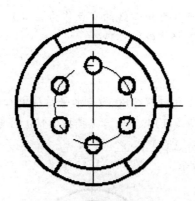

图 4-12 阵列结果

（6）用修剪命令 TRIM 对所绘制的图形进行修剪

命令：TRIM↙（剪去多余的线段）

当前设置：投影=UCS，边=无

选择剪切边……

选择对象：（分别选择各条直线，如图 4-13 所示）

找到 1 个，总计 6 个

选择要修剪的对象，按住 Shift 键选择要延伸的对象，或[投影（P）/边（E）/放弃（U）]:（分别选择要修剪的圆弧）。

（7）保存图形

命令：SAVEAS↙

回车后，弹出"图形另存为"对话框，在"保存在"后的下拉列表中选择要保存文件的路径，在"文件名"后输入文件名"密封垫"，单击"保存"按钮，则图形保存在指定路径中。

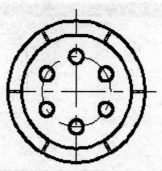

图 4-13 选择修剪界限

4.2　绘制椭圆和椭圆弧

4.2.1　绘制椭圆

在 AutoCAD 中，绘制椭圆和椭圆弧的命令均为 ELLIPSE，只是在绘制过程中的命令提示不同。

（1）功能

该命令按指定方式画椭圆并可取其一部分。AutoCAD 提供了 3 种画椭圆的方式：

①轴端点方式。

②椭圆心方式。

③旋转角方式。

（2）命令格式

◆　下拉菜单：【绘图】→【椭圆】

◆　图标按钮：单击"绘图"工具栏 ⊙ 按钮

◆　输入命令：ELLIPSE

（3）命令的操作

命令：ELLIPSE。

指定椭圆的轴端点或[圆弧（A）/中心点（C）]：指定椭圆的轴端点，或者通过其他选项绘制。

指定轴的另一个端点：指定椭圆的另一个轴端点。

指定另一条半轴长度或[旋转（R）]：使用从第一条轴的中点到第二条轴的端点的距离定义第二条轴。

选项说明

中心点：通过指定中心点绘制椭圆。

旋转：通过绕第一条轴旋转圆来绘制椭圆。

（4）实例利用椭圆命令绘制如图 4-14 所示的图形。

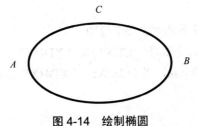

图 4-14　绘制椭圆

命令：ELLIPSE。

指定椭圆的轴端点或[圆弧（A）/中心点（C）]：捕捉 A 点。

指定轴的另一个端点：捕捉 B 点。

指定另一条半轴长度或[旋转（R）]：捕捉 C 点。

4.2.2　绘制椭圆弧

操作步骤如下。

命令：ELLIPSE。

指定椭圆的轴端点或[圆弧（A）/中心点（C）]：输入 A，绘制椭圆弧。

指定椭圆弧的轴端点或[中心点（C）]：指定椭圆弧的端点或输入 C。

指定轴的另一个端点：指定椭圆弧的另一端点。

指定另一条半轴长度或[旋转（R）]：指定椭圆弧的另一条半轴长度或输入 R。

指定起始角度或[参数（P）]：指定椭圆弧的起始角度或输入 P。

指定终止角度或［参数（P）包含角度（I）］：指定椭圆弧的终止角度。

选项说明

①角度：是指定椭圆弧端点的方式之一，光标和椭圆中心点连线与水平线的夹角为椭圆端位置的角度。

②参数：是指定椭圆弧端点的另一种方式，该方式同样是指定椭圆弧端点的角度。

实训 2　绘制挂轮架

绘制的挂轮架，如图 4-15 所示。由图可知，该挂轮架主要由直线、相切的圆及圆弧组成，因此，可以用绘制直线命令 LINE、绘制圆命令 CIRCLE 及绘制圆弧命令 ARC，并配合修剪命令 TRIM 来绘制；挂轮架的上部是对称的结构，因此可以使用镜像命令对其进行操作；对于其中的圆角如 R10、R8、R4 等均可以采用圆角命令 FILLET 画出。

（1）设置绘图环境

①用 LIMITS 命令设置图幅：297×210。

②用 LAYER 命令创建图层 "CSX" 及 "XDHX"。其中 "CSX" 层线型为 continuous，线宽为 0.30 mm，其他默认；"XDHX" 层线型为 CENTER，其他默认。

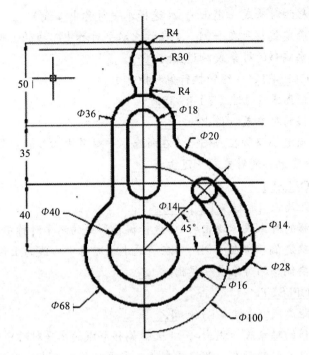

图 4-15 挂轮架图

（2）将当前图层设置为 XDHX 图层，绘制对称中心线

①命令：<u>LINE</u>✓（绘制最下面的水平对称中心线）

指定第一点：<u>80, 70</u>✓

指定下一点或 [放弃（U）]：<u>210, 70</u>✓

指定下一点或 [放弃（U）]：<u> </u>✓

②命令：<u>LINE</u>✓（绘制中间的竖直对称中心线）

指定第一点：<u>140, 210</u>✓

指定下一点或 [放弃（U）]：<u>140, 12</u>✓

指定下一点或 [放弃（U）]：<u> </u>✓

③命令：<u>LINE</u>✓（绘制右端的倾斜对称中心线）

指定第一点：<u>_int</u> 于（捕捉所绘制中心线的交点）

指定下一点或 [放弃（U）]：<u>@70<45</u>✓

指定下一点或 [放弃（U）]：<u> </u>✓

④命令：<u>OFFSET</u>✓（偏移水平对称中心线）

指定偏移距离或 [通过（T）] <通过>：<u>40</u>✓

选择要偏移的对象或 <退出>: （选择水平对称中心线）

指定点以确定偏移所在一侧: （在所选水平对称中心线的上侧任一点单击鼠标左键）选择要偏移的对象或 <退出>: ↙

⑤命令: <u>OFFSET</u>↙（继续执行偏移操作）

指定偏移距离或 [通过（T）]: <u>35</u>↙

选择要偏移的对象或 <退出>: ↙

指定点以确定偏移所在一侧: （在所选水平对称中心线的上侧任一点单击鼠标左键） 选择要偏移的对象或 <退出>: ↙

⑥命令: <u>OFFSET</u>↙

指定偏移距离或 [通过（T）]: <u>50</u>↙

选择要偏移的对象或 <退出>: （选择偏移形成的水平对称中心线）

指定点以确定偏移所在一侧: （在所选水平对称中心线的上侧任一点单击鼠标左键）选择要偏移的对象或 <退出>: ↙

⑦命令: <u>OFFSET</u>↙

指定偏移距离或 [通过（T）]: <u>4</u>↙

选择要偏移的对象或 <退出>: （选择偏移形成的水平对称中心线）

指定点以确定偏移所在一侧: （在所选水平对称中心线的下侧任一点单击鼠标左键）选择要偏移的对象或 <退出>: ↙

⑧命令: <u>CIRCLE</u>↙（绘制 Φ100 中心线圆）

指定圆的圆心或 [三点（3P）/两点（2P）/相切、相切、半径（T）]: _int 于 （捕捉下部中心线的交点）

指定圆的半径或 [直径（D）]: <u>50</u>↙

⑨命令: <u>TRIM</u>↙（修剪中心线圆）

当前设置: 投影=UCS，边=无

选择剪切边……

选择对象: （选择竖直对称中心线）

找到 1 个

选择对象: ↙

选择要修剪的对象，按住 Shift 键选择要延伸的对象，或 [投影（P）/边（E）/放弃（U）]: （选择中心线圆的左边）

选择要修剪的对象，按住 Shift 键选择要延伸的对象，或[投影（P）/边（E）/放弃（U）]: ↙

⑩结果如图 4-16 所示。

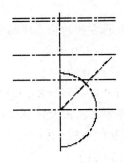

图 4-16　修剪后的图形

（3）绘制挂轮架中部图形

指定下一点或 [放弃（U）]：∠

（方法同上，分别捕捉竖直中心线与水平中心线的交点绘制其余三条竖直线）

①命令：ERASE∠（删除偏移的竖直对称中心线）

选择对象：（分别选择偏移形成的竖直中心线）

……

找到 1 个，总计 4 个

选择对象：∠

结果如图 4-17 所示。

②命令：ARC∠（绘制 R18 圆弧）

指定圆弧的起点或[圆心（C）]：C∠

指定圆弧的圆心：_int 于（捕捉中心线的交点）

指定圆弧的起点：_int 于（捕捉左侧中心线的交点）

指定圆弧的端点或[角度（A）/弦长（L）]：A∠

指定包含角：-180∠

③命令：FILLET∠（圆角命令，绘制上部 R9 圆弧）

当前模式：模式=修剪，半径=9.0000

选择第一个对象或[多段线（P）/半径（R）/修剪（T）]：（选择中间左侧的竖直线的上部）

选择第二个对象：（选择中间右侧的竖直线的上部）

④命令：FILLET∠（绘制下部 R9 圆弧）

当前模式：模式=修剪，半径=4.0000

选择第一个对象或 [多段线（P）/半径（R）/修剪（T）]：（选择中间左侧竖直线的下部）

选择第二个对象：（选择中间右侧的竖直线的下部）

⑤命令：<u>FILLET↙</u>（绘制左端 R10 圆角）

当前模式：模式=修剪，半径=4.0000

选择第一个对象或[多段线（P）/半径（R）/修剪（T）]：<u>R↙</u>

指定圆角半径：<u>10↙</u>（同样方法画出 R34 圆）

选择第一个对象或[多段线（P）/半径（R）/修剪（T）]：（选择最左侧竖直线）

选择第二个对象：（选择 R34 圆）

⑥命令：<u>TRIM↙</u>（修剪 R34 圆）

当前设置：投影=UCS，边=无

选择剪切边……

选择对象：（分别选择水平中心线及 R10 圆角）

找到 1 个，总计 2 个

选择对象：↙

选择要修剪的对象，按住 Shift 键选择要延伸的对象，或[投影（P）/边（E）/放弃（U）]：（选择 R34 在水平中心线上侧的部分）

结果如图 4-18 所示。

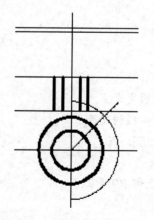

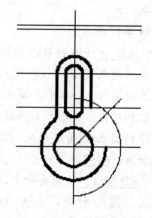

图 4-17　绘制中间的竖直线　　　　图 4-18　挂轮架中部图形

（4）绘制挂轮架右部

①命令：<u>CIRCLE↙</u>（绘制 R7 圆弧）

指定圆的圆心或[三点（3P）/两点（2P）/相切、相切、半径（T）]：_int 于

（捕捉中心线圆弧 R50 与水平中心线的交点）

指定圆的半径或[直径（D）]：<u>7</u>↙

②命令：<u>CIRCLE</u>↙（绘制 R7 圆弧）

指定圆的圆心或[三点（3P）/两点（2P）/相切、相切、半径（T）]：_int 于（捕捉中心线圆弧 R50 与倾斜中心线的交点）

指定圆的半径或[直径（D）]：<u>7</u>↙

③命令：<u>ARC</u>↙（绘制 R43 圆弧）

指定圆弧的起点或[圆心（C）]：<u>C</u>↙

指定圆弧的圆心：_cen 于（捕捉 R34 圆弧的圆心）

指定圆弧的起点：_int 于（捕捉下部 R7 圆与水平对称中心线的左交点）

指定圆弧的端点或[角度（A）/弦长（L）]：_int 于（捕捉上部 R7 圆与倾斜对称中心线的左交点）

④命令：<u>ARC</u>↙（绘制 R57 圆弧）

指定圆弧的起点或[圆心（C）]：<u>C</u>↙

指定圆弧的圆心：_cen 于（捕捉 R34 圆弧的圆心）

指定圆弧的起点：_int 于（捕捉下部 R7 圆与水平对称中心线的右交点）

指定圆弧的端点或[角度（A）/弦长（L）]：_int 于（捕捉上部 R7 圆与倾斜对称中心线的右交点）

⑤命令：<u>TRIM</u>↙（修剪 R7 圆）

当前设置：投影=UCS，边=无

选择剪切边……

选择对象：（分别选择绘制的 R43 圆弧和 R57 圆弧）

找到 1 个，总计 2 个

选择对象：↙

选择要修剪的对象，按住 Shift 键选择要延伸的对象，或[投影（P）/边（E）/放弃（U）]：（分别选择上部 R7 圆的下边及下部 R7 圆的上边）

⑥命令：CIRCLE（绘制的 R64 圆）

指定圆的圆心或[三点（3P）/两点（2P）/相切、相切、半径（T）]：_cen 于（捕捉 R34 圆弧的圆心）

指定圆的半径或[直径（D）]：<u>64</u>↙

⑦命令：<u>FILLET</u>↙（绘制上部 R10 圆角）

当前模式：模式=修剪，半径=10.0000

选择第一个对象或[多段线（P）/半径（R）/修剪（T）]：（选择绘制的 R64 圆）

选择第二个对象：（选择欲倒圆角的竖直线）

⑧命令：<u>TRIM</u>✓（修剪 R64 圆）

当前设置：投影=UCS，边=无

选择剪切边……

选择对象：（分别选择 R10 圆角及最下边的水平对称中心线）

……

找到 1 个，总计 2 个

选择对象：✓

选择要修剪的对象，按住 Shift 键选择要延伸的对象，或[投影（P）/边（E）/放弃（U）]：（选择 R64 圆在水平中心线的下部）

⑨命令：<u>ARC</u>✓（绘制下部 R14 圆弧）

指定圆弧的起点或 [圆心（C）]：<u>C</u>✓

指定圆弧的圆心：_cen 于（捕捉下部 R7 圆的圆心）

指定圆弧的起点：_int 于（捕捉 R64 圆与水平对称中心线的交点）

指定圆弧的端点或[角度（A）/弦长（L）]：<u>A</u>✓

指定包含角：-180°

⑩命令：FILLET（绘制下部 R8 圆角）

当前模式：模式=修剪，半径=10.0000

选择第一个对象或 [多段线（P）/半径（R）/修剪（T）]：<u>R</u>✓

指定圆角半径：<u>8</u>✓

选择第一个对象或[多段线（P）/半径（R）/修剪（T）]：（选择 R34 圆弧）

选择第二个对象：（选择 R14 圆弧）

结果如图 4-19 所示。

（5）绘制挂轮架上部

①命令：<u>OFFSET</u>✓（偏移竖直对称中心线）

指定偏移距离或[通过（T）]<通过>：<u>23</u>✓

选择要偏移的对象或<退出>：（选择竖直对称中心线）

指定点以确定偏移所在一侧：（在竖直对称中心线的右侧任一点单击鼠标左键）

②命令：<u>LAYER</u>✓（将当前图层设置为 "0"）

③命令：<u>CIRCLE</u>✓（绘制 R26 辅助圆）

指定圆的圆心或[三点（3P）/两点（2P）/相切、相切、半径（T）]：_int 于（捕捉上边第二条水平中心线与竖直中心线的交点）

指定圆的半径或[直径（D）]：<u>26</u>✓

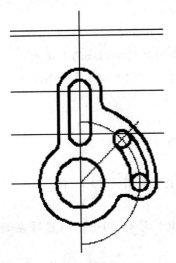

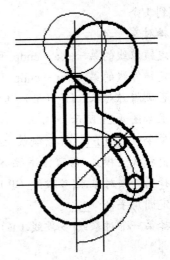

图 4-19　绘制完成挂轮架右部图形　　　图 4-20　绘制 R30 圆

④命令：<u>LAYER</u>↙（将当前图层设置为"CSX"）

⑤命令：CIRCLE（绘制 R30 圆）

指定圆的圆心或[三点（3P）/两点（2P）/相切、相切、半径（T）]：_int 于（捕捉 R26 圆与偏移的竖直中心线的交点）

指定圆的半径或[直径（D）]：<u>30</u>↙

结果如图 4-20 所示。

⑥命令：<u>ERASE</u>↙（删除辅助线）

选择对象：（分别选择偏移形成的竖直中心线及 R26 圆）

找到 1 个，总计 2 个

⑦命令：<u>TRIM</u>↙（修剪 R30 圆）

当前设置：投影=UCS，边=无

选择剪切边……

选择对象：（选择竖直中心线）

找到 1 个

选择对象：<u>↙</u>

选择要修剪的对象，按住 Shift 键选择要延伸的对象，或[投影（P）/边（E）/放弃（U）]：（选择 R30 圆在竖直中心线的右边）

⑧命令：<u>MIRROR</u>↙（镜像所绘制的 R30 圆弧）

选择对象：（选择所绘制的 R30 圆弧）

找到 1 个

选择对象：✓

指定镜像线的第一点：_endp 于（捕捉竖直对称中心线的上端点）

指定镜像线的第二点：_endp 于（捕捉竖直对称中心线的下端点）

是否删除源对象？[是（Y）/否（N）]：✓

结果如图 4-21 所示。

⑨命令：FILLET✓（绘制最上部 R4 圆弧）

当前模式：模式=修剪，半径=8.0000

选择第一个对象或[多段线（P）/半径（R）/修剪（T）]：R✓

指定圆角半径：4✓

选择第一个对象或[多段线（P）/半径（R）/修剪（T）]：（选择左侧 R30 圆弧的上部）

选择第二个对象：（选择右侧 R30 圆弧的上部）

⑩命令：FILLET✓（绘制左边 R4 圆角）

当前模式：模式=修剪，半径=4.0000

选择第一个对象或[多段线（P）/半径（R）/修剪（T）]：T✓（更改修剪模式）

输入修剪模式选项[修剪（T）/不修剪（N）]<修剪>：N✓（选择修剪模式为不修剪）

选择第一个对象或[多段线（P）/半径（R）/修剪（T）]：（选择左侧 R30 圆弧的下端）

选择第二个对象：（选择 R18 圆弧的左侧）

⑪命令：FILLET✓（绘制右边 R4 圆角）

当前设置：模式=不修剪，半径=4.0000

选择第一个对象或[多段线（P）/半径（R）/修剪（T）]：（选择右侧 R30 圆弧的下端）

选择第二个对象：（选择 R18 圆弧的右侧）

⑫命令：TRIM✓（修剪 R30 圆弧）

当前设置：投影=UCS，边=无

选择剪切边……

选择对象：（分别选择左右 R4 圆角）

找到 1 个，总计 2 个

选择对象：✓

选择要修剪的对象，按住 Shift 键选择要延伸的对象，或[投影（P）/边（E）/

放弃（U）]:　（选择 R30 圆弧需要修剪的部分）

结果如图 4-22 所示。

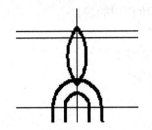
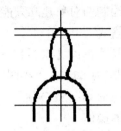

图 4-21　镜像绘制的 R30 圆弧　　　图 4-22　挂轮架的上部（修剪 R30 圆弧）

（6）整理并保存图形

①命令：LENGTHEN✓（拉长命令，对图中的中心线进行调整）

选择对象或[增量（DE）/百分数（P）/全部（T）/动态（DY）]:　DY✓（选择动态调整）

选择要修改的对象或[放弃（U）]:　（分别选择欲调整的中心线）

指定新端点:　（将选择的中心线调整到新的长度）

②命令：ERASE✓（删除多余的中心线）

选择对象:　（选择最上边的两条水平中心线）

找到 1 个，总计 2 个

③命令：SAVEAS✓（将绘制完成的图形以"挂轮架.dwg"为文件名保存在指定的路径中）

4.3　图块和偏移

4.3.1　图块的定义与使用

块是由一个或多个图形对象组成的作为一个图形对象使用的实体。在 AutoCAD 2005 中，用户不仅可以对图形对象进行编辑，还可以将图形对象定义为块，以便重复使用。这样既提高了绘图效率，又节省了存储空间。在图形中使用外部参照，可以有效地减少容量和绘图重显时间。

（1）定义内部块

定义内部块就是把所选对象作为一个整体保存起来，以便在绘制图形时将其插入到所需要的位置上去。

①功能

对已经绘制的对象建立只能被当前图形所使用的块。

②命令格式

◆ 下拉菜单：【绘图】→【块】→【创建】

◆ 工具栏：单击 "绘图" 工具栏 按钮

◆ 输入命令：BLOCK

③命令的操作

命令：（输入命令）

弹出 "块定义" 对话框，如图 4-23 所示。

图 4-23 "块定义" 对话框

"块定义" 对话框选项说明

"名称"：输入要建立块的名称。

"基点"：单击 "拾取点" 按钮，系统提示 "在图上指定块的插入基点"，或在下面的文字框中直接输入坐标值。

"对象"：包括 "选择对象" 按钮和 "快速选择" 按钮。单击按钮，系统提示 "选择要定义的实体"，选择实体后，返回对话框。单击按钮，在出现的 "快速选择" 对话框中定义选择集。

"保留"：选择该项，保留定义块的实体。

"转换为块"：选择该项，在定义块后，用块替换定义块的实体。

"删除"：选择该项，在定义块后删除定义块的实体。

"预览图标"：包括"不包括图标"和"从块的几何图形创造图标"两个选项，任选其一。

"拖放单位"下拉列表框：用于选择块的单位，默认设置为毫米。

"说明"：用于输入与块有关的说明文字。

（2）定义外部块

①功能

对已经绘制的对象、以前定义过的内部块，建立可以被所用图形所使用的块。

②命令格式

从键盘键入：WBLOCK

③命令的操作

命令：（输入命令）

弹出"写块"对话框，如图 4-24 所示。

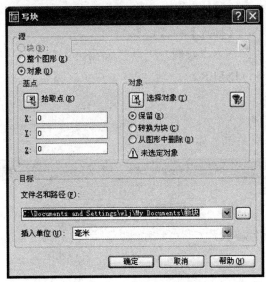

图 4-24 "写块"对话框

"写块"对话框选项说明

"源"组件：用于确定块的定义范围，包括以下选项。

"块"：选择该项，可以启用其右边的下拉列表框，从中选取以前定义好的内部块，并以独立的图形文件保存为一个块。

"**整个图形**"：选择该项，是将当前的整个图形定义为一个块，此时停止使用"基点"和"对象"选项。

"**对象**"：用于选择要定义块的实体。

"**基点**"和"**对象**"组件：与图 4-23 相同。

"**目标**"组件：用于确定被定义块文件的名称和路径，便于以后按块名使用该块。

"**文件名**"：在此输入块文件名，默认为新块名。

"**位置**"：在此输入块文件存盘的路径，也可以单击按钮⬚，在弹出的"浏览文件夹"对话框中指定块文件存盘的路径。

"**插入单位**"下拉列表框：用于选择块的单位，默认设置为毫米。

（3）插入块

①功能

将已定义的外部块或在当前图形中定义的内部块插入到当前图形中。在插入块的同时地，可以改变所插入图形的比例和旋转角度。

②命令格式

◆　　下拉菜单：【插入】→【块】

◆　　图标按钮：单击"绘图"工具栏⬚按钮

◆　　输入命令：INSERT

③命令的操作

命令：（输入命令）

弹出"插入"对话框，如图 4-25 所示。

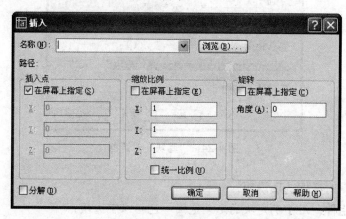

图 4-25　"插入"对话框

"插入"对话框选项说明

"名称"：在下拉列表框中选择要插入的块名或单击"浏览"按钮，在弹出的对话框中指定块文件名。

"插入点"：默认设置坐标为（0，0，0）。选择"在屏幕上指定"时，则可用鼠标直接指定插入点位置，此时停止使用坐标框。

"缩放比例"：用于指定插入块与原定义块的缩放比例，默认设置 X、Y、Z 的比例因子均为"1"。当取消"在屏幕上指定"项，可以直接在此设置比例因子。

"旋转角度"：用于指定插入块的旋转角度，默认设置旋转角度为"0"。当取消"在屏幕上指定"项，可以直接在此设置旋转角度。

"分解"：用于选择是否将插入的块分解为若干个独立的实体，默认设置为不分解。

4.3.2　偏移和复制

（1）偏移

①功能

该命令将选中的直线、圆弧、圆及二维多段线等按指定的偏移量或通过点生成一个与原实体形状相似的新实体，如图 4-26 所示。

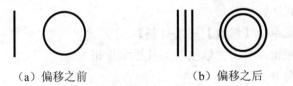

（a）偏移之前　　　　　　（b）偏移之后

图 4-26　偏移示例

②命令格式

◆　下拉菜单：【修改】→【偏移】

◆　图标按钮：单击"修改"工具栏 按钮

◆　输入命令：OFFSET

③命令的操作

A．给偏移距离方式（缺省项）

命令：（输入命令）

指定偏移距离或［通过（T）］<1.00>：（给偏移距离）

选择要偏移的对象或<退出>：（选择要偏移的实体）

指定点以确定偏移所在的一侧：（指定偏移方位）

选择要偏移的对象或<退出>：（再选择要偏移的实体或按回车键结束命令）
若再选择实体将重复以上操作。

B．给通过点方式

命令：（输入命令）

指定偏移距离或［通过（T）］<1.00>：T↙

选择要偏移的对象或<退出>：（选择要偏移的实体）

指定通过的点：（给新实体的通过点）

选择要偏移的对象或<退出>：（再选择要偏移的实体或按回车键结束命令）
若再选择实体将重复以上操作。

说明：该命令在选择实体时，只能用"直接点取方式"选择实体，并且一次只能选择一个实体。

（2）复制

①功能

该命令将选中的实体复制到指定的位置。其可单个复制；也可多重复制。

无论是单个复制，还是多重复制，选择实体后，都要先定基点，基点是确定新复制实体位置的参考点，也就是位移的第一点。精确绘图时，必须按图中所给尺寸合理地选择基点。

②命令格式

◆　下拉菜单：【修改】→【复制】

◆　图标按钮：单击"修改"工具栏 按钮

◆　输入命令：COPY

③命令的操作

A．单个复制（缺省方式）

命令：（输入命令）

选择对象：（选择要复制的实体）

选择对象：↙（结束实体的选择）

指定基点或位移，或者：（定"基点"）

指定位移的第二点或<用第一点作位移>：（给位移第二点"A"，或用鼠标导向直接给距离）

命令：

效果如图 4-27 所示。

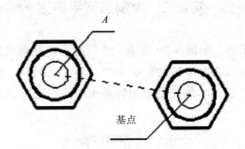

图 4-27 单个复制示例

B. 多重复制方式

命令：（输入命令）

选择对象：（选择要复制的实体）

选择对象：↙（结束实体的选择）

指定基点或位移，或者［重复（M）］：M↙

指定基点：（定"基点"）

指定位移的第二点或<用第一点作位移>：（给位移第二点"A"，复制一组实体）

指定位移的第二点或<用第一点作位移>：（给位移第二点"B"，再复制一组实体）

指定位移的第二点或<用第一点作位移>：（给位移第二点"C"，再复制一组实体）

指定位移的第二点或<用第一点作位移>：↙

命令：

效果如图 4-28 所示。

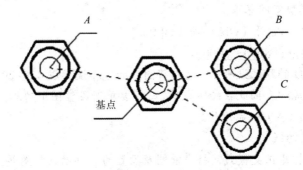

图 4-28 多重复制示例

实训 3　绘制居室平面图

绘制的居室平面图，如图 4-29 所示。平面图是建筑制图里最基本也是最重要的一种图形。可以通过各种方法绘制平面图，其中最简单、最常用的方法是采用多线绘制与编辑的方法。本练习要绘制的居室平面图也可以采用多线绘制与编辑的方法实现。

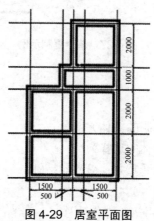

图 4-29　居室平面图

（1）图层设置

单击下拉菜单【格式】→【图层】，或者单击图层工具栏命令图标，新建两个图层：

①"轮廓线"层，属性默认。

②"辅助线"层，颜色设为红色，其余属性默认。

（2）设置图形边界

命令：LIMITS↙（或者单击下拉菜单【格式】→【图形界限】）

重新设置模型空间界限：

指定左下角点或[开（ON）/关（OFF）]：↙

指定右上角点：8000，6000↙

在 AutoCAD 的默认设置中，总是将图形的边界设置成 420×297，而建筑制图的尺寸一般都比较大，因此在绘图之前，必须要重新设置图形边界。并使用 ZOOM命令选择"全部（A）"显示状态。

（3）绘制辅助线

按下 F8 键打开正交模式。将当前图层设置为"辅助线"图层。

①命令：XLINE↙（单击下拉菜单【绘图】→【构造线】，或者单击绘图工

具栏命令图标，下同）

指定点或[水平（H）/垂直（V）/角度（A）/二等分（B）/偏移（O）]：（指定一点）

指定通过点：（指定水平方向一点）

指定通过点：∠

②命令：XLINE∠

指定点或[水平（H）/垂直（V）/角度（A）/二等分（B）/偏移（O）]：（指定一点）

指定通过点：（指定垂直方向一点）

指定通过点：∠

绘制出一条水平构造线和一条竖直构造线，组成"十"字构造线，如图 4-30 所示。

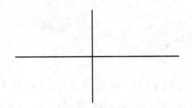

图 4-30　"十"字构造线

继续绘制辅助线：

③命令：XLINE∠

指定点或[水平（H）/垂直（V）/角度（A）/二等分（B）/偏移（O）]：O∠

指定偏移距离或 [通过（T）]<通过>：2000∠

选择直线对象：（选择刚绘制的水平构造线）

指定向哪侧偏移：（指定上边一点）

选择直线对象：（继续选择刚绘制的水平构造线）……

绘制的水平构造线如图 4-31 所示。

同样方法绘制垂直构造线，结果如图 4-32 所示。

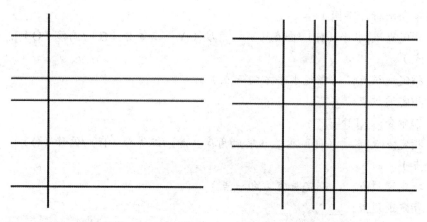

图 4-31　水平方向的主要辅助线　　　　图 4-32　居室的辅助线网格
（绘制的水平构造线）　　　　　　　　（绘制的垂直构造线）

（4）绘制墙体

将当前图层切换到"轮廓线"层。

①定义多线样式。

在命令行输入命令 MLSTYLE，或者单击下拉菜单【格式】→【多线样式】，系统打开"多线样式"对话框，如图 4-33 所示。单击"元素特性"按钮，系统打开"元素特性"对话框，把其中的元素偏移量设为 120 和-120，如图 4-34 所示。

图 4-33　"多线样式"对话框

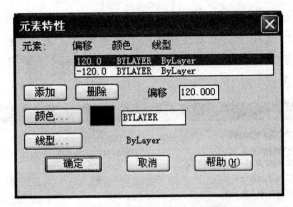

图 4-34 "元素特性"对话框

再次单击"多线样式"对话框中的"多线特性"按钮，系统打开"多线特性"对话框，在"封口"选项组中设置如图 4-35 所示的设置，单击"确定"按钮，并确认退出"多线样式"对话框。

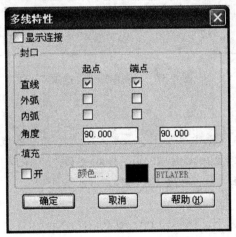

图 4-35 "多线特性"对话框

②设置"对象捕捉"模式。

单击"对象捕捉"按钮，使其处于按下的开启状态。"对象捕捉"的位置处于位图窗口、提示栏的下方，如图 4-36 所示。

捕捉 册格 正交 极轴 对象捕捉 对象追踪 线宽 模型

图 4-36 "对象捕捉"按钮

　　右键单击"对象捕捉"，弹出菜单，单击"设置"按钮，弹出对话框如图 4-37 所示"对象捕捉"选项卡。可以在该选项卡中选择交点选项，也可全选。这样，在绘制弧线时将鼠标靠近某个节点时会出现捕捉点的标志，将鼠标停留 2s，会在鼠标下方出现"节点"字样。

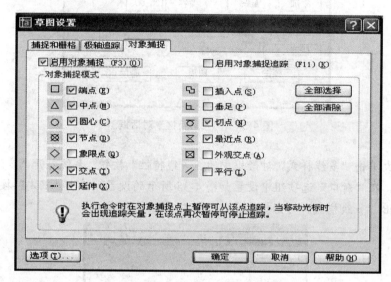

图 4-37　"对象捕捉"选项卡

③绘制多线墙体。

命令：<u>MLINE</u>↙（或者单击下拉菜单"绘图"→"多线"）

当前设置：对正=上，比例=20.00，样式=STANDARD

指定起点或[对正（J）/比例（S）/样式（ST）]：<u>S</u>↙

输入多线比例：<u>1</u>↙

当前设置：对正=上，比例=1.00，样式=STANDARD

指定起点或[对正（J）/比例（S）/样式（ST）]：<u>J</u>↙

输入对正类型[上（T）/无（Z）/下（B）]<上>：<u>Z</u>↙

当前设置：对正=无，比例=1.00，样式=STANDARD

指定起点或[对正（J）/比例（S）/样式（ST）]：（在绘制的辅助线交点上捕捉一点）

指定下一点：（在绘制的辅助线交点上捕捉下一点）

指定下一点或[放弃（U）]：（在绘制的辅助线交点上捕捉下一点）

指定下一点或[闭合（C）/放弃（U）]：（在绘制的辅助线交点上捕捉下一点）

指定下一点或[闭合（C）/放弃（U）]: C∠

相同方法根据辅助线网格绘制多线，绘制结果如图4-38所示。

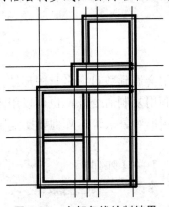

图4-38 全部多线绘制结果

（5）编辑多线

单击下拉菜单【修改】→【对象】→【多线】，系统打开"多线编辑工具"对话框，如图4-39所示。选择其中的"T形合并"选项，确认后，系统提示如下操作：

命令: MLEDIT∠

选择第一条多线: （选择多线）

选择第二条多线: （选择多线）

选择第一条多线或[放弃（U）]: （选择多线）

选择第一条多线或[放弃（U）]: ∠

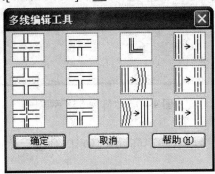

图4-39 "多线编辑工具"对话框

同样方法继续进行多线编辑，编辑的最终结果如图4-39所示。

4.4 图形阵列和图案填充

4.4.1 图形阵列

在实际的绘图中，经常会遇到数目很多且图形结构完全相同的对象，绘制这些图形对象时，除了可以利用复制命令外，也可以用阵列命令进行多个复制。对于创建多个定间距的相同图形对象来说，阵列要比复制更简单、更快捷。

（1）命令格式

◆ 下拉菜单：【修改】→【阵列】

◆ 图标按钮：单击"修改"工具栏 按钮

◆ 输入命令：ARRAY

执行阵列命令后，系统将弹出"阵列"对话框，如图 4-40 所示。

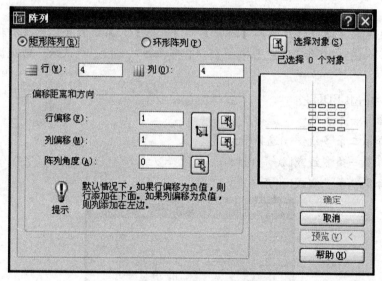

图 4-40 "阵列"对话框

在该对话框中可以分别对矩形阵列和环形阵列进行设置。

（2）矩形阵列

矩形阵列是把同一对象进行多行多列的排布，在"阵列"对话框的行与列的文本框中可以指定所需的行数和列数。也可在命令行中以人机对话形式完成，此时需要在命令前输入。

①操作步骤

命令：（-）ARRAY↙

选择对象：选择进行矩形阵列的对象

输入阵列类型[矩形（R）/环形（P）]：输入 R，选择矩形阵列，然后按回车键

输入行数（---）：输入矩形阵列的行数

输入列数（‖‖）：输入矩形阵列的列数

输入行间距或指定单位单元（---）：输入行与行之间的距离

指定列间距（‖‖）：输入列与列之间的距离

②实例：利用矩形阵列命令绘制如图 4-41 所示的图形。

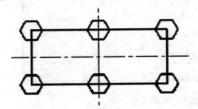 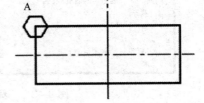

图 4-41　矩形阵列后的图形　　　图 4-42　利用矩形和正多边形绘制的图形

利用直线、矩形和正多边形命令绘制如图 4-42 所示的图形。

命令：（-）ARRAY↙

选择对象：选择正六边形 A

选择对象：↙。

输入阵列类型[矩形（R）/环形（P）]：↙

输入行数（---）：2↙

输入列数（‖‖）：3↙

输入行间距或指定单位单元（---）：-50↙

指定列间距（‖‖）：60↙

（3）环形阵列

环形阵列是指把对象绕阵列中心等角度均匀分布。决定环形阵列的主要参数
有：阵列中心、阵列总角度及阵列数目，如图 4-43 所示。

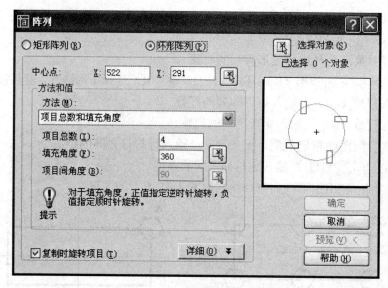

图 4-43　"环形阵列"对话框

①设置说明。

"中心点"文本框：即环形阵列的中心坐标。在 X 和 Y 文本框中可直接输入对应坐标值，用户也可单击右侧的"拾取中心点"按钮 在绘图窗口中捕捉所需点。

"方法"选项组：用于选择环形阵列的参数设置方法和值。包括项目总数、填充角度以及项目间的角度。

"复制时旋转项目"复选框：选中该复选框，在用环形阵列时设置圆周上的阵列对象是否进行对齐中心旋转。

②操作步骤。

命令：（-）ARRAY↙

选择对象：选择进行环形阵列的对象

输入阵列类型[矩形（R）/环形（P）]：输入 P，选择环形阵列，然后按回车键

指定阵列的中心点或[基点（B）]：选择阵列的中心点

输入阵列中项目的数目：输入阵列数目

指定填充角度（+=逆时针，-=顺时针）：输入阵列的圆心角

是否旋转阵列中的对象？[是（Y）/否（N）]：选择是否旋转阵列中的对象

③实例：利用环形阵列命令绘制如图 4-44 所示的图形。

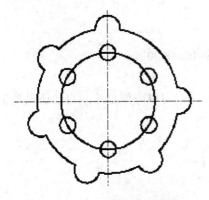
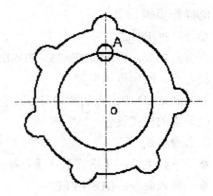

图 4-44　环形阵列后的图形　　　　图 4-45　利用圆绘制的图

利用圆等命令绘制如图 4-45 所示的图形。

单击"阵列"按钮或者在命令行直接输入 ARRAY↙

命令：ARRAY↙

选择对象：选择圆 A

选择对象：↙

输入阵列类型[矩形（R）/环形（P）]：p↙

指定阵列的中心点或[基点（B）]：捕捉中心点 O

输入阵列中项目的数目：6↙

指定填充角度（+=逆时针，—=顺时针）：↙

是否旋转阵列中的对象？[是（Y）/否（N）]：↙

4.4.2　点类操作

点在 AutoCAD 中有多种不同的表示方式，用户可以根据需要进行设置，也可以设置等分点和测量点。

（1）点的绘制

①命令格式

◆　下拉菜单：【绘图】→【点】

◆　图标按钮：单击"绘图"工具栏 · 按钮

◆　输入命令：POINT

点命令可生成单个或多个点。点的样式和大小可由 DDPTYPE 命令或系统变量 PDMODE 和 PDSIZE 来控制，系统变量 PDMODE 的值分别为 0，2，3，4 时，相应点的形状分别为点、"十"字、叉和竖线。

②操作步骤

命令：<u>POINT</u>↙

当前点模式：PDMODE=35，PDSIZE=100.0000

指定点：确定点的位置

在 AutoCAD 中，点的类型可以设置，用户可以方便地绘制自己所需要的点。

（2）点的样式设置

①命令格式

◆ 下拉菜单：【格式】→【点样式】

◆ 输入命令：DDPTYPE

②操作步骤

执行 DDPTYPE 命令，系统弹出"点样式"对话框，如图 4-46 所示。

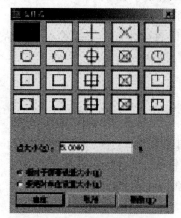

图 4-46 "点样式"对话框

AutoCAD 提供了 20 种不同样式的点可供选择。在"点样式"对话框中，可以选取需要的点的形式，输入点大小百分比。该百分比可以是相对于屏幕的大小，也可以设置成绝对单位大小。

（3）定数等分

①命令格式

◆ 下拉菜单：【绘图】→【点】→【定数等分】

◆ 输入命令：DIVIDE

②操作步骤

选择要定数等分的对象：该对象可以是直线、圆、圆弧、多段线等实体。

输入线段数目或[块（B）]：指定线段的等分段数，或者输入 B，以给定段数将所选的实体分段，并放置给图块。

③实例：将圆 10 等分，如图 4-47 所示。

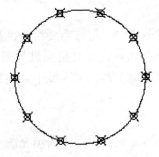

图 4-47　10 等分后的圆

A．利用圆命令绘制一个半径为 100 的圆。

B．在命令行直接输入 DIVIDE

命令：<u>DIVIDE</u>✓

选择要定数等分的对象：选择绘制的圆

输入线段数目或 [块（B）]：<u>10</u>✓

（4）定距等分

①命令格式

◆　下拉菜单：【绘图】→【点】→【定距等分】

◆　输入命令：MEASURE

②操作步骤

选择要定距等分的对象：选择要定距等分的对象。

指定线段长度或[块（B）]：指定定距等分的线段长度，或者输入 B，以给定的长度等距插入图块。

③实例：将某线段以 20 为长度进行定距等分，如图 4-48 所示。

图 4-48　线段长度为 20 的等分线段

利用直线命令绘制一条长为 100 的线段。

在命令行直接输入 MEASURE。

命令：<u>MEASURE</u>✓

选择要定距等分的对象：选择绘制的直线

指定线段长度或[块（B）]：20✓

4.4.3　图案填充

在机械、建筑等各行业图样中，常常需要绘制剖视图或剖面图。在这些剖视图中，为了区分不同的零件剖面，常要对剖面进行图案填充。AutoCAD 的图案填充功能是把各种类型的图案填充到指定区域中，用户可以自定义图案的类型，也可以修改已定义的图案特征。

（1）图案填充

在 AutoCAD 中，图案填充是指用图案去填充图形中的某个区域，以表达该区域的特征。图案填充的应用范围非常广泛，例如，在机械工程图中，图案填充用于表达一个剖切的区域，并且不同的图案填充表达不同的零部件或者材料。

①启动图案填充命令有 3 种方式：

◆　下拉菜单：【绘图】→【图案填充】

◆　图标按钮：单击"绘图"工具栏██按钮

◆　输入命令：BHATCH

②操作步骤。

执行 BHATCH 命令后，系统弹出如图 4-49 所示的"边界图案填充"对话框。该对话框中包含 3 个选项卡，分别为"图案填充"、"高级"和"渐变色"选项卡，分别用于创建填充边界和确定填充图案。

图 4-49　"边界图案填充"对话框

（2）"图案填充"选项卡

①该选项卡中的各选项用来确定图案及其参数。

A．"类型"下拉列表框：用于设置填充的类型和图案，其中包括 3 个选项。

"预定义"选项：表示用 AutoCAD 标准图案文件（ACAD.PAT）进行图案填充。

"自定义"选项：表示使用当前定义的填充图案。

"用户定义"选项：表示选择用户事先定义好的图案填充。

B．"图案"下拉列表框：该下拉列表框列出了可用的预定义图案。最近使用的预定义图案出现在列表上方。双击列表右侧的按钮，系统将弹出如图 4-50 所示的对话框，在该对话框中可以同时查看所有预定义图案的预览图像，这将有助于用户做出选择。

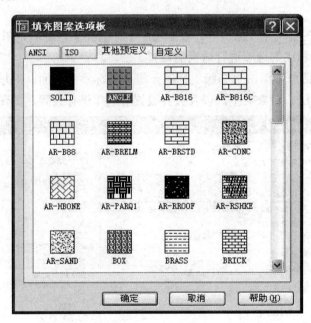

图 4-50　"填充图案选项板"对话框

C．"样例"文本框：显示选定图案的预览图像。

D．"自定义图案"下拉列表框：用于确定用户自定义的填充图案，此选项在图案填充类型为"自定义"方式时显亮。

E．"角度"下拉列表框：用于确定填充图案的旋转角度。AutoCAD 将角度存储在 HPANG 系统变量中。

F．"比例"下拉列表框：放大或缩小预定义或自定义图案。AutoCAD 将缩放比例存储在 HPSCALE 系统变量中。只有将填充类型设置为"预定义"或"自定义"方式时，此选项才可用。

填充图案的比例设定很关键。如果比例过小或过大，填充效果将体现不出来。因此，预览后如达不到预期效果，应调整比例，直至其大小合适。

G．"间距"下拉列表框：当在"类型"下拉列表中选择了"用户定义"选项时，该选项才有效。该下拉列表框用于确定填充平行线之间的距离。

H．"ISO 笔宽"下拉列表框：当在"图案"下拉列表中选择 ISO 类型的图案时，该选项才有效。该下拉列表框用于设置笔的宽度。

②用对话框方式填充图案的操作步骤如下。

A．在绘图工具栏中单击图案填充按钮，弹出如图 4-51 所示的"边界图案填充"对话框。

B．在"图案填充"标签下，根据绘图工作的要求，对填充图案的图案类型、填充图案角度和比例选项进行适当的设置。

C．在对话框中单击"高级"标签，进入该标签的界面，对填充图案的孤岛检测样式、方法、对象类型，以及边界设置等选项进行设置，如图 4-51 所示。

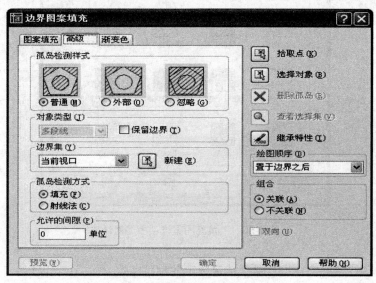

图 4-51　边界图案填充高级选项

D．在 AutoCAD 2005 中提供了新的渐变填充的功能，如果用户需要使用这种功能，可以进入"渐变色"选项卡，如图 4-52 所示。渐变填充分为单色和双色两种模式，单色模式实际上是指定一种颜色的渐浅（选定颜色与白色的混合）或渐深（选定颜色与黑色的混合），用于渐变填充。而双色模式则是由两种指定的颜色组成的渐变色。

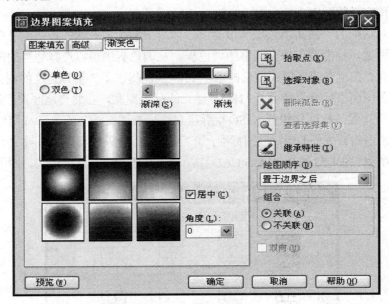

图 4-52　设置渐变填充

E．在指定填充对象时，根据填充对象的不同，可以分为以下两种情况。

第一，"填充封闭区域"：在"边界图案填充"对话框中单击"拾取点"按钮，在要填充的绘图区域中指定点。如果执行了错误操作，可以单击右键，然后从快捷菜单中选择"全部清除"或"放弃上次选择/拾取"选项撤销操作。

第二，"填充选择对象"：在"边界图案填充"对话框中单击"选择对象"按钮，选择要填充的对象。对象不必构成闭合边界，通过选择其他对象中的对象也可以指定孤岛。执行了错误操作，同样可以使用上面的方法来撤销。指定对象之后，按下 Enter 键，仍会回到"边界图案填充"对话框。

F．要预览填充图案，可以直接在对话框中单击"预览"按钮。如果填充图案不正确，可以继续使用填充工具进行相应的调整。

G．在预览填充图案后，可以在"边界图案填充"对话框右下角的"组合"选项组，指定填充图案的类型：关联图案填充或者非关联图案填充。所有的设置进行完毕，单击对话框中的"确定"按钮，就完成了图案填充。

（3）填充图案类型

用户填充剖面时可以使用 3 种类型的填充图案：预定义、用户定义和自定义图案。在"边界图案填充"对话框的"图案填充"选项卡下，用户能够在填充类型下拉列表中选择所需的图案类型，系统默认的类型是"预定义"。

①预定义的图案

在对话框的"图案填充"选项卡下，单击图案选项右侧的按钮或者单击样例框中的图案，都能调出填充图案的调色板，从调色板中可以选择适当的图案样式用来填充。在填充图案样式调色板中，AutoCAD 提供了 3 组预定义的图案。第一组是由美国国家标准委员会（ANSI）建立的标准图案，在北美地区被广泛使用；第二组是从国际标准化组织（ISO）所建立的标准图案派生而来，该组织建立了国际电子电器领域外的国际制图标准；第三组预定义的图案则包括了多种广泛使用的传统图案。图 4-53 给出了 AutoCAD 中所给出三组图案的部分样式，供用户参考。

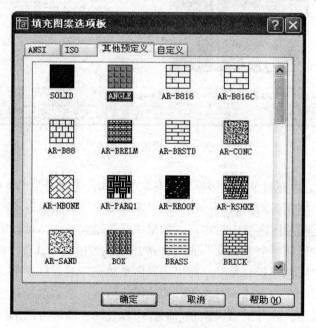

图 4-53　填充图案选项板

②用户定义图案

在"边界图案填充"对话框中，单击"类型"下拉列表，选择其中的"用户定义"选项，可以简单地定义一个直线填充图案。此时"边界图案填充"对话框的界面如图 4-54 所示，"图案"和"比例"列表框被禁用，"间距"文本框和"双向"复选框则被启用。

图 4-54　"边界图案填充"对话框

用户定义图案是简单的填充图案，由一组或两组平行线组成，平行线的间距和角度分别由"间距"和"角度"列表框中的数值决定。如果用户选择靠近"边界图案填充"对话框右下角的"双向"复选框，填充图案会生成垂直于第一组平行线的第二组平行线，第二组平行线的间距与第一组平行线间距相同。比起预先定义的填充图案，用户定义的图案缺乏灵活性，但是其简单性和绘制速度对于快速填充一个区域是相当有用的。

③自定义图案

AutoCAD 的开放性体系中，允许用户定义类似于 AutoCAD 自身提供图案的补充图案，可以添加这些图案到 AutoCAD 支持文件中的 acad.pat 文件中去，也可以独立地存储.pat 文件，这些独立存储的填充图案文件就是指用户自定义图案。定义填充图案后，用户就可以在"边界图案填充"对话框中的"类型"下拉列表中选择"自定义"选项，然后单击"自定义图案"按钮来选择用户自定义的图案，以对所选择的图形区域进行填充。

（4）填充图案的特性

选择一种填充图案之后，用户还可以通过调整旋转角度、比例大小，以及对齐特性等图案特性，对填充图案进行调整，使其适应图案填充的要求。

①填充图案角度

在实际工作中，可能会遇到下面的情况，如果绘制一个地质地层分布图，需要用各种填充图案来表示地层的褶皱，而且使用到一些在预定义图案中没有的图案，如图 4-55 所示。

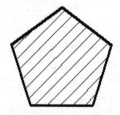

图 4-55　改变填充图案角度

通过观察可以发现，这些图案与 AutoCAD 预定图案中的若干图案相比，只是旋转了一定角度。要得到这样的填充图案，在使用"边界图案填充"对话框时，输入填充图案的旋转角度为 45°，再进行其他的设置即可。

②填充图案比例

使用边界图案填充功能，还可以为填充图案设置不同的比例因子，如图 4-56 所示。在同一幅图形中，为相同的填充设置不同的比例大小之后产生的效果。

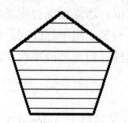

图 4-56　设置填充图案比例

有时完成图案填充操作之后并未发现图形的填充区域有什么变化，或者填充区域整体都变成了黑色，可是并未使用实心填充的图案。这些现象都是由于没有使用填充比例，或者使用比例不当所造成的。

（5）填充区域

在图案填充的过程中，填充区域的确定是一项很重要的工作。在 AutoCAD 2005 中，系统会根据用户的设置，自动地检测填充区域的大小。用户所需要进行的设置主要与两个方面有关：孤岛的处理和边界的确定。

①孤岛处理

孤岛检测方法将决定使用"拾取点"时是否将最外层边界中的对象也作为边界对象,这些内部对象称为孤岛。孤岛之间还可以进行嵌套,区域中的文字和多行文字对象也可以像孤岛一样进行填充。

AutoCAD 在填充图形时,孤岛检测样式由边界图案填充对话框的"高级"标签来控制,系统提供了 3 种检测模式:"普通"、"外部"和"忽略",如图 4-57所示。

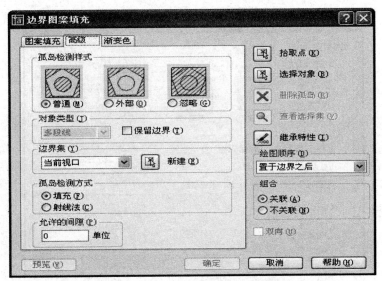

图 4-57　"边界图案填充"对话框

检测样式的含义如下。

"普通":普通填充模式。正如图 4-57 最左侧的图形,从最外层边界向内部填充,对第一个内部岛形区域进行填充,间隔一个图形区域,转向下一个检测到的区域进行填充,如此反复交替进行。

"外部":外部填充模式。如图 4-57 中间的图形所示,从最外层的边界向内部填充,只对第一个检测到的区域进行填充,填充后就终止该操作。

"忽略":忽略填充模式。如图 4-57 右侧图形所示,从最外层边界开始,不再进行内部边界检测,对整个区域进行填充,忽略其中存在的孤岛。系统默认的检测模式是普通填充模式,这种模式一般都能满足绘图要求。

另外,在"边界图案填充"对话框的"孤岛检测样式"选项组中,用户可以设置孤岛检测的方法,两个选项的含义如下。

"填充"：包括作为边界对象的区域。

"射线法"：从指定的点做一条直线到最近的图形对象，然后按照顺时针的方向扫描边界，不再检测内部孤岛。如果使用射线法的检测方法，拾取点的位置就显得很重要，因为 AutoCAD 产生一条到最近图形对象的射线。

②边界确定

在"边界图案填充"对话框中，还提供了一个"对象类型"选项，该选项提供了对象类型的下拉列表和"保留边界"复选框，如图 4-58 所示。

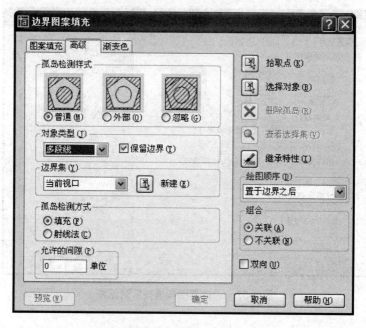

图 4-58　边界图案填充中"保留边界"

"对象类型"下拉列表用来控制新边界的类型，包括"多段线"和"面域"两个选项。选择"多段线"选项，表示图样填充区域的边界为多段线；如果选择"面域"选项，表示图样填充区域的边界是面域边界。选择"保留边界"复选框后，AutoCAD 2005 会自动将图形填充区域的边界存储在当前图形文件的系统数据库中，以便为定义边界提供原始数据。

实训4　绘制齿轮

绘制齿轮，如图4-59所示。从图中可以看出，由于齿轮的轮齿呈圆周均匀分布，可以考虑采用圆周等分的方式确定轮齿位置。在绘制过程中，要用到修剪、删除等编辑命令。

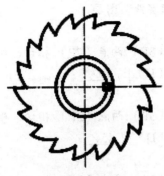

图4-59　齿轮

（1）图层设置

单击下拉菜单【格式】→【图层】，或者单击"图层"工具栏命令图标，新建三个图层：

①粗实线图层，将线宽设为0.3 mm，其余属性默认。

②细实线图层，所有选项默认。

③中心线图层，颜色设为红色，线型设为"CENTER"，其余属性默认。

（2）缩放图形至合适比例

命令：ZOOM↙

指定窗口角点，输入比例因子（nX或nXP），或[全部（A）/中心点（C）/动态（D）/范围（E）/上一个（P）/比例（S）/窗口（W）]<实时>：C↙

指定中心点：0, 0↙

输入比例或高度：400↙

（3）绘制齿轮中心线

将当前图层设置为"中心线"图层。

①命令：LINE↙

指定第一点：-120, 0↙

指定下一点或[放弃（U）]：@240, 0↙

指定下一点或[放弃（U）]：↙

②命令：LINE↙

指定第一点：0，120↙

指定下一点或[放弃（U）]：@0，-240↙

指定下一点或[放弃（U）]：↙

（4）绘制齿轮内孔及轮齿内外圆

将当前图层设置为"粗实线"图层。

①命令：CIRCLE↙

指定圆的圆心或[三点（3P）/两点（2P）/相切、相切、半径（T）]：0，0↙

指定圆的半径或[直径（D）]：35↙

②命令：CIRCLE↙

指定圆的圆心或[三点（3P）/两点（2P）/相切、相切、半径（T）]：0，0↙

指定圆的半径或[直径（D）]：45↙

③命令：CIRCLE↙

指定圆的圆心或[三点（3P）/两点（2P）/相切、相切、半径（T）]：0，0↙

指定圆的半径或[直径（D）]：90↙

④命令：CIRCLE↙

指定圆的圆心或[三点（3P）/两点（2P）/相切、相切、半径（T）]：0，0↙

指定圆的半径或[直径（D）]：110↙

绘制效果如图 4-60 所示。

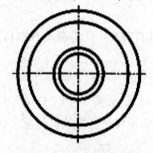 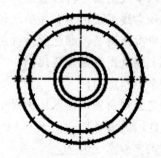

图 4-60　绘制齿轮轮廓线及中心线　　图 4-61　等分齿轮齿内孔及轮齿内外圆

（5）等分圆形

单击下拉菜单【格式】→ "点样式"，出现 "点样式" 对话框。单击其中的样式，将点大小设置为相对于屏幕设置大小的 5%，单击 "确定" 按钮。利用 divide 命令将半径分别为 90 与 110 的圆 18 等分，绘制如图 4-61 所示。

（6）绘制齿廓

命令：ARC↙

指定圆弧的起点或[圆心（C）]：（捕捉图 4-60 中的 A 点）

指定圆弧的第二个点或[圆心（C）/端点（E）]：（捕捉 B 点）

指定圆弧的端点：（捕捉 O 点）

绘制完毕后的图形如图 4-62 所示。

（7）修剪圆弧

命令：TRIM↙

当前设置：投影=UCS，边=延伸

选择剪切边……

选择对象：（选择半径为 90 的圆）

选择对象：↙

选择要修剪的对象，或按住 Shift 键选择要延伸的对象，或[投影（P）/边（E）/放弃（U）]：（选择 ABO 圆弧的 BO 部分）

选择要修剪的对象，或按住 Shift 键选择要延伸的对象，或[投影（P）/边（E）/放弃（U）]：↙

结果如图 4-63 所示。

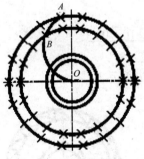

图 4-62　轮齿的绘制

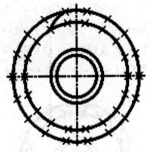

图 4-63　剪切后的图形

（8）绘制另一段齿廓并修剪

命令：ARC↙

指定圆弧的起点或[圆心（C）]：（选择图 4-64 的 A 点）

指定圆弧的第二个点或[圆心（C）/端点（E）]：（选择图 4-64 的 C 点）

指定圆弧的端点：（选择图 4-64 的 D 点）

绘制图形如图 4-64 所示。将弧线 CD 段修剪，单击下拉菜单【修改】→【修剪】，或者单击修改工具栏命令图标，修剪结果如图 4-65 所示。

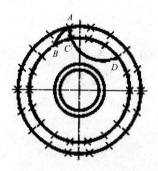

图 4-64 绘制弧线 ACD 后的图形

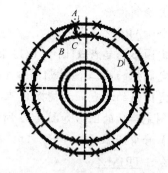

图 4-65 剪切后弧线 CD 的图形

重复以上步骤，绘制圆弧直到图形如图 4-66 所示为止。

在图 4-66 的基础上，绘图如图 4-67 所示，一条一条地绘制圆弧在 AutoCAD 绘图中并不可取。简便的方法可以通过阵列命令来完成。

（9）绘制键槽

命令：LINE✓

指定第一点：40, 5✓

指定下一点或[放弃（U）]：@-10, 0✓

指定下一点或[放弃（U）]：@0, -10✓

指定下一点或[闭合（C）/放弃（U）]：@10, 0✓

指定下一点或[闭合（C）/放弃（U）]：C✓

利用 TRIM 命令修剪图形，结果如图 4-67 所示。

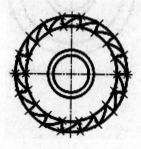

图 4-66 轮齿

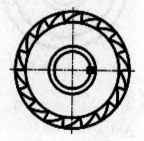

图 4-67 绘制键槽

（10）擦除圆

利用 ERASE 命令擦除半径为 90 和 110 的圆，得到如图 4-59 所示的图形。

4.5 实体旋转和样条曲线

4.5.1 实体的旋转

（1）功能

将选定的实体围绕一点（旋转中心）转过指定的角度。

（2）命令格式

◆ 下拉菜单：【修改】→【旋转】

◆ 图标按钮：单击"修改"工具栏 🔘 按钮

◆ 输入命令：Ro✓（Rotate 的缩写）

选择上述任一方式输入命令，命令行提示：

命令：_rotate

UCS 当前的正角方向：ANGDIR=逆时针 ANGBASE=0（提示当前用户坐标系的角度方向。当 ANGDIR =0 时，逆时针方向为正；当 ANGDIR =1 时，顺时针方向为正。ANGBASE 为系统默认参照角，取值范围在 0°～360°内，当输入负值时，计算机自动默认为 360°减去该输入值；如果输入值大于 360°，计算机自动默认为该值减去 360°）

选择对象：找到 1 个（拾取需要旋转的实体，可进行多次拾取）

选择对象：找到 n 个，总计 m 个（显示每次拾取的实体个数 n 和总共拾取的个数 m）

选择对象：（单击鼠标右键或直接回车，结束需要旋转对象的选择，命令行继续提示）

指定基点：（利用对象捕捉或直接输入坐标值，确定基点位置，命令行继续提示）

指定旋转角度或 [参照（R）]:

（3）选项说明

①指定旋转角度。该选项为默认选项。按照提示当前用户坐标系的角度方向，直接输入角度值，结束命令。

②参照（R）。按指定参照角度设置旋转角，即角度的起始边不是 X 轴的正方向，而是用户输入的参照角。输入 R，命令行提示：

指定参照角<0>：（可直接输入参照角的起始角，也可以直接输入或拾取某一点为起点，命令行继续提示）

指定第二点：（再输入或直接拾取另一点，以这两点连线与 X 轴正方向之间的夹角为参照角，命令行继续提示）

指定新角度：（输入旋转角，结束命令）

（4）实例

绘制如图 4-68 所示旋转后的平面图形。

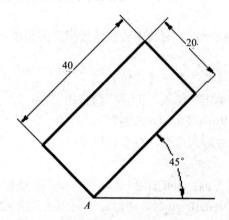

图 4-68　旋转后的平面图形

绘图步骤如下：

①绘制矩形

利用绘制直线命令，绘制长为 40，宽为 20 的矩形，如图 4-69（a）所示。

②对矩形进行旋转

命令：_rotate

UCS 当前的正角方向：ANGDIR=逆时针　ANGBASE=0（提示当前相关设置）。

选择对象：选择刚绘制的矩形图 4-69（a）

指定对角点：找到 1 个（选择要旋转的矩形）

选择对象：✔（回车结束选择）

指定基点：<对象捕捉开>捕捉矩形的 A 点（指定旋转过程中保持不动的点）

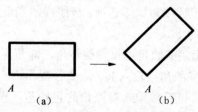

(a)　　　　　　(b)

图 4-69　平面图形的旋转

指定旋转角度或 [参照（R）]：45 ✓（图形绕 A 点沿逆时针旋转 45°）

图形由图 4-69（a）变成图 4-69（b），完成图形的绘制。

4.5.2 样条曲线

样条曲线是通过一系列指定点的光滑曲线，多用于绘制一些不规则图形，例如波浪线、断面等，如图 4-70 所示。

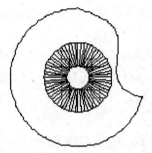

图 4-70 用样条曲线表示的断面

（1）绘制样条曲线

①命令的格式为：

◆ 下拉菜单：【绘图】→【样条曲线】

◆ 图标按钮：单击"绘图"工具栏 ~ 按钮

◆ 输入命令：SPLINE

②选择上述任一方式输入命令，命令行提示：

命令：_spline

指定第一个点或[对象（O）]：（指定样条曲线的第一个点或选择对象）

指定下一点：（指定样条曲线的下一个点）

指定下一点或[闭合（C）/拟合公差（F）]<起点切向>：（继续指定下一点或选择其他命令选项）

绘制的样条曲线如图 4-71 所示。

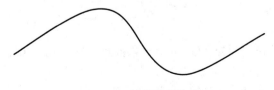

图 4-71 绘制样条曲线

（2）命令选项

绘制样条曲线时，命令行会有很多的命令选项。这些选项的具体功能为：

①对象（O）：选择此命令选项，将样条曲线拟合的多段线转换为真正的样条曲线。选择此项后，命令行提示如下：

选择要转换为样条曲线的对象：（选择要转换为样条曲线的拟合多段线后按回车键，即可将选定的多段线转换为样条曲线）

②闭合（C）：选择此命令选项，将曲线的最后一点指定到曲线的第一点，并使其在连接处相切，形成闭合曲线。

③拟合公差（F）：选择此命令选项，公差表示样条曲线拟合所指定的拟合点集时的拟合精度。公差越小，样条曲线与拟合点越接近；公差为 0，样条曲线将通过该点。

（3）实例

绘制样条曲线的平面图形，如图 4-72 所示。

绘图步骤：

例题中直线的绘制、点画线的绘制已在前面的内容中介绍，请自行绘制，本节主要讲解图中左侧曲线的绘制方法。

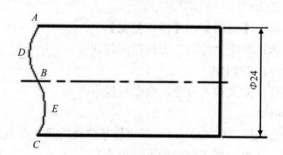

图 4-72　样条曲线的平面图形

绘图工具栏：

AutoCAD 提示：

命令：_spline

指定第一个点或 [对象（O）]：<对象捕捉 开>单击 A 点。（A 作为样条曲线的第一点）

指定下一点：单击 D 附近的点

指定下一点或 [闭合（C）/拟合公差（F）] <起点切向>：单击 E 附近的点

指定下一点或 [闭合（C）/拟合公差（F）] <起点切向>：单击 C 点

指定下一点或 [闭合（C）/拟合公差（F）] <起点切向>：↙（回车选择<起点切向>）

指定起点切向：移动光标，改变曲线的起点的切线方向（使曲线形状达到令人满意的效果）

指定端点切向：移动光标，改变曲线的终点的切线方向（使曲线形状达到令人满意的效果）

图形绘制完成。

注意：样条曲线主要用于绘制机械制图中的波浪线、截交线、相贯线，以及地理图中的地貌等。

4.5.3　夹点编辑

在选择对象的时候，对象会变成一些虚线和带颜色的小方框的组合，如图 4-73 所示。这些带颜色的小方框就是夹点，夹点显示了该图形上的关键点。编辑图形对象时，使用夹点编辑方式能更方便地对图形进行编辑。

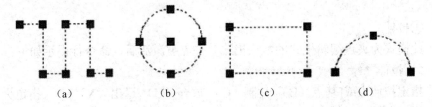

（a）　　　　　　（b）　　　　　　（c）　　　　　　（d）

图 4-73　"夹点"的表现形式

（1）设置夹点特性

选择→【工具】→【选项】命令，在弹出的"选项"对话框中选择"选择"选项卡，如图 4-74 所示，在该选项卡中设置夹点的属性。

（2）夹点编辑操作

当某一对象被选中后，夹点便显示出来。如果单击夹点，则该夹点由蓝色变成红色，处于可编辑状态，再次单击该夹点，该夹点又变成蓝色，处于被选中状态。当夹点处于可编辑状态时，命令行提示如下：

** 拉伸 **

指定拉伸点或[基点（B）/复制（C）/放弃（U）/退出（X）]：

此时可以对夹点进行"拉伸"操作。如果按回车键，命令行还会显示其他的夹点编辑模式；如果单击鼠标右键，会弹出快捷菜单，可以直接选择夹点编辑模式。夹点编辑模式共有 5 种。

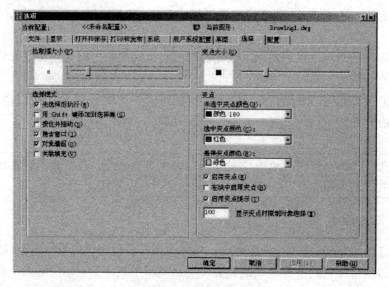

图 4-74 "选择"选项卡

①拉伸

此模式为夹点编辑模式的默认模式。夹点被激活后，命令行提示如下：

** 拉伸 **

指定拉伸点或[基点（B）/复制（C）/放弃（U）/退出（X）]：（指定夹点到新位置或直接输入新坐标即可拉伸对象。但对于某些图形对象上的夹点，如文字、直线中点、圆心等进行夹点拉伸操作，不能拉伸该对象，而是移动该对象。夹点被激活后，命令行提示中有 5 个命令选项）其功能分别为：

"指定拉伸点"：确定夹点被拉伸的新位置。

"基点（B）"：选择该选项，指定新夹点为当前编辑夹点。

"复制（C）"：选择该选项，可以在拉伸夹点的同时进行多次复制；如果该夹点不能被拉伸，则该选项功能为复制对象。

"放弃（U）"：选择该选项，将取消最近一次操作。

"退出（X）"：选择该选项，将退出当前操作。

②移动

此模式用于将图形对象从当前位置移动到新位置，图形对象的大小与方向均不改变。夹点被激活后，选择该模式，命令行提示如下：

** 移动 **

指定移动点或[基点（B）/复制（C）/放弃（U）/退出（X）]：（指定夹点到新位置或直接输入新的坐标值即可移动夹点。其他命令选项的功能与在"拉伸"模式下相同）

③旋转

此模式用于以当前夹点为中心旋转图形对象。夹点被激活后，选择该模式，命令行提示如下：

** 旋转 **

指定旋转角度或 [基点（B）/复制（C）/放弃（U）/退出（X）]：（直接拖动鼠标或输入旋转角度值，按回车键即可以当前夹点为中心点旋转被选择的对象。其他命令选项的功能与在"拉伸"模式下相同）

④比例缩放

此模式用于以当前夹点为基点，按指定比例缩放被选中的对象。夹点被激活后，选择该模式，命令行提示如下：

** 比例缩放 **

指定比例因子或[基点（B）/复制（C）/放弃（U）/参照（R）/退出（X）]：（拖动鼠标确定图形缩放比例或直接输入比例因子，以当前夹点为基点缩放被选中的对象。其他命令选项的功能与在"拉伸"模式下相同）

⑤镜像

此模式用于以当前夹点为镜像线的第一点镜像被选中的对象。夹点被激活后，选择该模式，命令行提示如下：

** 镜像 **

指定第二点或[基点（B）/复制（C）/放弃（U）/退出（X）]：（拖动鼠标确定镜像线的第二点，或直接输入镜像线第二点的坐标，即可确定镜像线，系统就会以此镜像线镜像被选中的对象，但并不保留原图形。如果要保留原图形对象，就必须选择"复制（C）"命令选项）

（3）夹点编辑的应用

实例：使用夹点编辑如图 4-75（a）所示图形，效果如图 4-75（d）所示。

操作步骤如下：

选择图 4-75（a）中的正方形 ABCD，激活夹点 B，命令行提示如下：

** 拉伸 **

指定拉伸点或[基点（B）/复制（C）/放弃（U）/退出（X）]：（拖动夹点 B 到新位置，如图 4-75（b）所示。）

选择夹点 D 为当前编辑点，激活夹点 D，命令行提示如下：

** 拉伸 **

指定拉伸点或[基点（B）/复制（C）/放弃（U）/退出（X）]：（按回车键）

** 移动 **

指定移动点或[基点（B）/复制（C）/放弃（U）/退出（X）]：（按回车键）

** 旋转 **

指定旋转角度或[基点（B）/复制（C）/放弃（U）/参照（R）/退出（X）]：（输入 C 按回车键）

** 旋转（多重）**

指定旋转角度或[基点（B）/复制（C）/放弃（U）/参照（R）/退出（X）]：（拖动鼠标旋转，打开"交点"捕捉，逆时针顺序分别选取 A、D、C 点，如图 4-75（c）所示。）

单击鼠标右键，在弹出的快捷菜单中选择"确定"命令退出夹点编辑。单击"修改"工具栏中的"修剪"按钮对图形进行修剪，绘制的图形如图 4-75（d）所示。

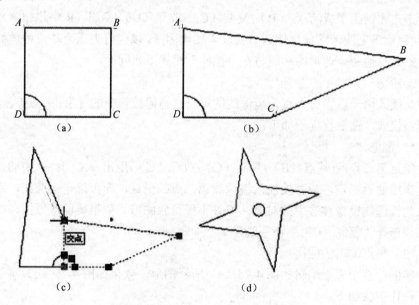

图 4-75 用"夹点"命令编辑图形对象

实训 5　绘制曲柄扳手

绘制图 4-76 所示的曲柄扳手。

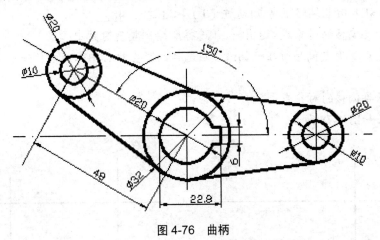

图 4-76　曲柄

　　该曲柄由左右两臂组成，并且结构相同，因此，可以用绘制直线及圆命令，首先绘制出右臂，然后，再利用旋转命令 ROTATE 对其进行旋转操作。需要注意的是，利用旋转命令旋转图形时，不能保留旋转前的图形，因此，在进行旋转操作之前，需要用复制命令 COPY 复制旋转的图形，然后再对复制的图形进行旋转，这样就可以达到旋转复制的目的。

（1）利用"图层"命令设置图层

①"中心线"层：线型为 CENTER，其余属性默认。

②"粗实线"层：线宽为 0.30 mm，其余属性默认。

（2）绘制对称中心线

将"中心线"层设置为当前层。

①命令：<u>LINE↙</u>（绘制水平对称中心线）

指定第一点：<u>100，100↙</u>

指定下一点或[放弃（U）]：<u>180，100↙</u>

指定下一点或[放弃（U）]：<u>↙</u>

②命令：<u>↙</u>（绘制竖直对称中心线）

LINE 指定第一点：<u>120，120↙</u>

指定下一点或[放弃（U）]：<u>120，80↙</u>

指定下一点或[放弃（U）]：<u>↙</u>

结果如图 4-77 所示。

（3）绘制另一条中心线

命令：O↙（对所绘制的竖直对称中心线进行偏移操作）

OFFSET 指定偏移距离或[通过（T）]<通过>：48↙

选择要偏移的对象或<退出>：（选择所绘制竖直对称中心线）

指定点以确定偏移所在一侧：（在选择的竖直对称中心线右侧任一点单击鼠标左键）

选择要偏移的对象或<退出>：↙

结果如图 4-78 所示。

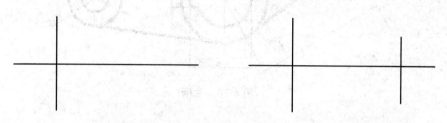

图 4-77　绘制中心线　　　　　　　图 4-78　偏移中心线

（4）绘制图形轴孔部分

转换到"粗实线"层。

命令：CIRCLE↙（绘制Φ32 圆）

指定圆的圆心或[三点（3P）/两点（2P）/相切、相切、半径（T）]：_int 于（捕捉左端对称中心线的交点）

指定圆的半径或[直径（D）]：D↙

指定圆的直径：32↙

命令：↙（绘制左端Φ20 圆）

CIRCLE 指定圆的圆心或[三点（3P）/两点（2P）/相切、相切、半径（T）]：_int 于（捕捉左端对称中心线的交点）

指定圆的半径或[直径（D）]：D↙

指定圆的直径：20↙

命令：↙（绘制右端Φ20 圆）

CIRCLE 指定圆的圆心或[三点（3P）/两点（2P）/相切、相切、半径（T）]：_int 于（捕捉右端对称中心线的交点）

指定圆的半径或[直径（D）]：D↙

指定圆的直径: <u>20</u>↙

命令: ↙（绘制右端Φ10圆）

CIRCLE 指定圆的圆心或[三点（3P）/两点（2P）/相切、相切、半径（T）]: _int 于（捕捉右端对称中心线的交点）

指定圆的半径或[直径（D）]: <u>D</u>↙

指定圆的直径: <u>10</u>↙

结果如图 4-79 所示。

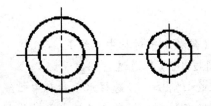

图 4-79　绘制轴孔

（5）绘制切线

打开"对象捕捉"工具栏，如图 4-80 所示。

图 4-80　"对象捕捉"工具栏

命令: <u>LINE</u>↙（绘制左端Φ32圆与右端Φ20圆的切线）

指定第一点: _tan 到（单击"对象捕捉"工具栏上的"捕捉到切点"按钮，捕捉右端 20 圆上部的切点）

指定下一点或[放弃（U）]: _tan（同样方法捕捉左端Φ32圆上部的切点）

指定下一点或[放弃（U）]: ↙

命令: <u>MIRROR</u>↙（镜像所绘制的切线）

选择对象:（用窗口选择方式，指定窗口角点，选择右端的多段线与中心线）

指定镜像线的第一点: _endp 于（捕捉水平对称中心线的左端点）

指定镜像线的第二点: _endp 于（捕捉水平对称中心线的右端点）

是否删除源对象? [是（Y）/否（N）]: ↙

结果如图 4-81 所示。

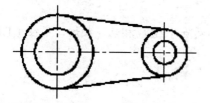
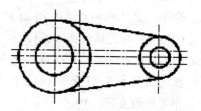

图 4-81　绘制切线　　　　　　　　　图 4-82　绘制辅助线

（6）绘制辅助线

命令：<u>OFFSET↙</u>（偏移水平对称中心线）

指定偏移距离或[通过（T）]<通过>：<u>3↙</u>

选择要偏移的对象或<退出>：（选择水平对称中心线）

指定点以确定偏移所在一侧：（在选择的水平对称中心线上侧的任一点处单击鼠标左键）

选择要偏移的对象或<退出>：（继续选择水平对称中心线）

指定点以确定偏移所在一侧：（在选择的水平对称中心线下侧任一点处单击鼠标左键）选择要偏移的对象或<退出>：<u>↙</u>

命令：<u>↙</u>（偏移竖直对称中心线）

_offset 指定偏移距离或[通过（T）]<通过>：<u>12.8↙</u>

选择要偏移的对象或<退出>：（选择竖直对称中心线）

指定点以确定偏移所在一侧：（在选择的竖直对称中心线右侧任一点处单击鼠标左键）

选择要偏移的对象或<退出>：<u>↙</u>

结果如图 4-82 所示。

（7）绘制键槽

命令：<u>LINE↙</u>（绘制中间的键槽）

指定第一点：_int 于（捕捉上部水平对称中心线与小圆的交点）

指定下一点或[放弃（U）]：_int 于（捕捉上部水平对称中心线与竖直对称中心线的交点）

指定下一点或[放弃（U）]：_int 于（捕捉下部水平对称中心线与竖直对称中心线的交点）

指定下一点或[闭合（C）/放弃（U）]：_int 于（捕捉下部水平对称中心线与小圆的交点）

指定下一点或[闭合（C）/放弃（U）]：↙
结果如图 4-83 所示。

（8）剪掉圆弧上键槽开口部分

命令：TRIM↙
当前设置：投影=UCS，边=无
选择剪切边……
选择对象：（分别选择键槽的上下边）
找到 1 个，总计 2 个
选择对象：↙
选择要修剪的对象，按住 Shift 键选择要延伸的对象，或[投影（P）/边（E）/放弃（U）]：（选择键槽中间的圆弧）
结果如图 4-82 所示。

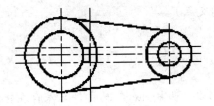

图 4-83　绘制键槽

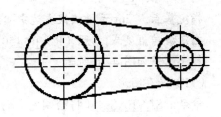

图 4-84　修剪键槽

（9）删除多余的辅助线

命令：ERASE↙（删除偏移的对称中心线）
选择对象：（分别选择偏移的三条对称中心线）
找到 1 个，总计 3 个
选择对象：↙
结果如图 4-85 所示。

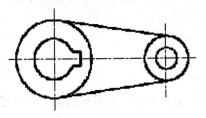

图 4-85　删除辅助线

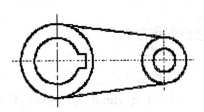

图 4-86　选择对象

（10）复制旋转

命令：<u>COPY</u>↙（在原位置复制要旋转的部分）

选择对象：（如图 4-86 所示，选择图形中要旋转的部分）

找到 1 个，总计 6 个

选择对象：↙

指定基点或位移，或者[重复（M）]：_int 于（捕捉左边中心线的交点）

指定位移的第二点或<用第一点作位移>：<u>@0，0</u>↙（输入第二点的位移）

命令：<u>ROTATE</u>↙（旋转复制的图形）

UCS 当前的正角方向：ANGDIR=逆时针 ANGBASE=0

选择对象：（选择复制的图形）

找到 1 个，总计 6 个

选择对象：↙

指定基点：_int 于（捕捉左边中心线的交点）

指定旋转角度或[参照（R）]：<u>150</u>↙

最终结果如图 4-76 所示。

（11）保存图形

命令：<u>SAVEAS</u>↙（将绘制完成的图形以"曲柄.dwg"为文件名保存在指定的路径中）

项目小结

在本项目中讲述了 AutoCAD 2005 中的一些复杂绘图方法，包括如何绘制椭圆、椭圆弧、样条曲线等内容；如何编辑倒直角与倒圆角、图块的定义与使用、栅格的显示与捕捉、正交绘图方式、图案填充、偏移复制、阵列、查询、属性修改等操作。通过本项目的学习，用户可以利用 AutoCAD 2005 绘制出较复杂图形的基本结构模型。

项目训练题四

1. 填空题

（1）使用 AutoCAD 可以轻松地改变图形位置或者改变图形的某部分位置，这些基本操作主要包括_____、_____和_____命令。

（2）阵列分为矩形阵列和_____两种。确定矩形阵列的主要参数有：行数、_____、_____、_____、_____。

（3）利用夹点功能可进行拉伸、_____、_____、_____和_____编辑操作。

（4）填充图案类型有_____、_____和_____三大类。用户定义图案时应设置_____、_____和_____等参数。

2. 选择题

（1）在 AutoCAD 2005 中，下列（　）命令具有镜像对象的功能。

A. COPY　　　　　　B. MIRROR

C. ARRAY　　　　　　D. OFFSET

（2）在 AutoCAD 2005 中，使用（　）命令可以用光滑的圆弧把两个实体连接起来。

A. 圆角　　　　　　B. 倒角

C. 切角　　　　　　D. 没有这个功能

（3）将一个圆变成圆弧，可用（　）编辑命令来完成。

A. 打断　　　　　　B. 分解

C. 修剪　　　　　　D. 拉伸

（4）利用夹点对一个圆形进行编辑，可改变圆的（　）。

A. 直径　　　　　　B. 形状

C. 图层　　　　　　D. 厚度

（5）画椭圆有（　）种方法。

A. 3　　　　　B. 4　　　　　C. 5　　　　　D. 6

（6）使用 WBLOCK 命令可以创建（　）。

A. 一个图块　　　　　　B. 一个块集合

C. 一个图形文件　　　　D. 以上都不是

3. 操作题

（1）操作要求：①建立新图形文件：绘图区域为：240×200。②绘图：绘制一个 100×80 的矩形，在矩形中心绘两条相交多线，多线类型为三线，且多线的每两元素间的间距为 10，两相交多线在中间断开。完成后的图形参见题图 4-1。

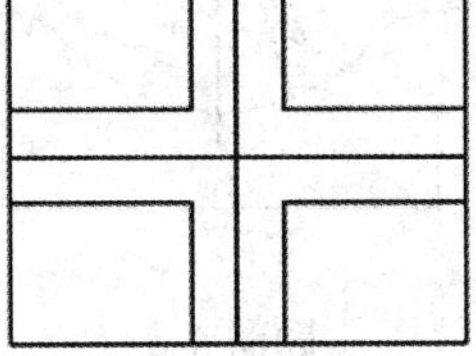

题图 4-1

（2）【操作要求】：按题图 4-2 规定的尺寸绘图，中心线线型为 center，调整线型比例。

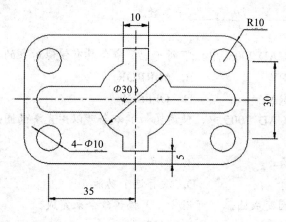

题图 4-2

（3）【操作要求】：按题图 4-3 规定的尺寸绘图。

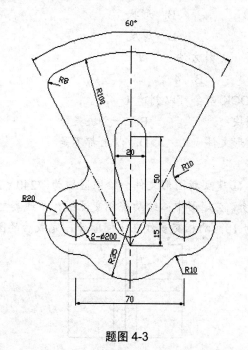

题图 4-3

（4）【操作要求】按题图 4-4 规定的尺寸绘图。

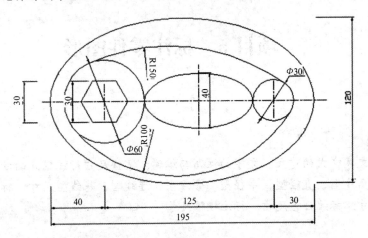

题图 4-4

项目 5　标注零件图形

项目目标

　　掌握文字样式的建立，文字的注写与编辑；掌握尺寸标注样式的设置，标注长度型、角度型、直径型、半径型、旁注型、连续型、基线型尺寸；标注圆心或中心线尺寸；标注公差尺寸；标注极限尺寸。

　　AutoCAD 2005 提供了很强的文本标注、文字编辑和拼写检查等功能，还配备了一套完整的尺寸标注系统，它不仅提供了多种标注对象和设置标注格式的方法，而且能够自动地精确测量对象的大小。

5.1　文本注写

5.1.1　文字样式

　　文字样式的设置是进行文字注释和尺寸标注的首要任务。在 AutoCAD 2005 软件中，文字样式用于控制图形中所有文字的字体、高度和宽度系数等。在一幅图形中可以定义多种文字样式，以适应不同对象的需要。

　　（1）文字样式的设置方法。

　◆　下拉菜单：【格式】→【文字样式】

　◆　输入命令：Style

　　（2）运用"命令"的方法来说明创建新文字样式的操作步骤。

　　①在命令行输入"Style"命令，出现如图 5-1 所示"文字样式"对话框，在默认情况下，文字样式为 Standard，高度为 0，宽度比例为 1。

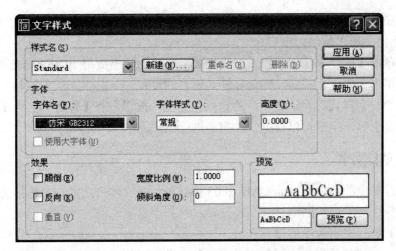

图 5-1 "文字样式"对话框

②如果要新建文字样式，则可单击"文字样式"对话框上的【新建】按钮，程序将打开"新建文字样式"对话框，然后在【样式名】文本框中输入文字样式的名称，如图 5-2 所示。单击【确定】按钮返回"文字样式"对话框。

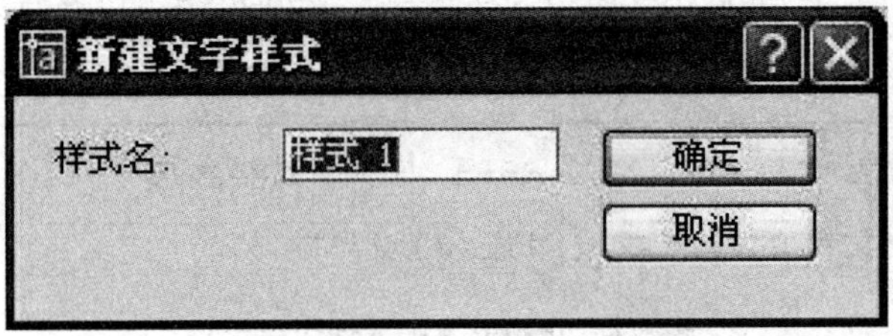

图 5-2 "新建文字样式"对话框

③在【字体】设置区中，可以设置"字体名"、"文字样式"和"高度"，如图 5-3 所示。

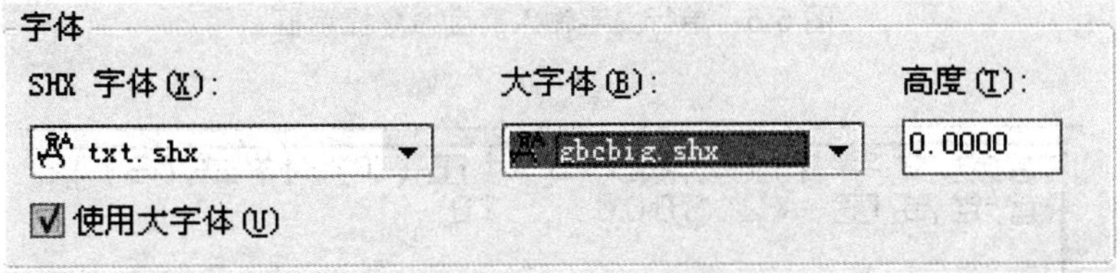

图 5-3 字体设置

④在【效果】区中可以设置字体的效果，有"颠倒"、"反向"、"垂直"、"宽度比例"和"倾斜角度"。

⑤单击【应用】按钮，将对文字样式所进行的调整应用于当前图形。

⑥单击【关闭】按钮，则保存样式更改的设置。

在"文字样式"对话框中，还包括其他一些按钮，有【重命名】、【删除】和【预览】等，用户可以根据设计需要进行操作。

5.1.2 单行文字

单行文字的标注是 AutoCAD 2005 中两种标注文本方法之一，单行文字不会自动换行，而需要按回车键强制换行输入。

（1）单行文字标注的设置方法。

◆ 下拉菜单：【绘图】→【文字】→【单行文字】

◆ 输入命令：Text

（2）运用"命令"的方法来说明单行文字标注的操作步骤。

①在命令行输入"Text"命令，出现如图 5-4 所示命令行提示状态，在绘图区域内单击鼠标，确定文字的起点，再指定文字的高度如图 5-5 所示和旋转角度如图 5-6 所示，最后输入文字如图 5-7 所示，按回车键可以换行，再按一次回车键可以结束文字输入操作。

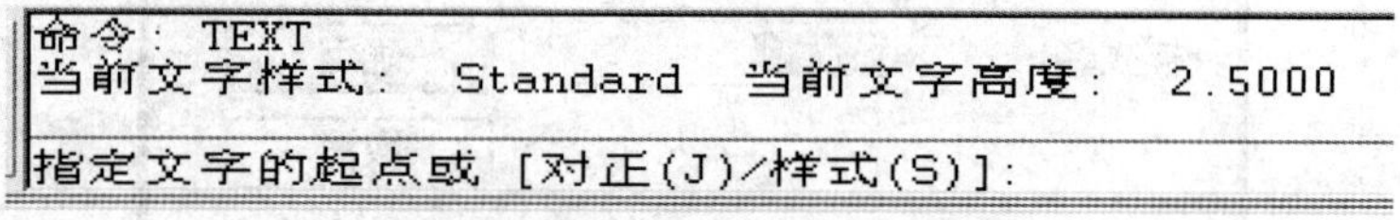

```
命令：TEXT
当前文字样式：Standard   当前文字高度：2.5000
指定文字的起点或 [对正(J)/样式(S)]:
```

图 5-4 单行文字输入命令提示框

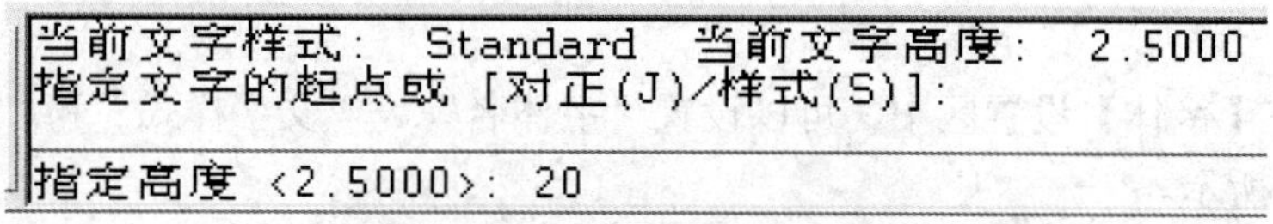

```
当前文字样式：Standard   当前文字高度：2.5000
指定文字的起点或 [对正(J)/样式(S)]:
指定高度 <2.5000>: 20
```

图 5-5 单行文字输入高度命令提示框

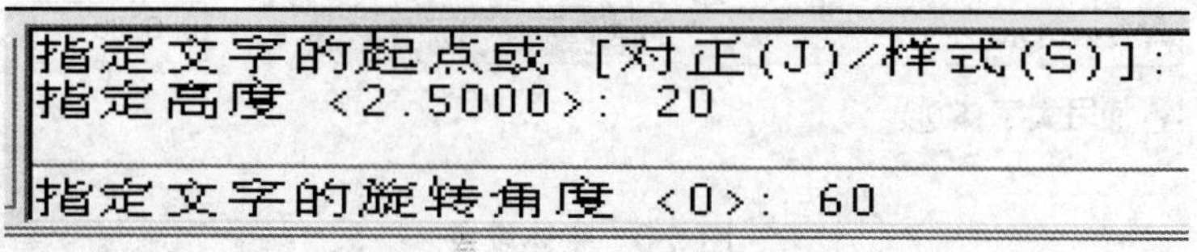

```
指定文字的起点或 [对正(J)/样式(S)]:
指定高度 <2.5000>: 20
指定文字的旋转角度 <0>: 60
```

图 5-6 单行文字输入旋转角度命令提示框

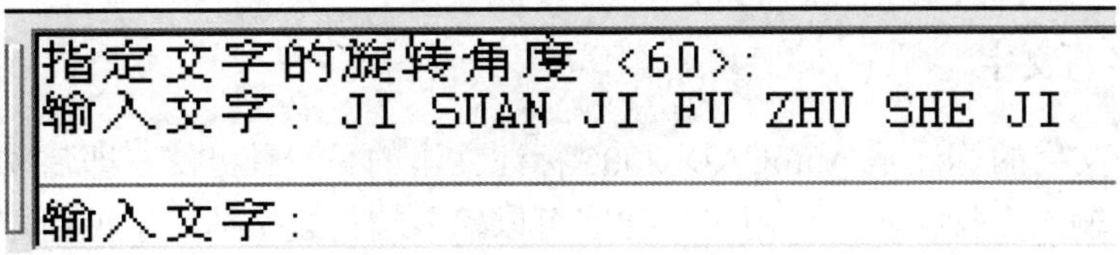

指定文字的旋转角度 <60>:
输入文字: JI SUAN JI FU ZHU SHE JI

输入文字:

图 5-7　单行文字输入内容提示框

使用单行文字输入时，按回车键后每一行的文字都是独立的对象，可以重新定位、调整格式或者进行其他修改。

②在输入单行文字时，系统会提示用户指定文字的起点，可选择【对正】或【样式】选项。其中，选择【对正（J）】选项可以设置文字的对齐方式；选择【样式（S）】选项可以设置文字使用的样式。设置文字对齐方式如图 5-8 所示，需要注意以下几点。

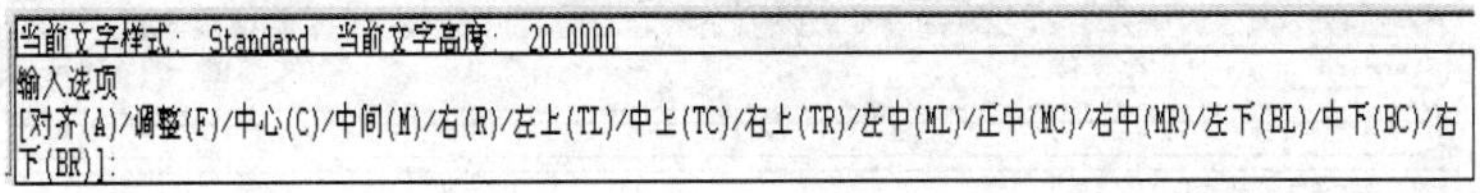

当前文字样式: Standard 当前文字高度: 20.0000
输入选项
[对齐(A)/调整(F)/中心(C)/中间(M)/右(R)/左上(TL)/中上(TC)/右上(TR)/左中(ML)/正中(MC)/右中(MR)/左下(BL)/中下(BC)/右下(BR)]:

图 5-8　文字对齐方式提示框

【对齐（A）】：通过指定基线的两个端点来绘制文字。文字的方向与两点连线方向一致，文字的高度将自动调整，以使文字布满两点之间的部分，但文字的长宽比例保持不变。

【调整（F）】：通过指定基线的两个端点来绘制文字。文字的方向与两点连线方向一致。文字的高度由用户指定，系统将自动调整文字的宽度比例，以使文字充满两点之间的部分，但文字的高度保持不变。

【中心（C）】【中间（M）】【右（R）】：这三个选项均要求用户指定一点，并分别以该点作为基线水平中点、文字中央点或基线右端点，然后根据用户指定的文字高度和角度进行绘制。

剩余对齐方式见表 5-1 所示。

表 5-1　文字对齐方式功能表

缩写	TL	TC	TR	ML	MC	MR	BL	BC	BR
功能	左上对齐	左中对齐	左下对齐	中上对齐	正中对齐	中下对齐	右上对齐	右中对齐	右下对齐

5.1.3 多行文字

多行文字的标注是 AutoCAD 2005 标注文本的另一种方法，即启动命令后，每次可以输入多行文本。使用多行文字可以输入较为复杂的文字说明，如图样的技术要求和说明等。

（1）多行文字标注的设置方法。

◆ 下拉菜单：【绘图】→【文字】→【多行文字】

◆ 工具栏：单击"绘图"工具栏中 **A** 图标

◆ 输入命令：Mtext

（2）运用"命令"的方法来说明多行文字标注的操作步骤。

在命令行输入"Mtext"命令，然后在绘图区域指定第一角点和对角点后系统将打开"文字格式"对话框，如图 5-9 所示。

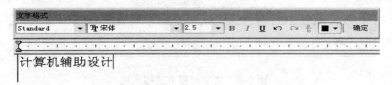

图 5-9 "文字格式"对话框

在"文字格式"对话框中，主要包括"样式名称"、"字体"、"文字高度"和"文字输入区域"等，还有简单的文字编辑工具，包括"文字加粗""文字倾斜"、"下划线"和"文字颜色"。这些工具的设置和一般应用软件类似，用户可以根据文字设置的需要进行操作。

5.1.4 文字编辑

文字编辑主要包括单行文字编辑和多行文字编辑。

对于单行文字的编辑主要包括文字内容和修改文字特性。其中，修改文字内容可以直接双击文字，打开如图 5-10 所示的"编辑文字"对话框，用户可以利用"编辑文字"对话框修改文字内容。

图 5-10 "编辑文字"对话框

　　修改文字特性的方法有两种：一是通过修改文字样式，可以修改文字的颠倒、反向和垂直效果；二是选中文字后，右击选中【特性】对话框，出现如图 5-11 所示对话框，用户可以根据设计需要改变【特性】对话框中的项目来达到设计要求。

图 5-11　【特性】对话框

　　编辑多行文字的方法比较简单。可以双击输入的多行文字，或右击文字，从弹出的快捷菜单中选择【编辑多行文字】命令打开【文字格式】对话框，然后从中编辑文字即可。如果修改了文字样式的垂直、宽度比例和倾斜角度等设置，修改将影响图形中已有的多行文字，这一点与单行文字不同。

实训 1　设计一块路标牌

　　题目：根据图 5-12 的尺寸，设置一块路标牌，不用标注尺寸。

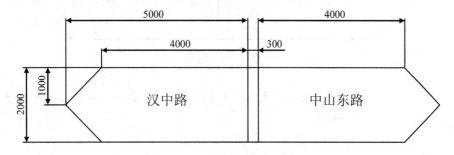

图 5-12　例图

操作步骤：根据例图尺寸，再依照前面章节绘制直线的方法，先行绘制出图形，如图 5-13 所示。

图 5-13　例图

在命令行输入 "Text" 命令，出现如图 5-14 所示：

```
命令：TEXT
当前文字样式：Standard　当前文字高度：2.5000

指定文字的起点或 [对正(J)/样式(S)]：
```

图 5-14　例图

选择 "J"，出现如图 5-15 所示：

```
当前文字样式：Standard　当前文字高度：2.5000
输入选项
[对齐(A)/调整(F)/中心(C)/中间(M)/右(R)/左上(TL)/中上(TC)/右上(TR)/左中(ML)/正中(MC)/右中(MR)/左下(BL)/中下(BC)/右
下(BR)]：
```

图 5-15　例图

选择 "MC"，便要求指定文字的中间点，可以通过对象捕捉和对象追踪的方法确定好文字的中间点，又要求指定文字的高度，可以输入 500，回车后出现指定文字的旋转角度，直接回车（使用默认值 0 度），再输入文字："汉中路"，2次回车，便出现如图 5-16 所示图形。

汉中路

图 5-16　例图

再利用上述同样的方法，完成"中山东路"文字的输入，出现如图 5-17 所示图形，便完成了设计要求。

图 5-17　例图

5.2　尺寸标注

5.2.1　尺寸样式

尺寸标注样式用于控制标注的格式和外观，AutoCAD 2005 中的标注均与一定的标注样式相关联。通过标注样式，用户可进行如下定义：

- 尺寸线、尺寸界线、箭头和圆心标记的格式和位置
- 标注文字的外观、位置和行为
- AutoCAD 放置文字和尺寸线的管理规则
- 全局标注比例
- 主单位、换算单位和角度标注单位的格式和精度
- 公差值的格式和精度

在 AutoCAD 2005 中新建图形文件时，系统将根据样板文件来创建一个当前标注样式。如图 5-18 所示，样式为 "ISO-25"。用户可通过【标注样式管理器】来创建新的标注样式或对标注样式进行修改和管理。

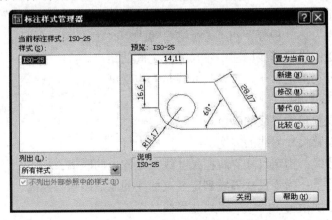

图 5-18　【标注样式管理器】对话框

　　设置了新的标注样式名称、基础样式和适用范围后，单击【继续】按钮后将打开【新建标注样式】对话框，如图 5-19 所示。利用该对话框，用户可以对新建的标注样式进行具体的设置。

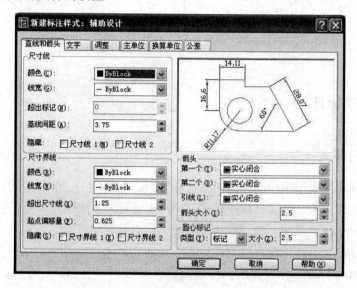

图 5-19　【新建标注样式】对话框

（1）设置直线和箭头（如图 5-19 所示）

【尺寸线】栏：

颜色：设置尺寸线的颜色。

线宽：设置尺寸线的线宽。

超出标记：设置超出标记的长度。该项在箭头被设置为"倾斜"、"建筑标志"、"小点"、"积分"和"无标志"等类型时才被激活。

基线间距：设置基线标注中各尺寸线之间的距离。

隐藏：分别指定第一、二条尺寸线是否被隐藏。

【尺寸界线】栏：

颜色：设置尺寸界线的颜色。

线宽：设置尺寸界线的线宽。

超出尺寸线：指定尺寸界线在尺寸线上方伸出的距离。

起点偏移量：指定尺寸界线到定义该标注的原点的偏移距离。

隐藏：分别指定第一、二条尺寸界线是否被隐藏。

【箭头】栏：

第一个：设置第一条尺寸线的箭头类型，当改变第一个箭头的类型时，第二个箭头自动改变以匹配第一个箭头。

第二个：设置第二条尺寸线的箭头类型，改变第二个箭头类型不影响第一个箭头的类型。

引线：设置引线的箭头类型。

箭头大小：设置箭头的大小。

【圆心标记】栏：

类型：设置圆心标记类型为"None（无）"、"Mark（标记）"和"Line（直线）"三种情况之一。其中"Line"选项可创建中心线。

大小：设置圆心标记或中心线的大小。

（2）设置文字（如图 5-20 所示）

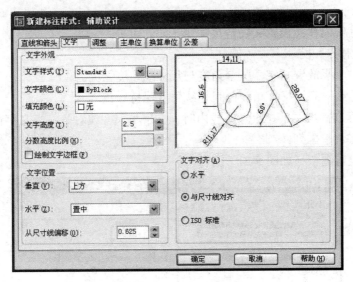

图 5-20　【文字】选项卡

【文字外观】栏：

文字样式：设置当前标注文字样式。

文字颜色：设置标注文字样式的颜色。

文字高度：设置当前标注文字样式的高度。

分数高度比例：设置与标注文字相关部分的比例。

绘制文字边框：在标注文字的周围绘制一个边框。

【文字位置】栏：

垂直：设置文字相对尺寸线的垂直位置。

置中：放在两条尺寸线中间。

上方：放在尺寸线的上面。

外部：放在距离标注定义点最远的尺寸线一侧 JIS 按照日本工业标准放置。

水平：设置文字相对于尺寸线和尺寸界线的水平位置。

置中：沿尺寸线放在两条尺寸界线中间。

第一条尺寸界线：沿尺寸线与第一条尺寸界线左对齐。

第二条尺寸界线：沿尺寸线与第二条尺寸界线右对齐。

第一条尺寸界线上方：沿着第一条尺寸界线放置标注文字或放在第一条尺寸界线之上。

第二条尺寸界线上方：沿着第二条尺寸界线放置标注文字或放在第二条尺寸界线之上。

从尺寸线偏移：设置文字与尺寸线之间的距离。

【文字对齐】栏：

水平：水平放置文字，文字角度与尺寸线角度无关。

与尺寸线对齐：文字角度与尺寸线角度保持一致。

ISO 标准：当文字在尺寸界线内时，文字与尺寸线对齐。当文字在尺寸界线外时，文字水平排列。

（3）设置调整（如图 5-21 所示）

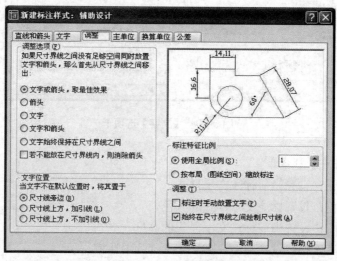

图 5-21 【调整】选项卡

【调整选项】：根据两条尺寸界线间的距离确定文字和箭头的位置。如果两条尺寸界线间的距离够大时，AutoCAD 总是把文字和箭头放在尺寸界线之间。否则，按如下规则进行放置。

文字或箭头，取最佳效果：尽可能地将文字和箭头都放在尺寸界线中，容纳不下的元素将放在尺寸界线外。

箭头：尺寸界线间距离仅够放下箭头时，箭头放在尺寸界线内而文字放在尺寸界线外。否则文字和箭头都放在尺寸界线外。

文字：尺寸界线间距离仅够放下文字时，文字放在尺寸界线内而箭头放在尺寸界线外。否则文字和箭头都放在尺寸界线外。

文字和箭头：当尺寸界线间距离不足以放下文字和箭头时，文字和箭头都放在尺寸界线外。

文字始终保持在尺寸界线之间：强制文字放在尺寸界线之间。

若不能放在尺寸界线内，则隐藏箭头：如果尺寸界线内没有足够的空间，则隐藏箭头。

【文字位置】：设置标注文字非缺省的位置。

尺寸线旁边：把文字放在尺寸线旁边。

尺寸线上方，加引线：如果文字移动到距尺寸线较远的地方，则创建文字到尺寸线的引线。

尺寸线上方，不加引线：移动文字时不改变尺寸线的位置，也不创建引线。

【标注特征比例】：设置全局标注比例或图样空间比例。

使用全局比例：设置指定大小、距离或包含文字的间距和箭头大小的所有标注样式的比例。

按布局缩放标注：根据当前模型空间视口和图样空间的比例确定比例因子。

（4）设置主单位（如图 5-22 所示）

【线性标注】：设置线性标注的格式和精度。

单位格式：设置标注类型的当前单位格式（角度除外）。

精度：设置标注的小数位数。

分数格式：设置分数的格式。

小数分隔符：设置十进制格式的分隔符。

舍入：设置标注测量值的四舍五入规则（角度除外）。

前缀：设置文字前缀，可以输入文字或用控制代码显示特殊符号。如果指定了公差，AutoCAD 也给公差添加前缀。

后缀：设置文字后缀。可以输入文字或用控制代码显示特殊符号。如果指定了公差，AutoCAD 也给公差添加后缀。

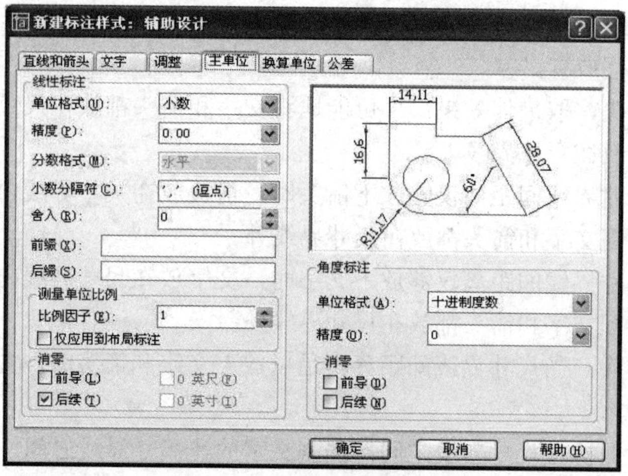

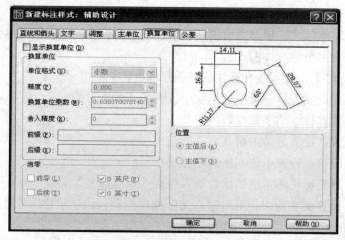

图 5-22 【主单位】选项卡

【测量单位比例】：设置线性标注测量值的比例因子（角度除外）。如果选择"仅应用到布局标注"项，则仅对在布局里创建的标注应用线性比例值。

【消零】：设置前导和后续零是否输出。

【角度标注】：显示和设置角度标注的格式和精度。

单位格式：设置角度单位格式。

精度：设置角度标注的小数位数。

（5）设置单位换算（如图 5-23 所示）

图 5-23 【换算单位】选项卡

【换算单位】与"主单位"选项卡中的【线性标注】基本相同，不同的项目为：

换算单位乘数：设置主单位和换算单位之间的换算系数。

【消零】：设置前导和后续零是否输出。

【位置】：设置换算单位的位置。

主值后：放在主单位之后。

主值下：放在主单位下面。

（6）设置公差（如图 5-24 所示）

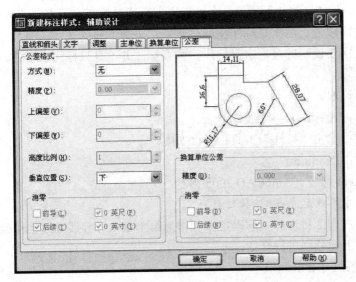

图 5-24 【公差】选项卡

【公差格式】：设置公差格式。

方式：设置计算公差的方式，包括：

- 无：无公差。
- 对称：添加公差的加/减表达式，把同一个变量值应用到标注测量值。
- 极限偏差：添加加/减公差表达式，把不同的变量值应用到标注测量值。
- 极限尺寸：创建有上下限的标注，显示一个最大值和一个最小值。
- 基本尺寸：创建基本尺寸，AutoCAD 在整个标注范围四周绘制一个框。

精度：设置小数位数。

上偏差：显示和设置最大公差值或上偏差值

下偏差：显示和设置最小公差值或下偏差值。

高度比例：显示和设置公差文字的当前高度。

垂直位置：控制对称公差和极限公差的文字对齐方式。

【消零】：设置前导和后续零是否输出。

【换算单位公差】：与"换算单位"选项卡中相同。

5.2.2　尺寸标注的方式

（1）线性标注

线性标注指标注图形对象在水平方向、垂直方向或指定方向的尺寸，又分水平标注、垂直标注、旋转标注 3 种类型。水平标注指标注对象在水平方向的尺寸，即尺寸线沿水平方向放置。而垂直标注指标注对象在垂直方向的尺寸，即尺寸线沿垂直方向放置。需要说明的是，水平标注、垂直标注并不是只标注水平边、垂直边的尺寸。

①线性标注的设置方法。

◆　下拉菜单：【标注】→【线性】

◆　图标位置：单击"标注"工具栏中 图标

◆　输入命令：Dimlinear

②执行 Dimlinear 命令。AutoCAD 2005 提示：

指定第一条尺寸界线起点或<选择对象>:

在此提示下用户有 2 种选择，即确定一点作为第 1 条尺寸界线的起始点或按回车键选择对象。下面分别进行介绍。

A. 指定第 1 条尺寸界线起点

如果在"指定第一条尺寸界线起点或<选择对象>:"提示下确定第 1 条尺寸界线的起始点，AutoCAD 2005 提示：

指定第二条尺寸界线起点:

即要求用户确定另一条尺寸界线的起始点位置。用户响应后，AutoCAD 2005 提示：

指定尺寸线位置或

[多行文字（M）/文字（T）/角度（A）/水平（H）/垂直（V）/旋转（R）]:

各选项含义如下：

a. 指定尺寸线位置：确定尺寸线的位置。用户响应后，AutoCAD 2005 根据自动测量出的两尺寸界线起始点间的水平或垂直距离值标出尺寸。

说明：当两尺寸界线的起始点不位于同一水平线和同一垂直线上时，可通过拖动鼠标的方式确定是实现水平标注还是垂直标注。方法为：确定两尺寸界线的起始点后，使光标位于两尺寸界线的起始点之间，上下拖动鼠标，可引出水平尺寸线；左右拖动鼠标，则可引出垂直尺寸线。

b. 多行文字（M）：利用多行文字编辑器输入并设置尺寸文字。执行该选项，AutoCAD 2005 弹出如图 5-25 所示的【多行文字编辑器】对话框，用户可通过该对话框输入并设置尺寸文字。

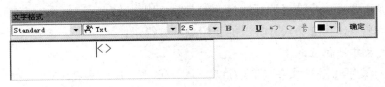

图 5-25 【多行文字编辑器】对话框

c. 文字（T）：输入尺寸文字。执行该选项，AutoCAD 2005 提示：

输入标注文字：

在该提示下输入尺寸文字即可。

d. 角度（A）：确定尺寸文字的旋转角度。执行该选项，AutoCAD 2005 提示：

指定标注文字的角度：

输入文字的旋转角度后，所标注的尺寸文字将旋转该角度。

e. 水平（H）：标注水平尺寸，即沿水平方向的尺寸。执行该选项，AutoCAD 2005 提示：

指定尺寸线位置或[多行文字（M）/文字（T）/角度（A）]:

用户可在此提示下直接确定尺寸线的位置，也可以用"多行文字（M）"、"文字（T）"和"角度（A）"选项先确定要标注的尺寸值或尺寸文字的旋转角度。

f. 垂直（V）：标注垂直尺寸，即沿垂直方向的尺寸。执行该选项，AutoCAD 2005 提示：

指定尺寸线位置或[多行文字（M）/文字（T）/角度（A）]:

用户可在此提示下直接确定尺寸线的位置，也可以用"多行文字（M）"、"文字（T）"和"角度（A）"选项确定要标注的尺寸文字或尺寸文字的旋转角度。

g. 旋转（R）：旋转标注，即标注沿指定方向的尺寸。执行该选项，AutoCAD 2005 提示：

指定尺寸线的角度：

此提示要求确定尺寸线的旋转角度。用户响应后 AutoCAD 2005 继续提示：

指定尺寸线位置或

[多行文字（M）/文字（T）/角度（A）/水平（H）/垂直（V）/旋转（R）]:

用户响应即可。

B. <选择对象>

如果在"指定第一条尺寸界线起点或<选择对象>："提示下直接按回车键，即执行"<选择对象>"选项，AutoCAD 2005 提示：

选择标注对象：

此提示要求用户选择要标注尺寸的对象。用户选择后，AutoCAD 2005 将该对象的两端点作为 2 条尺寸界线的起始点，并提示：

指定尺寸线位置或

[多行文字（M）/文字（T）/角度（A）/水平（H）/垂直（V）/旋转（R）]：

用户根据需要响应即可。

（2）对齐标注

对齐标注指尺寸线将与两尺寸界线起始点的连线相平行。

①线性标注的设置方法。

◆　下拉菜单：【标注】→【对齐】

◆　图标位置：单击"标注"工具栏中 ↖ 图标

◆　输入命令：Dimaligned

②操作步骤

执行 Dimaligned 命令。AutoCAD 2005 提示：

指定第一条尺寸界线起点或<选择对象>：

与线性标注类似，此时可通过"指定第一条尺寸界线起点"选项确定两尺寸界线的起始点，也可以通过"<选择对象>"选项把指定对象的两端点作为两尺寸界线的起始点，而后 AutoCAD 2005 会提示：

指定尺寸线位置或

[多行文字（M）/文字（T）/角度（A）]：

此时用户可直接确定尺寸线的位置（执行"指定尺寸线位置"选项），也可以通过"多行文字（M）"、"文字（T）"选项确定尺寸文字、通过"角度（A）"选项确定尺寸文字的旋转角度。

（3）角度标注

①角度标注的设置方法。

◆　下拉菜单：【标注】→【角度】

◆　图标位置：单击"标注"工具栏中 △ 图标

◆　输入命令：Dimangular

②操作步骤

执行 Dimangular 命令。AutoCAD 2005 提示：

选择圆弧、圆、直线或<指定顶点>:

用户在此提示下可标注圆弧的包含角、圆上某一段圆弧的包含角、2 条不平行直线之间的夹角，或根据给定的 3 点标注角度。下面分别介绍对应的操作。

A．标注圆弧的包含角

在"选择圆弧、圆、直线或<指定顶点>:"提示下选择圆弧，AutoCAD 2005 提示：

指定标注弧线位置或[多行文字（M）/文字（T）/角度（A）]:

如果在该提示下直接确定标注弧线的位置，AutoCAD 2005 会按实际测量值标注出角度。另外，可以通过"多行文字（M）"、"文字（T）"以及"角度（A）"选项确定尺寸文字和它的旋转角度。

B．标注圆上某段圆弧的包含角

执行 Dimangular 命令后，在"选择圆弧、圆、直线或<指定顶点>:"提示下选择圆，AutoCAD 2005 提示：

指定角的第二个端点：（确定另一点作为角的第二个端点，该点可以在圆上，也可以不在圆上）

指定标注弧线位置或[多行文字（M）/文字（T）/角度（A）]:

如果在此提示下直接确定标注弧线的位置，AutoCAD 2005 标注出角度值，该角度的顶点为圆心，尺寸界线（或延伸线）通过选择圆时的拾取点和指定的第二个端点。另外，还可以用"多行文字（M）"、"文字（T）"以及"角度（A）"选项确定尺寸文字和它的旋转角度。

C．标注 2 条不平行直线之间的夹角

执行 Dimangular 命令后，在"选择圆弧、圆、直线或<指定顶点>:"提示下选择直线，AutoCAD 2005 提示：

选择第二条直线：（选择第二条直线）

指定标注弧线位置或[多行文字（M）/文字（T）/角度（A）]:

如果在此提示下直接确定标注弧线的位置，AutoCAD 2005 标注出这 2 条直线的夹角。另外，可以通过"多行文字（M）"、"文字（T）"以及"角度（A）"选项确定尺寸文字和它的旋转角度。

D．根据 3 个点标注角度

执行 Dimangular 命令后，在"选择圆弧、圆、直线或<指定顶点>:"提示下按回车键，AutoCAD 2005 提示：

指定角的顶点：（确定角的顶点）

指定角的第一个端点：（确定角的第一个端点）

指定角的第二个端点：（确定角的第二个端点）

指定标注弧线位置或[多行文字（M）/文字（T）/角度（A）]:

如果在此提示下直接确定标注弧线的位置，AutoCAD 2005 根据给定的 3 点标注出角度。另外，还可以用"多行文字（M）"、"文字（T）"以及"角度（A）"选项确定尺寸文字的值和尺寸文字的旋转角度。

（4）直径标注

直径标注的设置方法：

◆　下拉菜单：【标注】→【直径】

◆　图标位置：单击"标注"工具栏中◎图标

◆　输入命令：Dimdiameter

◆　执行 Dimdiameter 命令，AutoCAD 2005 提示：

选择圆弧或圆：（选择要标注直径的圆或圆弧）

指定尺寸线位置或[多行文字（M）/文字（T）/角度（A）]:

如果在该提示下直接确定尺寸线的位置，AutoCAD 2005 按实际测量值标注出圆或圆弧的直径。用户也可以通过"多行文字（M）"、"文字（T）"以及"角度（A）"选项确定尺寸文字和尺寸文字的旋转角度。

（5）半径标注

半径标注的设置方法：

◆　下拉菜单：【标注】→【半径】

◆　图标位置：单击"标注"工具栏中◎图标

◆　输入命令：Dimradius

◆　执行 Dimradius 命令，AutoCAD 2005 提示：

选择圆弧或圆：（选择要标注半径的圆弧或圆）

指定尺寸线位置或[多行文字（M）/文字（T）/角度（A）]:

如果在该提示下直接确定尺寸线的位置，AutoCAD 2005 按实际测量值标注出圆或圆弧的半径。另外，可以利用"多行文字（M）"、"文字（T）"以及"角度（A）"选项确定尺寸文字和尺寸文字的旋转角度。

（6）圆心标记

下面是圆心标记的设置方法：

◆　下拉菜单：【标注】→【圆心标记】

◆　图标位置：单击"标注"工具栏中⊙图标

◆　输入命令：Dimcenter

◆　执行 Dimcenter 命令。AutoCAD 2005 提示：

选择圆弧或圆：（选择要圆心标记的圆弧或圆即可）

（7）引线标注

利用引线标注，用户可以标注一些注释、说明等。

引线标注的设置方法：

◆ 下拉菜单：【标注】→【引线】

◆ 图标位置：单击"标注"工具栏中❤图标

◆ 输入命令：Qleader

◆ 执行 Qleader 命令，AutoCAD 2005 提示：

指定第一个引线点或[设置（S）]<设置>:

上面提示的含义如下。

[设置（S）]：设置引线标注的格式。执行该选项，AutoCAD 2005 弹出如图 5-26 所示的【引线设置】对话框。

图 5-26 【引线设置】对话框

对话框中有"注释"、"引线和箭头"和"附着"3 个选项卡，各选项卡的功能如下。

①【注释】选项卡：用来设置引线标注的注释类型、多行文字选项、确定是否重复使用注释，如图 5-26 所示。

【注释类型】选项组：设置引线标注的注释类型。注释类型不同，输入注释前给出的提示也不同。其中："多行文字"单选按钮可使注释是多行文字；"复制对象"单选按钮可使注释是由复制多行文字、文字、块或公差这样的对象而得到的；"公差"单选按钮可使注释是形位公差；"块参照"单选按钮可使注释是插入的块；"无"单选按钮则表示没有注释。

【多行文字选项】选项组：设置多行文字的格式。只有在"注释类型"选项组中把注释类型设为"多行文字"类型时，才能设置该选项组。

"多行文字选项"选项组中，"提示输入宽度"复选框用于确定是否显示要求用户确定多行文字注释宽度的提示；"始终左对齐"复选框用于确定多行文字注释是否始终为左对齐；"文字边框"复选框用于确定是否给多行文字注释加边框。

【重复使用注释】选项组：确定是否重复使用注释，从选项组中选择即可。

②【引线和箭头】选项卡：设置引线和箭头的格式，如图 5-27 所示。

图 5-27　【引线和箭头】选项卡

【引线】选项组：确定引线是直线还是样条曲线，用户根据需要选择即可。

【点数】选项组：设置引线端点数的最大值。可以通过"最大值"微调框确定具体数值，也可以选中"无限制"复选框。

【箭头】下拉列表框：设置引线起始点处的箭头样式，通过相应的下拉列表（如图 5-28 所示）选择即可。

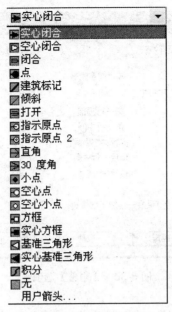

图 5-28　箭头下列拉表

如果单击下拉列表中的"用户箭头"选项，AutoCAD 2005 弹出如图 5-29 所示的【选择自定义箭头块】对话框。用户可通过此对话框。将指定的块作为箭头使用。

图 5-29　【选择自定义箭头块】对话框

【角度约束】选项组：对第 1 段和第 2 段引线设置角度约束，从相应的下拉列表中选择即可。

③【附着】选项卡：确定多行文字注释相对于引线终点的位置，如图 5-30 所示。

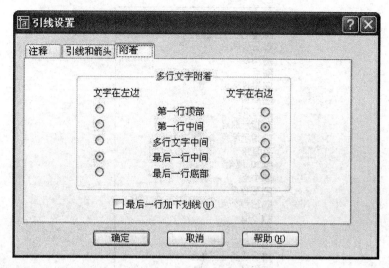

图 5-30　【附着】选项卡

【多行文字附着】选项组：用户可根据文字在引线的左边或右边分别通过相应的单选按钮进行设置。选项组中各选项的功能如下：

"第一行顶部"单选按钮：多行文字注释第 1 行的顶部与引线终点对齐。

"第一行中间"单选按钮：多行文字注释第 1 行的中间部位与引线终点对齐。

"多行文字中间"单选按钮：多行文字注释的中间部位与引线终点对齐。

"最后一行中间"单选按钮：多行文字注释最后一行的中间部位与引线终点对齐。

"最后一行底部"单选按钮：多行文字注释最后一行的底部与引线终点对齐。

【最后一行加下划线】复选框：确定是否给多行文字注释的最后一行加下划线。

指定第 1 个引线点：

执行 Qleader 命令后，"指定第一个引线点或[设置（S）]："提示中的"指定第一个引线点"默认项用来确定引线的起始点。执行默认项，即确定引线的起始点，AutoCAD 2005 提示：

指定下一点：

用户应在该提示下确定引线的下一点位置。如果在"引线和箭头"选项卡（见图 5-28）中设置了点数的最大值，那么 AutoCAD 2005 提示"指定下一点："的次数最多为点数最大值减去 1，如果将点数设置成无限制，则用户可确定任意多个点。当在"指定下一点："提示下要结束确定点的操作时，按回车键即可。

确定引线的各端点后，用户在"注释"选项卡（见图 5-27）中确定的注释类型不同，AutoCAD 2005 给出的提示也不同。

各种注释的具体操作如下。

① "多行文字"选项操作。

当注释类型是多行文字时，即在"注释类型"选项卡中选择"多行文字"这一项时，确定引线的各端点后，AutoCAD 2005 提示：

指定文字宽度：（确定文字的宽度。通过"注释"选项卡中的"提示输入宽度"复选框可确定是否显示此提示）

输入注释文字的第一行<多行文字（M）>：

用户可在此提示下直接输入多行文字，即输入一行文字后按回车键，AutoCAD 2005 提示：

输入注释文字的下一行：

在这样的提示下输入多行文字后，在下一个"输入注释文字的下一行"：提示下按回车键，结束命令的执行。

"输入注释文字的第一行<多行文字（M）>："中的"<多行文字（M）>"选项表示将通过"多行文字编辑器"输入注释文字。执行该选项，AutoCAD 2005 会弹出"多行文字编辑器"对话框，在此编辑器中输入文字后即可实现标注。

② "复制对象"选项操作

注释是由复制多行文字、文字、块参照或形位公差这样的对象得到的。如果在"注释"选项卡中将注释类型选择为"复制对象"，确定引线的各端点后，AutoCAD 2005 提示：

选择要复制的对象：

在此提示下选择已有的多行文字、文字、块或标注出的形位公差，AutoCAD 2005 会将这些对象复制到相应的位置。

③ "公差"选项操作

注释是形位公差。如果在"注释"选项卡中将注释类型选择为"公差"，确定引线的各端点后，AutoCAD 2005 弹出如图 5-31 所示的【形位公差】对话框。

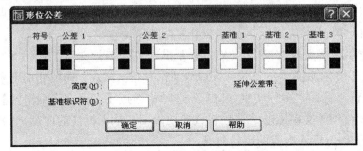

图 5-31　【形位公差】对话框

用户可通过此对话框确定标注内容。

④"块参照"选项操作

注释是插入的块。如果在"注释"选项卡中将注释类型选择为"块参照"，确定引线的各端点后，AutoCAD 2005 提示：

输入块名或[？]：（输入块的名称）

指定插入点或[比例（S）/X/Y/Z/旋转（R）/预览比例（PS）/PX/PY/PZ/预览旋转（PR）]：在该提示下确定插入比例和旋转角度即可。

⑤"无"选项操作

没有注释。如果在"注释"选项卡中将注释类型选择为"无"，AutoCAD 2005 画出引线后，结束命令的执行。

（8）坐标标注

坐标标注用来标注相对于坐标原点的坐标。用户可以通过 UCS 命令改变坐标系的原点位置。

①坐标标注的设置方法。

下拉菜单：【标注】→【坐标】

图标位置：单击"标注"工具栏中 图标

输入命令：Dimordinate

②坐标标注的操作。

执行 Dimordinate 命令，AutoCAD 2005 提示：

指定点坐标：

在该提示下确定要标注坐标的点后 AutoCAD 2005 会提示：

指定引线端点或[X 基准（X）/Y 基准（Y）/多行文字（M）/文字（T）/角度（A）]：

在此提示下，"指定引线端点"默认项用于确定引线的端点位置。如果在此提示下相对于标注点上下移动坐标，将标注点的坐标；若相对于标注点左右移动光标，则标注点的 Y 坐标。确定点的位置后，AutoCAD 2005 会在该点标注出指定点的坐标。

"指定引线端点或[X 基准（X）/Y 基准（Y）/多行文字（M）/文字（T）/角度（A）]:"提示中的"X 基准（X）""Y 基准（Y）"选项分别用来标注指定点的 X、Y 坐标，"多行文字（M）"选项将通过【多行文字编辑器】对话框输入标注的内容，"文字（T）"选项将直接要求用户输入标注的内容，"角度（A）"选项则用于确定标注内容的旋转角度。

（9）快速标注

快速标注的设置方法。

输入命令：Qdim

下拉菜单：【标注】→【快速标注】

图标位置：单击"标注"工具栏中图标

执行 Qdim 命令，AutoCAD 2005 提示：

选择要标注的几何图形：

用户在该提示下选择需要标注尺寸的各个图形对象，并按回车键后 AutoCAD 2005 会提示：

指定尺寸线位置或[连续（C）/并列（S）/基线（B）/坐标（O）/半径（R）/直径（D）/基准点（P）/编辑（E）/设置（T）]:<连续>:

在该提示下通过选择相应的选项，用户可以进行"连续"、"并列"、"基线"、"坐标"、"半径"以及"直径"等一系列的标注。

（10）基线标注

基线标注指各尺寸线从同一尺寸界线处引出。

下面是连续标注的设置方法。

◆　下拉菜单：【标注】→【基线】

◆　图标位置：单击"标注"工具栏中图标

◆　输入命令：Dimbaseline

执行 Dimbaseline 命令，AutoCAD 2005 提示：

指定第二条尺寸界线起点或[放弃（U）/选择（S）]<选择>:

如果在此提示下直接确定下一个尺寸的第二条尺寸界线的起始点，AutoCAD 2005 按基线标注方式标注出尺寸，而后继续提示：

指定第二条尺寸界线起点或[放弃（U）/选择（S）]<选择>:

此时可再确定下一个尺寸的第二条尺寸界线起点位置。标注出全部尺寸后，在上述提示下按回车键，结束命令。

"指定第二条尺寸界线起点或[放弃（U）/选择（S）]<选择>:"提示中的"放弃（U）"选项用于放弃前一次操作；"选择（S）"选项则用于重新确定基线标注时作为基线的尺寸界线。执行该选项，AutoCAD 2005 提示：

选择基准标注：

在该提示下选择尺寸界线后，AutoCAD 2005 会继续提示：

指定第二条尺寸界线起点或[放弃（U）/选择（S）]<选择>:

在该提示下标注出的各尺寸均从新基线引出。需要说明的是，执行基线标注前，必须先标注出一尺寸，以确定基线标注所需要的前一标注尺寸的尺寸界线。

（11）连续标注

连续标注是指相邻两尺寸线共用同一尺寸界线。

下面是连续标注的设置方法。

◆ 下拉菜单：【标注】→【连续】

◆ 图标位置：单击"标注"工具栏中Ⅲ图标

◆ 输入命令：Dimcontinue

执行 Dimcontinue 命令，AutoCAD 2005 提示：

指定第二条尺寸界线起点或[放弃（U）/选择（S）]<选择>：

在此提示下确定下一个尺寸的第二条尺寸界线的起始点，AutoCAD 2005 按连续标注方式标注出尺寸，即把上一个尺寸的第二条尺寸界线作为新尺寸标注的第一条尺寸界线标注尺寸。而后 AutoCAD 2005 继续提示：

指定第二条尺寸界线起点或[放弃（U）/选择（S）]<选择>：

此时可再确定下一个尺寸的第二条尺寸界线的起点位置。标注出全部尺寸后，在上述提示下按回车键，结束命令的执行。

"指定第二条尺寸界线起点或[放弃（U）/选择（S）]<选择>："提示中的"放弃（U）"选项用于放弃前一次操作；"选择（S）"选项则用于重新确定连续标注时共用的尺寸界线。执行该选项，AutoCAD 2005 提示：

选择连续标注：

在该提示下选择尺寸界线后，AutoCAD 2005 会继续提示：

指定第二条尺寸界线起点或[放弃（U）/选择（S）]<选择>：

在该提示下标注出的下一个尺寸会以新选择的尺寸界限作为其第一条尺寸界线。需要说明的是，执行连续标注前，必须先标注出一尺寸，以确定连续标注所需要的前一尺寸标注的尺寸界线。

（12）形位公差标注

形位公差表示特征的形状、轮廓、方向、位置和跳动的允许偏差。

下面是形位公差标注的设置方法。

◆ 下拉菜单：【标注】→【公差】

◆ 图标位置：单击"标注"工具栏中▥图标

◆ 输入命令：Tolerance

执行 Tolerance 命令，AutoCAD 2005 将打开【形位公差】对话框。利用该对话框，用户可以设置公差的符号、值及基准等参数，如图 5-31 所示。

【符号】选项区域：单击该区域中的■按钮可以打开【符号】对话框。在该对话框中可以为第一个或第二个公差选择几何特征符号，如图 5-32 所示。

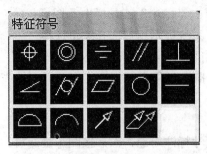

图 5-32　【公差特征符号】对话框

【公差 1】和【公差 2】选项区域：单击该选项区域中前列的■框将插入一个直径符号；在中间的文本框中可以输入公差值；单击该选项区域中后列的■框可以打开【附加符号】对话框，从中可以为公差选择包容条件符号，如图 5-33 所示。

图 5-33　【公差附加符号】对话框

【基准 1】、【基准 2】和【基准 3】选项区域：用于设置公差基准和相应的附加符号。

【高度】文本框：用于设置投影公差带的值。投影公差带控制固定垂直部分延伸区的高度变化，并以位置公差控制公差精度。

【延伸公差带】选项：单击■按钮，可以在投影公差带值的后面插入投影公差带符号。

【基准标识符】文本框：用于创建由参照字母组成的基准标识符号。

5.2.3　尺寸编辑

AutoCAD 2005 提供多种用于编辑标注的命令。这里介绍最主要的两种编辑命令。

（1）编辑标注

①编辑标注命令可以同时改变多个标注对象的文字和尺寸界线，其调用格式为：

◆　输入命令：Dimedit

◆ 下拉菜单：【标注】→【倾斜】

◆ 图标位置：单击"标注"工具栏中![图标]图标

②调用该命令后，系统提示用户选择编辑选项：

输入标注编辑类型[默认（H）/新建（N）/旋转（R）/倾斜（O）]<默认>：

A．默认：用于将指定对象中的标注文字移回到缺省位置。选择该选项后，系统提示：

选择对象：

在此提示下选择尺寸标注对象，然后按回车键即可。

B．新建：选择该项将调用多行文字编辑器，用于修改指定对象的标注文字。选择该选项后，系统提示：

选择对象：

在此提示下选择尺寸标注对象，然后按回车键即可。

C．旋转：用于旋转指定对象中的标注文字，选择该项后系统将提示用户指定旋转角度。选择该选项后，系统提示：

指定标注文字的角度：（输入角度值）

选择对象：（选择尺寸对象）

D．倾斜：调整线性标注尺寸界线的倾斜角度，选择该项后系统将提示用户选择对象并指定倾斜角度：

选择对象：（选择尺寸角度）

选择对象：（回车）

输入倾斜角度：（按 ENTER 表示无）

在该提示下输入角度值后按回车键即可，若直接按回车键可以取消操作。

（2）编辑标注文字

①编辑标注文字命令可以用于移动和旋转标注文字，其调用格式为：

◆ 输入命令：Dimtedit

◆ 下拉菜单：【标注】→【对齐文字】

◆ 图标位置：单击"标注"工具栏中![图标]图标

②调用该命令后，系统提示用户选择对象并给出编辑选项：

选择标注：

指定标注文字的新位置或[左（L）/右（R）/中心（C）/默认（H）/角度（A）]

用户可直接指定文字的新位置：

A．左：沿尺寸线左移标注文字。本选项只适用于线性、直径和半径标注。

B．右：沿尺寸线右移标注文字。本选项只适用于线性、直径和半径标注。

C．中心：把标注文字放在尺寸线的中心。

D．默认：将标注文字移回缺省位置。

E．角度：指定标注文字的角度。输入零度角将使标注文字以缺省方向放置。

实训 2　零件图的标注

题目：使用各种标注命令为图形进行标注，最终的效果如图 5-34 所示。

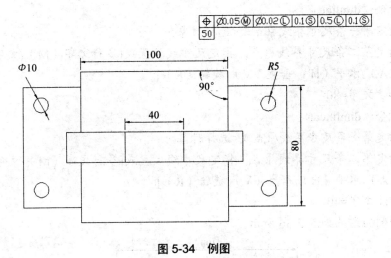

图 5-34　例图

操作步骤：打开需要标注的图形文件，如图 5-35 所示。

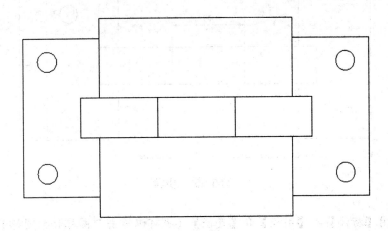

图 5-35　例图

使用【标注】→【线性】（也可以单击 图标）命令对图形进行线性标注，命令行的操作步骤如下：

命令：dimlinear

指定第一条尺寸界线原点或<选择对象>：

指定第二条尺寸界线原点：指定尺寸线位置或[多行文字（M）/文字（T）/角度（A）/水平（H）/垂直（V）/旋转（R）]：

标注文字=100

命令：dimlinear

指定第一条尺寸界线原点或<选择对象>：

指定第二条尺寸界线原点：指定尺寸线位置或[多行文字（M）/文字（T）/角度（A）/水平（H）/垂直（V）/旋转（R）]：

标注文字=80

命令：dimlinear

指定第一条尺寸界线原点或<选择对象>：

指定第二条尺寸界线原点：指定尺寸线位置或[多行文字（M）/文字（T）/角度（A）/水平（H）/垂直（V）/旋转（R）]：

标注文字=40

绘制的结果如图 5-36 所示。

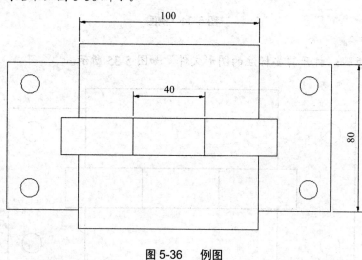

图 5-36　例图

使用【标注】→【半径】和【直径】（也可以单击 图标和 图标）命令为图形进行半径和直径标注，命令行的操作如下：

命令: dimradius

选择圆弧或圆:

标注文字=5

指定尺寸线位置或[多行文字（M）/文字（T）/角度（A）]:

命令: dimdiameter

选择圆弧或圆:

标注文字=10

指定尺寸线位置或[多行文字（M）/文字（T）/角度（A）]:

绘制的结果如图 5-37 所示。

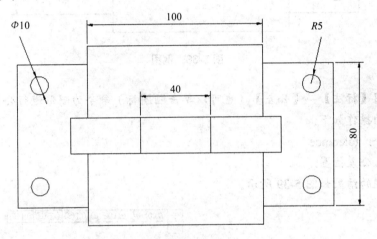

图 5-37　例图

使用【标注】→【角度】（也可以单击△图标）命令为图形进行角度标注，命令行的操作如下:

命令: dimangular

选择圆弧、圆、直线或<指定顶点>:

选择第二条直线:

指定标注弧线位置或[多行文字（M）/文字（T）/角度（A）]:

标注文字=90

绘制的结果如图 5-38 所示。

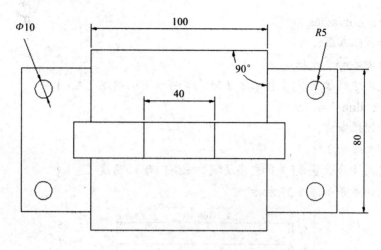

图 5-38　例图

使用【标注】→【公差】（也可以单击▦图标）命令为图形进行公差标注，命令行的操作如下：

命令：tolerance

输入公差位置：

绘制的结果如图 5-39 所示。

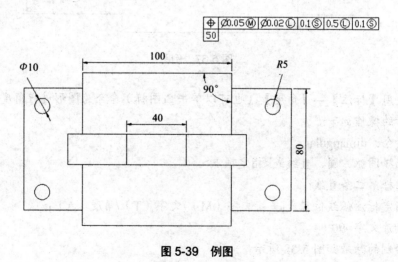

图 5-39　例图

实训 3 填写标题栏和标注

使用文本和尺寸标注命令为图形进行编辑，最终的效果如图 5-40 所示。

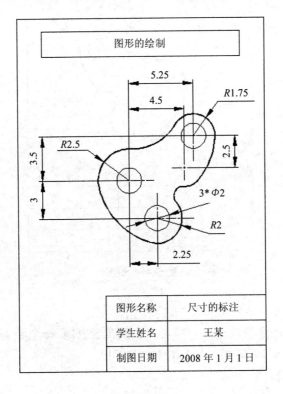

图 5-40 例图

操作步骤：打开需要编辑的图形文件，如图 5-41 所示。

（1）标注线性尺寸

使用【标注】→【线性】（也可以单击 图标）命令对图形进行线性标注，命令行的操作步骤如下：

命令：dimlinear

指定第一条尺寸界线原点或<选择对象>：

指定第二条尺寸界线原点：指定尺寸线位置或[多行文字（M）/文字（T）/角度（A）/水平（H）/垂直（V）/旋转（R）]：

标注文字=3

命令：dimlinear

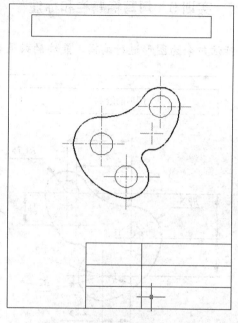

图 5-41　例图

指定第一条尺寸界线原点或<选择对象>:

指定第二条尺寸界线原点: 指定尺寸线位置或[多行文字（M）/文字（T）/角度（A）/水平（H）/垂直（V）/旋转（R）]:

标注文字=3.5

命令: dimlinear

指定第一条尺寸界线原点或<选择对象>:

指定第二条尺寸界线原点: 指定尺寸线位置或[多行文字（M）/文字（T）/角度（A）/水平（H）/垂直（V）/旋转（R）]:

标注文字=4.5

命令: dimlinear

指定第一条尺寸界线原点或<选择对象>:

指定第二条尺寸界线原点: 指定尺寸线位置或[多行文字（M）/文字（T）/角度（A）/水平（H）/垂直（V）/旋转（R）]:

标注文字=5.25

命令: dimlinear

指定第一条尺寸界线原点或<选择对象>:

指定第二条尺寸界线原点：指定尺寸线位置或[多行文字（M）/文字（T）/角度（A）/水平（H）/垂直（V）/旋转（R）]：

标注文字=2.5

命令：dimlinear

指定第一条尺寸界线原点或<选择对象>：

指定第二条尺寸界线原点：指定尺寸线位置或[多行文字（M）/文字（T）/角度（A）/水平（H）/垂直（V）/旋转（R）]：

标注文字=2.25

绘制的结果如图 5-42 所示。

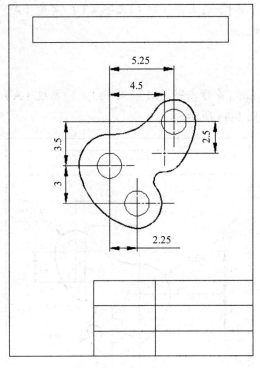

图 5-42　例图

（2）标注圆弧尺寸

使用【标注】→【半径】和【直径】（也可以单击◎图标和◎图标）命令为图形进行半径和直径标注，命令行的操作如下：

命令：dimradius

选择圆弧或圆：

标注文字=2.5

指定尺寸线位置或[多行文字（M）/文字（T）/角度（A）]:

命令: dimradius

选择圆弧或圆:

标注文字=2

指定尺寸线位置或[多行文字（M）/文字（T）/角度（A）]:

命令: dimradius

选择圆弧或圆:

标注文字=1.75

指定尺寸线位置或[多行文字（M）/文字（T）/角度（A）]:

命令: dimdiameter

选择圆弧或圆:

标注文字=2

指定尺寸线位置或[多行文字（M）/文字（T）/角度（A）]:

绘制的结果如图 5-43 所示。

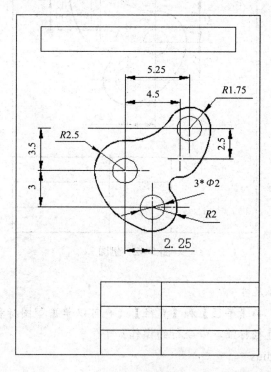

图 5-43　例图

（3）标注文字

在命令行输入"Text"命令，出现如图 5-44 所示：

```
命令：TEXT
当前文字样式：Standard  当前文字高度：2.5000

指定文字的起点或 [对正(J)/样式(S)]：
```

图 5-44　例图

选择"J"，出现如图 5-45 所示：

```
当前文字样式：Standard  当前文字高度：2.5000
输入选项
[对齐(A)/调整(F)/中心(C)/中间(M)/右(R)/左上(TL)/中上(TC)/右上(TR)/左中(ML)/正中(MC)/右中(MR)/左下(BL)/中下(BC)/右
下(BR)]：
```

图 5-45　例图

选择"MC"，便要求指定文字的中间点，可以通过对象捕捉和对象追踪的方法确定好文字的中间点，又要求指定文字的高度，可以输入 0.8，回车后出现指定文字的旋转角度，可以默认直接回车，再输入文字："图形的绘制"，2 次回车，便出现如图 5-46 所示图形。

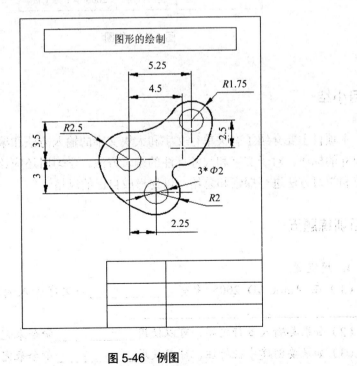

图 5-46　例图

再利用上述同样的方法，完成其余文字的输入，出现如图 5-47 所示图形，便完成了设计要求。

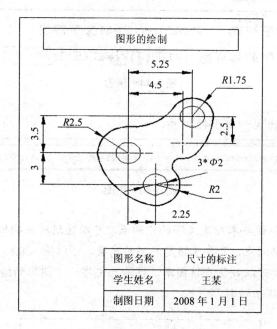

图形名称	尺寸的标注
学生姓名	王某
制图日期	2008 年 1 月 1 日

图 5-47　例图

项目小结

本项目主要介绍了有关单行文字和大块文字的输入方法和编辑方法，以及有关尺寸的标注。对于文字和尺寸标注的编辑方法，学习时还应该根据各自的专业特点和学习方法进行探索和总结，以便形成自己的风格。

项目训练题五

1. 填空题

（1）在 AutoCAD 2005 中有＿＿＿＿＿＿种文字输入的方法，它们分别是＿＿＿＿＿＿＿、＿＿＿＿＿＿＿。

（2）如果要输入多行文字，可以使用＿＿＿＿＿命令来完成。

（3）如果要创建半径标注，可以使用＿＿＿＿＿命令来完成。

2. 选择题

（1）在 AutoCAD 2005 中输入文字时，圆直径的表示方法为（ ）。

    A. %%d   B. %%r   C. %%p   D. %%c

（2）在 AutoCAD 2005 中进行形位公差标注时，一次最多可以设置（ ）个包容条件。

    A. 1   B. 2   C. 3   D. 4

3. 操作题

（1）利用【单行文字】命令绘制如题图 5-1 所示的文字图形。

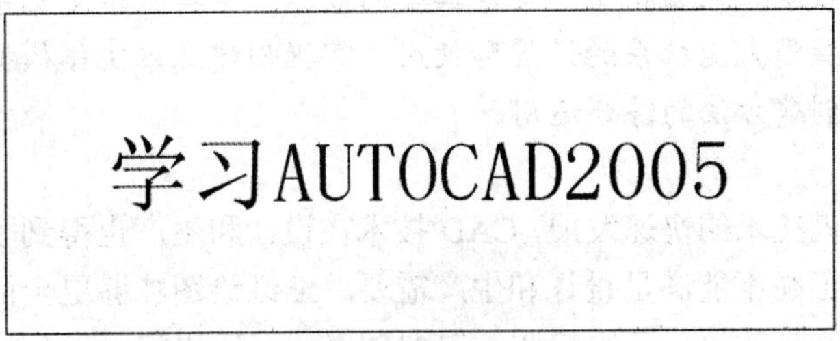

题图 5-1 完成的图形

（2）创建标注样式 new，要求文字高度为 20 mm，箭头使用建筑标志，大小为 5，长度标注单位的高度为 0.0。

项目 6　绘制工程三维图形

项目目标

　　了解线框模型、表面模型和实体模型的概念；了解三维坐标系；掌握视点的设置方法；掌握用户坐标系的设置和使用；掌握创建三维实体模型的各种方法，掌握不同实体创建方法的综合运用。

　　随着计算机技术的快速发展，CAD 技术在设计和生产也得到了普及和快速发展，二维绘图已经不能满足设计和生产需要。三维绘图能够更全面、更直观地反映设计思想和产品效果，三维绘图正得到越来越广泛的应用，AutoCAD 2005 拥有强大的三维绘图功能，为绘制三维图形提供了良好舞台。

6.1　三维绘图基础知识

　　在本节中将介绍三维绘图的一些基础知识，包括三维图形的分类，三维坐标系的使用，三维图形的观察，以及用户坐标系的使用。通过本节的学习，将为绘制三维实体打下良好的基础。

6.1.1　三维模型

　　AutoCAD 2005 中三维图形分为三类，分别是线框模型、曲面模型、实体模型，下面分别加以介绍。

　　（1）线框模型

　　线框模型用于描绘三维对象的骨架。线框模型中没有面和体的概念，只有描绘对象边界的直线和曲线。AutoCAD 可以在三维空间的任何位置放置二维（平面）对象来创建线框模型。AutoCAD 2005 也提供一些三维线框对象，例如三维多段线和样条曲线。由于构成线框模型的每个对象都必须单独绘制和定位，因此，这种建模方式可能最为耗时。图 6-1 所示图形是长方体的线框模型。

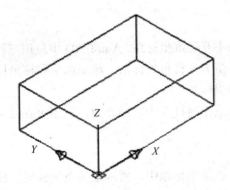

图 6-1　长方体的线框模型

（2）曲面模型

曲面模型用于表现三维空间中的面，曲面模型中不具有体的概念。利用【绘图】菜单【曲面】子菜单中的命令，可以创建各种曲面。下面简单介绍一下常见的创建三维曲面的方法。

【三维曲面】命令用于绘制长方体、球体、圆环体等常见立体图形的曲面模型。

【三维网格】命令通过 $M×N$ 个点组成了一个点阵，点阵确定了 $(M-1)×(N-1)$ 个四边形，通过这些四边形创建了一个三维网格曲面。

【旋转曲面】命令是将曲线绕旋转轴旋转一定角度来创建三维曲面。

【平移曲面】命令是通过一个矢量沿路径曲线平移来创建三维曲面。

【直纹曲面】命令是通过在两个曲线之间用直线连接的方式创建三维曲面。

【边界曲面】命令是通过 4 条首尾相接的直线或曲线作为边界来创建三维曲面。

（3）实体模型

实体模型是最容易使用的三维建模类型。是三维建模的主要方法，生成实体模型的方法主要有三种：一是利用【绘图】菜单【实体】子菜单中的【长方体】、【球体】、【圆柱体】、【圆锥体】、【楔体】、【圆环体】命令绘制基本实体；二是利用【绘图】菜单【实体】子菜单中的【拉伸】命令将二维平面图形拉伸成实体；三是利用【绘图】菜单【实体】子菜单中的【旋转】命令将二维平面图形旋转成实体。

注意：在本项目中，创建成实体的二维平面图形，是指封闭多段线、多边形、圆、椭圆、封闭样条曲线、圆环和面域。

本书三维部分，将以实体的绘制与编辑为主。实体的绘制在本项目后面的几个小节中分别结合实例加以讲解。实体编辑将在项目 7 中加以讲解。

6.1.2　三维坐标系

绘制三维图形离不开三维坐标系。AutoCAD 中使用三种不同方法表示三维坐标系，分别称之为：笛卡儿直角坐标系、球坐标系和柱坐标系。

（1）笛卡儿直角坐标系

笛卡儿直角坐标系在项目 3 中已经介绍，只不过在绘制二维平面图形时不使用 Z 轴坐标。

（2）球坐标系

如图 6-2 所示，在球坐标系中，要确定某点坐标时，应分别指定该点与坐标系原点的距离，二者连线在 XY 平面上的投影与 X 轴正半轴的夹角，以及二者连线与 XY 平面的夹角。即球坐标可以表示成：

到原点距离<在 XY 平面上的角度<与 XY 平面的夹角。

在球坐标系中也可以使用相对坐标，其表示形式是：

@到上一点距离<在 XY 平面上的角度<与 XY 平面的夹角。

例如，球坐标"100<60<30"表示一个点，该点与原点的距离为 100 个单位，该点和原点的连线在 XY 平面的投影与 X 轴正半轴的夹角为 60°，该点和原点的连线与 XY 平面的夹角为 30°。

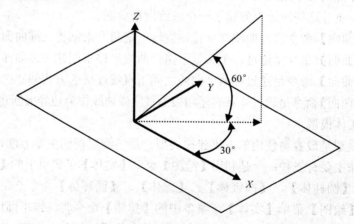

图 6-2　球坐标系示意图

（3）柱坐标系

如图 6-3 所示，柱坐标与二维极坐标类似，但增加了点的 Z 轴坐标。即三维点的柱坐标可通过该点与坐标原点连线在 XY 平面上的投影长度，该投影与 X 轴正半轴夹角，以及该点的 Z 轴坐标来确定。即柱坐标可以表示成：

在 XY 平面的距离<在 XY 平面上的角度，Z 轴坐标。

在柱坐标系中也可以使用相对坐标，其表示形式是：

@在 XY 平面的距离<在 XY 平面上的角度，Z 轴坐标。

例如，柱坐标"100<60，30"表示一个点，它在 XY 平面的距离为 100 个单位，在 XY 平面的投影与 X 轴正半轴的夹角为 60°，该点 Z 轴坐标是 30。

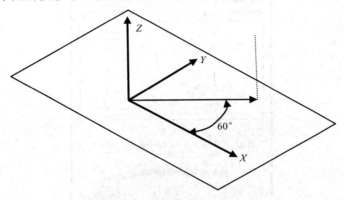

图 6-3　柱坐标系示意图

6.1.3　三维图形观察

从不同角度观察三维图形，得到的结果是不同的，如图 6-4 所示三个图形是同一图形在三个不同角度下得到的观察结果。为了绘制图形、观察图形必须掌握图形的观察方法。在观察图形时，经常要使用"视点"这一词汇，在 AutoCAD 中视点的基本含义是，通过设置一个特定的点来确定观察方向，即由视点到坐标原点形成一个矢量，这个矢量的方向就是观察图形的方向，在本项目中将这个矢量称为"视线"。需要强调的是，视线仅与矢量的方向有关，与矢量长度无关。Auto CAD 提供了多种观察图形的方法。

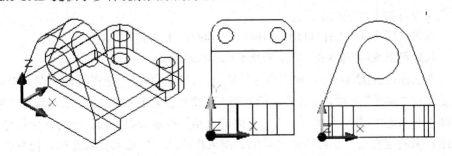

图 6-4　不同视点的观察结果

（1）视点预置

执行【视图】→【三维视图】→【视点预置】命令，程序将打开"视点预置"对话框，如图 6-5 所示。

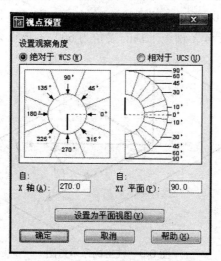

图 6-5 "视点预置"对话框

视点预置命令是通过确定"视线"的投影与 X 轴正半轴的夹角和视线与 XY 平面的夹角来确定观察图形的方向。具体数值可以通过在中部图形中单击拾取，也可以通过"自：X 轴"项和"自：XY 平面"项中输入。

另外，在设置观察角度时既可以基于世界坐标系，也可以基于用户坐标系，可以通过对话框上部的单选框切换。

（2）"视点"设置

"视点"命令是一条功能强大的设置观察角度的命令。执行【视图】→【三维视图】→【视点】命令后，工作区会中显示坐标球和三轴架，如图 6-6 所示，同时在命令行如下出现提示信息：

当前视图方向：VIEWDIR=0.0000，0.0000，1.0000

指定视点或[旋转（R）]<显示坐标球和三轴架>：

在 Auto CAD2005 中，视点命令的执行方法有三种：一是直接输入视点坐标；二是执行"旋转"选项，旋转选项的功能与【视点预置】命令类似，通过输入"XY 平面中与 X 轴的夹角"和"与 XY 平面的夹角"确定观察方向；三是在坐标球上单击，来确定视点。坐标球是球体的二维表现方式，中心点代表北极，内环代表赤道，整个外环代表南极。

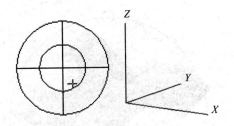

图 6-6　坐标球和三轴架

（3）预置视图

在【视图】菜单【三维视图】子菜单中还提供六个标准正交视图和四个等轴测视图，共 10 种程序预置的视图，如图 6-7 所示。这 10 种预置视图对应的视点分别是："0, 0, 1"、"0, 0, -1"、"-1, 0, 0"、"1, 0, 0"、"0, -1, 0"、"0, 1, 0"、"-1, -1, 1"、"1, -1, 1"、"1, 1, 1"和"-1, 1, 1"。笔者建议在绘图过程中需要改变视点时，尽量使用预置视图。

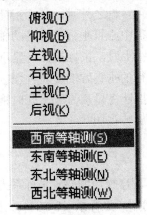

图 6-7　10 种程序预置视图

（4）三维动态观察器

三维动态观察器是观察三维图形绘制效果的最好方法，执行在【视图】菜单【三维动态观察器】命令，在绘图区中部出现"转盘"，如图 6-8 所示，此时拖动鼠标可以旋转视图。当鼠标指针处于不同位置时，鼠标指针会呈现不同形状，拖动鼠标得到的操作效果也是不一样的。下面分别介绍以下几种可能出现的情形。

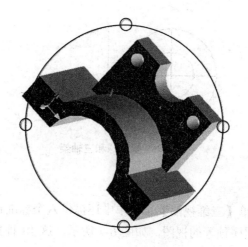

图 6-8　三维动态观察器

把鼠标指针移动到转盘内，鼠标指针将显示为 ✥，此时拖动鼠标，可以随意旋转视图。把鼠标指针移动到转盘之外时，鼠标指针将显示为 ☉。在转盘之外拖动鼠标指针，将得到绕过转盘中心且垂直于屏幕的轴的旋转视图。把鼠标指针移动到转盘左侧或右侧较小的圆上时，鼠标指针将显示为 ⟺，此时拖动鼠标，将得到绕过转盘中心且与 *Y* 轴平行的垂直轴的旋转视图。把鼠标指针移动到转盘顶部或底部较小的圆上时，鼠标指针将显示为 ⟺，此时拖动鼠标，将得到绕过转盘中心且与 *X* 轴平行的水平轴的旋转视图。

6.1.4　用户坐标系

在本书 3.1.1 节中讲到，程序使用的缺省坐标系为世界坐标系（WCS），相对于 WCS 建立起的坐标系称为用户坐标系（UCS）。读者是否注意到，在绘制平面图形时是不需要建立 UCS 的，但在三维绘图时，在一些特定场合下必须使用 UCS。

下面通过一个实例说明用户坐标系的核心作用。如图 6-9 所示，A（0，0，0）、B（0，0，100）、C（0，100，100）、D（100，100，100）四点的连线是三维空间的折线，下面要求绘制两个圆，一个圆的圆心是 A 点，圆所在的平面与线段 AB 垂直，另一个圆的圆心是 D 点，圆所在的平面与线段 CD 垂直。第一个圆很容易绘制，在绘制第二个圆时，读者会发现，圆与线段 CD 在同一平面上，这是因为有些二维平面图形只能在 XY 平面或平行于 XY 平面的平面上绘制。若想绘制第二个圆，可以先建立一个绕 Y 轴旋转 90°的用户坐标系，然后启动绘制圆命令，捕捉 D 点，输入半径即可。

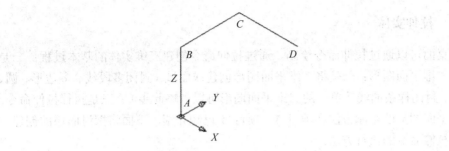

图 6-9　三维空间的折线

与用户坐标系相关的操作很多，本书不打算进行全面的讲解，下面仅将一些读者必须掌握的操作加以介绍。

（1）平移坐标系

平移坐标系的目的是简化坐标的运算，简化空间位置的关系。执行【工具】→【移动 UCS】命令，命令行出现如下提示："指定新原点或[Z 向深度（Z）]:"，此时可以捕捉新原点（或输入新原点的坐标），坐标系将平移到新原点，也可以通过"Z 向深度"选项沿 Z 轴平移坐标系。

（2）绕 X/Y/Z 旋转坐标系

执行【工具】菜单【新建 UCS】子菜单中的【X】/【Y】/【Z】命令，命令行出现如下提示："指定绕 X/Y/Z 轴的旋转角度<90>"，此时可以输入旋转角度，程序会按照指定的旋转轴、旋转角度建立用户坐标系。

（3）利用"三点"新建坐标系

执行【工具】→【新建 UCS】→【三点】命令，可以建立一个新的用户坐标系。其基本过程是，依次拾取或输入三个点。第一个点是新原点，第二个点确定了 X 轴的正方向，第三个点确定了 Y 轴的正方向。

（4）恢复世界坐标系

执行【工具】→【新建 UCS】→【世界】命令，可以恢复世界坐标系。使用用户坐标系绘制完图形后，最好恢复到世界坐标系。

6.2　拉伸和长方体

三维实体的绘制主要方法有三种：一是利用绘图命令直接绘制长方体、球体、圆柱体、圆锥体、楔体和圆环体；二是将二维平面图形拉伸成实体；三是将二维平面图形旋转生产实体。下面将结合实例讲解三维实体的不同绘制方法。

6.2.1　拉伸实体

桌面可以通过拉伸命令绘制。通过拉伸命令创建三维实体的基本过程：一是绘制二维平面图形；二是将二维平面图形创建成面域（封闭多段线、多边形、圆、椭圆、封闭样条曲线等单一的二维平面图形可以省略此步）；三是执行拉伸命令。二维平面图形的绘制方法在项目 3、项目 4 已经介绍，下面将探讨面域的创建方法和拉伸命令的执行方法。

（1）面域（Region）

①概念：面域是通过闭合二维平面图形创建的平面区域。

②命令格式

◆　下拉菜单：【绘图】→【面域】

◆　图标位置：单击"绘图"工具栏中◘图标

◆　输入命令：REGION

③命令的操作

选择上述的任意一种方式执行命令，命令行提示：

选择对象：∠（选择用于创建面域的图形，直到按 Enter 键结束对象选择）

程序将自动分析选中图形形成了几个封闭的环，然后将环创建成面域。

注意：面域可以进行布尔运算，通过面域的布尔运算可以创建复杂的面域，面域的布尔运算规则与实体的布尔运算规则一致，参见7.2.1节布尔运算。

（2）拉伸（xtrude）

拉伸是一种重要的生成实体的命令，它可以将面域拉伸成具有一定厚度的实体。利用【绘图】→【实体】→【拉伸】命令，可以启动拉伸命令。拉伸命令的基本执行过程是：

命令：EXTRUDE∠（执行拉伸命令）

选择对象：找到 1 个（选择要创建成实体的二维平面图形）

选择对象：∠（知道按 Enter 键结束对象选择）

指定拉伸高度或[路径（P）]：10∠（指定拉伸的高度）

指定拉伸的倾斜角度<0>：∠（使用默认的倾斜角度 0 度）

注意：在 Auto CAD 2005 中，单一的封闭二维图形，如封闭多段线、多边形、圆、椭圆、封闭样条曲线等，不创建成面域，也可以执行拉伸命令，如果是由几个图形对象修剪形成的，则必须先创建成面域。

（3）拉伸实例：弯管

在本例中，主要目的是演示如何通过指定路径的方式，将平面图形拉伸成实体。如图 6-10 所示，弯管每段长为 100，弯管半径是 20。

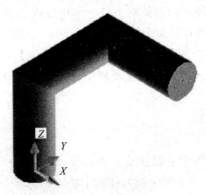

图 6-10 实例图

①利用三维多段线绘制拉伸路径

命令：**3DPOLY**✓（执行【绘图】→【三维多段线】）

指定多段线的起点：0, 0, 0✓（输入起点坐标）

指定直线的端点或[放弃（U）]：0, 0, 100✓（输入第二点坐标）

指定直线的端点或[放弃（U）]：0, 100, 100✓（输入第三点坐标）

指定直线的端点或[闭合（C）/放弃（U）]：100, 100, 100✓（输入第四点坐标）

指定直线的端点或 [闭合（C）/放弃（U）]：✓（按 Enter 键结束命令）

②绘制圆

命令：_circle 指定圆的圆心或[三点（3P）/两点（2P）/相切、相切、半径（T）]：✓（启动绘制圆命令）

指定圆的半径或 [直径（D）]：20✓（输入圆的半径）

③执行拉伸命令

命令：**EXTRUDE**✓（执行拉伸命令）

选择对象：找到 1 个✓（单击刚刚绘制的圆）

选择对象：✓（按 Enter 键结束对象选择）

指定拉伸高度或[路径（P）]：P✓（执行路径选项）

选择拉伸路径或[倾斜角]：✓（选择前面绘制三维多段线作为拉伸路径）

至此，弯管绘制完毕。

6.2.2　长方体

　　长方体是基本三维实体之一，创建长方体的基本方法是，先确定长方体的一个角点或中心点，然后确定长方体的另外一个角点或长方体的长度、宽度和高度。

　　（1）绘制长方体（Box）命令格式

　◆　下拉菜单：【绘图】→【实体】→【长方体】

　◆　图标位置：单击"实体"工具栏中◻图标（默认情况下"实体"工具栏并没有打开）

　◆　输入命令：BOX

　　（2）操作方法

　　长方体命令执行过程中主要涉及三个选项：

　　①中心点（CE）：用于指定长方体的中心点坐标。

　　②长度（L）：用于指定长方体的长度、宽度和高度。

　　③长方体（C）：用于绘制长方体，即指需要指定一个长度。

　　（3）长方体-绘图实例

　　下面我们通过一个实例，来了解长方体命令的基本执行过程。如图 6-11 所示，两个长方体的长度、高度和宽度分别是 200，150，100，距离 YZ 平面 20。

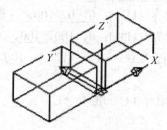

图 6-11　长方体绘图实例

　　①将三维视图切换到"西南等轴侧"视图。

　　②绘制左侧长方体。

命令：<u>BOX</u>✓（启动长方体绘制命令）

　　指定长方体的角点或 [中心点（CE）] <0，0，0>：<u>-20，0，0</u>✓（指定长方体的一个角点）

　　指定角点或 [立方体（C）/长度（L）]：<u>-220，150，100</u>✓（指定长方体的另一个角点）

③绘制右侧长方体。

命令：<u>BOX</u>↙（启动长方体绘制命令）

指定长方体的角点或 [中心点（CE）] <0，0，0>：<u>CE</u>↙（执行中心点选项）

指定长方体的中心点 <0，0，0>：<u>120，75，50</u>↙（指定中心点坐标）

指定角点或 [立方体（C）/长度（L）]：<u>L</u>↙（执行长度选项）

指定长度：<u>200</u>↙（指定长方体的长度）

指定宽度：<u>150</u>↙（指定长方体的宽度）

指定高度：<u>100</u>↙（指定长方体的高度）

6.2.3　楔体

楔体从外观上看，刚好是长方体的一半，如图 6-12 所示，楔体绘制命令启动方法、绘制过程也与长方体类似。创建楔体的基本方法是，先确定楔体的一个角点或中心点，然后确定楔体的另外一个角点或楔体的长度、宽度和高度。

还有一种更为灵活的方法创建楔体，先绘制与楔体对等的长方体，然后执行【绘图】→【实体】→【剖切】命令，捕捉剖切面上的三个点（长方体上的三个顶点），最后单击保留的一半，保留的一半就是要创建的楔体。

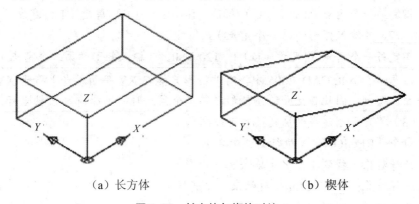

（a）长方体　　　　　　　　　（b）楔体

图 6-12　长方体与楔体对比

实训 1　绘制餐桌

在前面两节中，学习了拉伸命令和长方体命令，下面我们通过绘制餐桌这一实例将两条命令结合在一起使用，如图 6-13 所示，餐桌的基本尺寸是：桌子高度为 80，桌面长 120、宽 80、厚 3，桌角圆角半径是 10，桌腿距桌面边界 10，桌腿方形，边长 6。

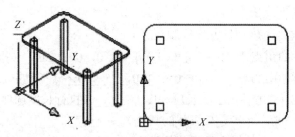

图 6-13　餐桌的"东南等轴侧"视图（左）和"俯视"视图（右）

（1）更改视图

为观察绘图效果，执行【视图】→【三维视图】→【东南等轴侧】命令，程序将切换到"东南等轴侧"视图。

（2）绘制圆角半径为 10 的矩形

命令：RECTANG↙（启动绘制矩形命令）

指定第一个角点或[倒角（C）/标高（E）/圆角（F）/厚度（T）/宽度（W）]：f↙（执行圆角选项）

指定矩形的圆角半径<0.0000>：10↙（将圆角半径设置为 10）

指定第一个角点或[倒角（C）/标高（E）/圆角（F）/厚度（T）/宽度（W）]：0，0，77↙（输入矩形的第一个角点）

指定另一个角点或[尺寸（D）]：120，80↙（输入矩形的第二个角点）

注意：在 AutoCAD 2005 中，有些图形只能在 XY 平面或者平行于 XY 平面的平面上绘制，因此在上面绘制矩形的第二个角点时，不能输入 Z 轴坐标。

（3）将矩形创建成面域（此步可以省略）

命令：REGION↙（执行面域命令）

选择对象：找到 1 个↙（单击选择矩形）

选择对象：↙（按 Enter 键结束对象选择）

程序自动将矩形创建成面域。

（4）将面域拉伸成实体

命令：EXTRUDE↙（启动拉伸命令）

选择对象：找到 1 个↙（单击选择矩形面域）

选择对象：↙（按 Enter 键结束对象选择）

指定拉伸高度或[路径（P）]：3↙（输入拉伸高度）

指定拉伸的倾斜角度<0>：↙（倾斜角度使用默认值 0 度）

（5）绘制第一条桌腿

命令：<u>BOX</u>↙（执行绘制长方体命令）

指定长方体的角点或[中心点（CE）]<0，0，0>：<u>10，10，0</u>↙（输入长方体第一个角点）

指定角点或 [立方体（C）/长度（L）]：<u>16，16，77</u>↙（输入长方体第二个角点）

（6）绘制其他桌腿

可以利用长方体绘制其他桌腿，长方体的角点分别是：110，10，0 和 104，16，77、10，70，0 和 16，64，77、110，70，0 和 104，64，77。

至此，餐桌绘制完毕。

6.3 圆柱体和球体

在本节中的支柱是利用圆柱体、球体和圆环体绘制，圆锥体的绘制方法与圆柱体绘制方法类似，因而也在本节中介绍。

6.3.1 圆柱体的绘制

圆柱体是一个使用频率较高的实体。

（1）圆柱体（Cylinder）绘制命令格式

◆ 下拉菜单：【绘图】→【实体】→【圆柱体】

◆ 图标位置：单击"实体"工具栏中 🛢 图标

◆ 输入命令：CYLINDER

（2）命令的操作

圆柱体的绘制过程可以分成两步：一是先绘制圆柱体的底面，圆柱体的底面可以是圆，也可以是椭圆，圆和椭圆的绘制方法与二维图形一致；二是确定圆柱体的高度，可以直接输入圆柱体的高度，此时圆柱底面与 XY 平面平行，也可以通过另一圆心确定圆柱体高度，此时圆柱体底面与两个圆心的连线垂直。

（3）圆柱体绘制实例：铁锤

下面我们通过一个实例，学习圆柱体的绘制方法。如图 6-14 所示，锤体部分是圆柱体，高度为 100，半径为 30，锤柄部分是椭圆柱体，高度 200，长轴长 20，短轴长 12。

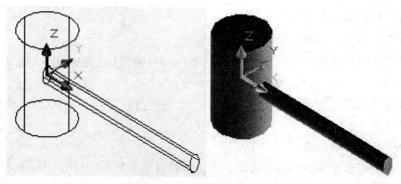

图 6-14 铁锤的线框图和体着色图

①绘制锤体

命令：<u>CYLINDER</u>↙（启动绘制圆柱体命令，绘制锤体）

指定圆柱体底面的中心点或[椭圆（E）]<0，0，0>：<u>0，0，-50</u>↙（输入圆柱体底面中心点坐标）

指定圆柱体底面的半径或[直径（D）]：<u>30</u>↙（输入圆柱体底面的半径）

指定圆柱体高度或[另一个圆心（C）]：<u>100</u>↙（输入圆柱体高度）

②绘制锤柄

命令：<u>CYLINDER</u>↙（再次启动绘制圆柱体命令，绘制锤柄）

指定圆柱体底面的中心点或[椭圆（E）]<0，0，0>：<u>E</u>↙（执行绘制椭圆底面选项）

指定圆柱体底面椭圆的轴端点或[中心点（C）]：<u>C</u>↙（通过确定椭圆中心绘制椭圆）

指定圆柱体底面椭圆的中心点<0，0，0>：↙（直接按 Enter 键，使用程序的默认值）

指定圆柱体底面椭圆的轴端点：<u>0，0，10</u>↙（输入长轴端点坐标）

指定圆柱体底面的另一个轴的长度：<u>6</u>↙（输入短轴的半长）

指定圆柱体高度或[另一个圆心（C）]：<u>C</u>↙（执行另一圆心选项）

指定圆柱的另一个圆心：<u>200，0，0</u>↙（输入另一圆心的坐标）

至此铁锤绘制完毕。

注意：为更好地观察圆柱体的实体效果，可以执行【视图】菜单【着色】子菜单中的【体着色】命令，参见 7.4.1 消隐、着色与渲染。再执行【视图】菜单【着色】子菜单中的【三维线框】命令，可以恢复成初始的线框模式。

6.3.2　圆锥体

圆锥体和圆柱体的绘制方法基本相同。

（1）圆锥体（Cone）绘制命令格式

◆　下拉菜单：【绘图】→【实体】→【圆锥体】

◆　图标位置：单击"实体"工具栏中 △ 图标

◆　输入命令：CONE

（2）命令的操作

圆锥体的绘制过程可以分成两步：一是确定圆锥体的底面是圆还是椭圆，圆和椭圆的绘制方法与二维图形一致；二是确定圆锥体的高度，可以直接输入圆锥体的高度，此时圆锥底面与 XY 平面平行，也可以通过圆锥顶点确定圆锥体高度，此时圆锥体底面与圆锥轴心垂直。

6.3.3　球体

球体也是一种常用的三维实体。

（1）球体（Sphere）绘制命令格式

◆　下拉菜单：【绘图】→【实体】→【球体】

◆　图标位置：单击"实体"工具栏中 ● 图标

◆　输入命令：SPHERE

（2）命令的操作

球体的绘制过程非常简单，只需要先确定球体中心位置，再确定球体的半径或直径即可。

（3）线框密度变量（ISOLINES）

变量 ISOLINES 决定了实体的线框密度，其默认值是 4，在命令行输入 ISOLINES 并确定就可以设置该变量的当前值。如果实体已经绘制完成，可以执行【视图】菜单中的【重生成】命令，该实体将会按新的 ISOLINES 值显示。如图 6-15 所示，不同的 ISOLINES 值显示效果是不一样的。

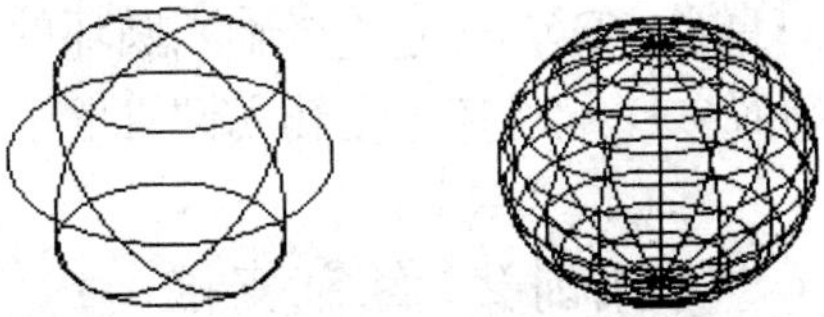

（a）ISOLINES=4　　（b）ISOLINES=16

图 6-15　线框密度变量

6.3.4　圆环体

圆环体的绘制过程并不复杂。

（1）圆环体（Torus）绘制命令格式

◆　下拉菜单：【绘图】→【实体】→【圆环体】

◆　图标位置：单击"实体"工具栏中 图标

◆　输入命令：TORUS

（2）命令的操作

圆环体的绘制过程是，先确定圆环的中心位置，再确定圆环的半径或直径，最后确定圆管的半径或直径。

（3）圆环体绘制实例：游泳圈

绘制一个游泳圈，如图 6-16 所示，游泳圈的外直径为 90，内直径为 50。

先将 ISOLINES 值设置为 32，然后执行【视图】→【三维视图】→【东南等轴侧】命令，程序将切换到"东南等轴侧"视图。由题目要求可以算出，圆环的半径为 35，圆管的半径为 10。

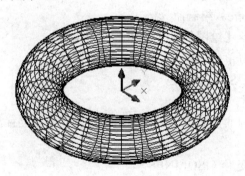

图 6-16　游泳圈

命令：TORUS↙（启动绘制圆环体命令）

指定圆环体中心<0, 0, 0>：↙（直接按 Enter 键，使用默认值作为圆环体中心）

指定圆环体半径或 [直径（D）]：35↙（输入圆环的半径）

指定圆管半径或 [直径（D）]：10↙（输入圆管的半径）

实训 2　绘制支柱

在一些建筑中可以见到如图 6-17 所示的支柱（为了节约纸张，本节中将绘图结果水平放置），支柱由三部分组成。支柱各部分的尺寸是：圆柱体高为 300，底面半径是 25；圆环体的圆环半径是 22，圆管半径是 15；球体的半径是 30。

图 6-17　支柱

（1）更改视图

执行【视图】→【三维视图】→【东南等轴侧】命令，程序将切换到 "东南等轴侧" 视图。

（2）绘制圆柱体

命令：CYLINDER↙（执行圆柱体绘制命令）

指定圆柱体底面的中心点或[椭圆（E）] <0，0，0>：↙（使用默认值作为底面中心点）

指定圆柱体底面的半径或 [直径（D）]：25↙（输入底面半径）

指定圆柱体高度或 [另一个圆心（C）]：300↙（输入圆柱高度）

（3）绘制圆环体

命令：TORUS↙（执行圆环体绘制命令）

指定圆环体中心 <0，0，0>：0，0，15↙（输入圆环体中心坐标）

指定圆环体半径或 [直径（D）]：22↙（输入圆环体半径）

指定圆管半径或 [直径（D）]：15↙（输入圆管半径）

（4）绘制球体

命令：sphere↙（执行球体绘制命令）

指定球体球心 <0，0，0>：0，0，330↙（输入球心坐标）

指定球体半径或 [直径（D）]：30↙（输入球体半径）

（5）体着色

为观察绘图效果，执行【视图】→【着色】→【体着色】命令。

至此，支柱绘制完毕。

6.4　旋转实体和放样

　　旋转也是一种由二维平面图形生成实体的重要方法，如果一个物体有一个中心轴，就可以利用旋转生成，例如酒杯、碗、车轮等。放样是一项古老的生产技术，它的本质是利用二阶可导的光滑曲线获得产品的轮廓线。

6.4.1　旋转

　　旋转命令创建三维实体的基本过程：一是绘制二维平面图形；二是将二维平面图形创建成面域（封闭多段线、多边形、圆、椭圆、封闭样条曲线等单一的二维平面图形可以省略此步）；三是执行旋转命令。

　　（1）旋转（Revolve）命令格式

　　旋转的功能是将二维平面图形绕某一轴旋转生成实体。其命令格式为：

◆　　下拉菜单：【绘图】→【实体】→【旋转】

◆　　图标位置：单击"实体"工具栏中 图标

◆　　输入命令：REVOLVE

　　（2）旋转实体绘制实例：哑铃

　　下面通过一个实例，来学习利用旋转命令创建实体的过程。如图 6-18 所示，哑铃的绘制步骤可以分 6 步。

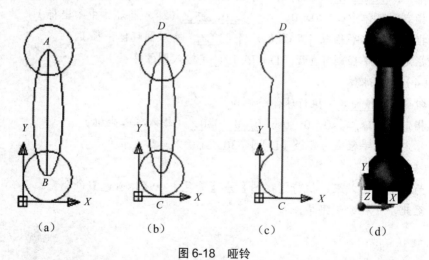

（a）　　　　　　　（b）　　　　　　　（c）　　　　　　　（d）

图 6-18　哑铃

　　（1）绘制直线 *AB*，以 *A*、*B* 为圆心绘制圆，以 *AB* 为长轴绘制椭圆，如图 6-18

（a）所示。

（2）利用对象步骤追踪功能绘制直线 *CD*，如图 6-18（b）所示。

（3）利用修剪命令获得封闭的二维平面图形，如图 6-18（c）所示。

（4）将该图形创建成面域。

（5）利用旋转命令生成实体。

命令：REVOLVE↙（执行旋转命令）

选择对象：找到 1 个↙（单击旋转刚刚创建的面）

选择对象：↙（按 Enter 键表示对象选择完毕）

指定旋转轴的起点或定义轴依照 [对象（O）/X 轴（X）/Y 轴（Y）]：↙（拾取 C 点）

指定轴端点：↙（拾取 D 点）

指定旋转角度 <360>：↙（按 Enter 键将面域旋转成实体）

（6）执行体着色命令观察图形绘制效果，如图 6-18（d）所示。

6.4.2 放样

在 Auto CAD 中，利用放样技术可以获得复杂图形的光滑外形。放样主要使用样条曲线。

实训 3 绘制酒杯

酒杯轮廓线光滑却不是很规则，利用圆、椭圆分段绘制技术上是可行的，但实际的绘制效果却比较呆板。利用样条曲线放样出酒杯的轮廓线操作比较方便，绘制效果比较美观，利用夹点编辑样条曲线，给酒杯的轮廓线编辑带来更多的灵活性。

（1）绘制直线

启动 Line 命令，坐标依次选择（50，0）、（0，0）、（0，200）。

（2）绘制水平网格线

启动 Array 命令，选择矩形阵列，行数为 41，列数为 1 列，行间距为 5，列间距为 0。

（3）绘制垂直网格线

启动 Array 命令，选择矩形阵列，行数为 1，列数为 11 列，行间距为 0，列间距为 5。

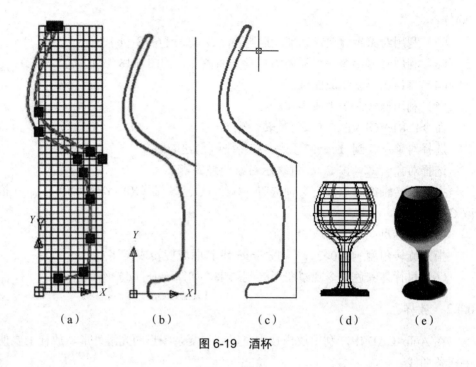

（a）　　　　　（b）　　　　　（c）　　　　（d）　　　　（e）

图 6-19　酒杯

（4）绘制酒杯的外轮廓线

启动 Spline 命令，按图 6-19（a）所示放置关键点，起点、端点切线方向适当选择。如果对外轮廓线的形状不满意，可以选中样条曲线，利用样条曲线的夹点编辑样条曲线。

（5）绘制酒杯的内轮廓线

启动 Spline 命令，按图 6-19（a）所示放置关键点，起点、端点切线方向适当选择。如果对内轮廓线的形状不满意，可以选中样条曲线，利用样条曲线的夹点编辑样条曲线。

（6）把酒杯轮廓线封口

如图 6-19（b）所示，保留最下方和最右侧网格线，删除其余网格线。启动 Arc 命令，放大视图，利用三点法绘制圆弧线，给酒杯轮廓线封口。

（7）修剪多余的酒杯轮廓线

启动 Trim 命令，修剪多余的酒杯轮廓线，修剪结果如图 6-19（c）所示。

（8）创建面域

启动 Region 命令，框选酒杯所有轮廓线，按 Enter 键确认，程序将创建出一个面域。

（9）生成实体

执行【绘图】→【实体】→【旋转】命令，选择刚刚创建的面域，捕捉竖线的端点确定旋转轴的位置。程序将显示酒杯的线框模型，如图 6-19（d）所示。

（10）观察绘图效果

输入 ISOLINES 命令，将其值设置为 32，执行【视图】→【重生成】命令，观察绘图效果。

执行【视图】→【着色】→【体着色】命令，执行【视图】→【三维动态观察器】命令，观察绘图效果，如图 6-19（e）所示。

至此，酒杯绘制完毕。

项目小结

在本项目中讲述了 Auto CAD 2005 中的三维绘图基础知识和基本操作，重点讲解实体的绘制。本项目的难点空间位置关系的建立，当视图或用户坐标系发生变化时，需要理解图形中的观察角度的变化和坐标变化，对这些变化的理解，必须在绘图实践中获得，多绘制三维图形是学习三维绘图的最有效手段。通过本项目的学习为学习下一章三维图形的编辑奠定了良好的基础。

项目训练题六

1. 填空题

（1）在 Auto CAD 2005 中，三维图形有_____、_____和_____三种模型。

（2）在 Auto CAD 2005 中，有_____坐标系、_____坐标系和_____坐标系三种三维坐标系表示形式。

（3）在 Auto CAD 2005 中，有_____、_____、_____、_____、_____和_____六种基本三维实体。

（4）三维实体的线框密度由_____系统变量来控制。

（5）在 Auto CAD 2005 中创建三维实体的基本方法有_____、_____和_____等。

2. 操作题

（1）在东南等轴侧视图下绘制题图 6-1 中的图形，然后通过拉伸命令生成弯管的三维实体。体着色后的效果如题图 6-2 所示。

题图 6-1

题图 6-2

（2）绘制题图 6-3 所示圆桌，圆桌底座是圆柱体和圆环体的组合，圆柱体的底面半径为 25，高度为 10，圆环体的半径为 25，圆管半径为 5。支柱是圆柱体，圆柱体的底面半径为 4，高度为 68。桌面也是圆柱体，圆柱体的底面半径为 45，高度为 2。

题图 6-3

（3）利用拉伸命令绘制如题图 6-4 所示的简易扳手。

题图 6-4

（4）利用旋转命令绘制如题图 6-5 所示的皮带轮架。

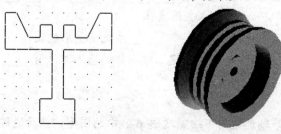

题图 6-5

项目 7　编辑工程三维图形

项目目标

了解剖切、截面与干涉的概念，掌握三维截面体与相交体的绘制；了解三维布尔运算的概念，了解消隐、着色与渲染；掌握编辑修改三维实体的各种方法。

通过上一章知识的学习，我们已掌握简单三维图形的绘制技巧，但对于复杂的三维图形的绘制，则比较困难。因而本项目将介绍对三维图形的各种编辑技巧，从而掌握将多个简单三维图形组合成为复杂三维图形的绘图技术。

7.1　三维截面体与相交体的绘制

在本节中将介绍三维截面体与相交体的绘制方法，并使理解剖切、截面与干涉的方法。通过本节的学习，将为绘制三维实体打下良好的基础。

7.1.1　斜截圆柱

（1）剖切

①概念。对于 Auto CAD 的实体对象，可以根据指定的剖切平面将其分割为两个独立的实体对象，并可以继续剖分，可将其任意截面为多个独立的实体对象。分割实体的常用方法是利用一个与实体相交的平面将其一分为二，这个平面称为切面，这个操作称为实体的剖切。剖切后所得到的两个实体对象，可根据用户的需求保留一个或两个实体对象。

②剖切实体命令的调用格式。

◆　下拉菜单：【绘图】→【实体】→【剖切】

◆　图标位置：单击"实体"工具栏中 ↘ 图标

◆　输入命令：<u>Slice✓</u>

执行 Slice 命令。AutoCAD 2005 提示：

选择对象：（选择被剖切的实体对象）

选择对象：

指定切面上的第一个点，依照[对象（O）/Z 轴（Z）/视图（V）/XY 平面（XY）/ YZ 平面（YZ）/ZX 平面（ZX）/三点（3）] <三点>：

指定平面上的第二个点：

指定平面上的第三个点：

在要保留的一侧指定点或 [保留两侧（B）]：

③操作方法。在进行实体剖切时，首先确定被剖切的实体选择集，按回车键结束选择后，下一步定义实体的切面，具体的方法包括以下几种：

A．三点：分别指定切面上不在同一条直线上的三个点，AutoCAD 将根据用户指定的三个点计算出切面的位置。

B．对象（O）：指定某个二维对象，AutoCAD 将该对象所在的平面定义为实体的切面。

指定切面上的第一个点，依照[对象（O）/Z 轴（Z）/视图（V）/XY 平面（XY）/YZ 平面（YZ）/ZX 平面（ZX）/三点（3）] <三点>：o✓

选择圆、椭圆、圆弧、二维样条曲线或二维多段线：

能够用于定义切面的对象可以是圆、圆弧、椭圆、椭圆弧、二维样条曲线或二维多段等。

C．Z 轴（Z）：指定两点作为切面的法线，从而定义切面。

指定切面上的第一个点，依照 [对象（O）/Z 轴（Z）/视图（V）/XY 平面（XY）/YZ 平（YZ）/ZX 平面（ZX）/三点（3）] <三点>：z✓

指定剖面上的点：

指定平面 Z 轴（法向）上的点：

D．视图（V）：指定切面上任意一点，AutoCAD 将通过该点并与当前视口的视图平面相平行的面定义为切面。

指定切面上的第一个点，依照 [对象（O）/Z 轴（Z）/视图（V）/XY 平面（XY）/YZ 平面（YZ）/ZX 平面（ZX）/三点（3）] <三点>：v✓

指定当前视图平面上的点 <0，0，0>：

E．XY 平面（XY）、YZ 平面（YZ）或 ZX 平面（ZX）命令选项：指定切面上任意一点，AutoCAD 将通过该点并与当前 UCS 的 XY 平面、YZ 平面或 ZX 平面相平行的平面定义为切面。

指定切面上的第一个点，依照 [对象（O）/Z 轴（Z）/视图（V）/XY 平面（XY）/YZ 平面（YZ）/ZX 平面（ZX）/三点（3）] <三点>：xy✓

指定 XY 平面上的点 <0，0，0>：↙

指定了切面后，AutoCAD 将根据切面将被选中的实体分割为两个部分，并要求用户指定需要保留的实体部分。如果在切面的某一侧任意指定一点，则这一侧的实体部分将被保留，而删除另一侧的实体部分。如果希望将剖切后的各个实体全部保留下来，则选择"保留（B）"命令选项即可。剖切后的实体将保留原实体的图层和颜色特性。

例如：下面的机械零件，被剖切后的情形。如图 7-1、图 7-2 所示。

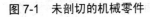

图 7-1　未剖切的机械零件　　　图 7-2　机械零件被剖切后保留两部分

（2）截面

①功能：又称切割，与实体剖切的操作过程类似，可以定义一个与实体相交的平面，AutoCAD 将在该平面上创建实体的截面，该截面用面域对象表示。

②命令格式

◆　下拉菜单：【绘图】→【实体】→【截面】

◆　图标位置：单击"实体"工具栏中 图标

◆　输入命令：Section↙

③命令的操作

选择上述任一种方式输入命令，命令行提示：

选择对象：（选择要被截面的对象）

选择对象：

指定截面上的第一个点，依照 [对象（O）/Z 轴（Z）/视图（V）/XY 平面（XY）/YZ 平面（YZ）/ZX 平面（ZX）/三点（3）] <三点>：（选择截面的方式，若选择默认方式"三点"方式，则指定第一个点）

指定平面上的第二个点：（指定第二个点）

指定平面上的第三个点：（指定第三个点）

创建实体截面的操作过程与实体剖切基本相同，但实体截面命令中实体不会被截面，而是创建面域对象以表示实体的截面。如果选择多个实体来创建截面，则 Auto CAD 将分别使用相对独立的面域对象来表示每一个实体的截面。如果实体对象与用户指定的平面不相交，则不会根据该实体对象创建截面。

例如，对于图 7-3 中左侧的实体对象，如果在该对象轴线的平面上创建截面，可以得到如图 7-3 中右侧所示的面域对象。

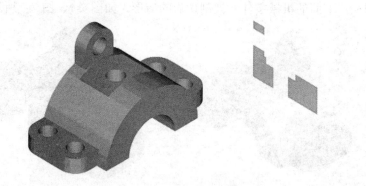

图 7-3　机械零件的截面

（3）实例：斜截圆柱

在本例中，主要应用剖切与截面功能，对圆柱进行斜截。根据斜面相对于 WCS 中 XY 平面的角度不同，而分为横截、竖截与斜截三种情况，下面分别对这三种情况进行介绍。

①横截圆柱体

A. 调出圆柱体，该圆柱体中心点为（0，0，0），半径 50，高为 150。

B. 移动 UCS

命令：<u>ucs✓</u>（执行用户坐标系命令）

输入选项 [新建（N）/移动（M）/正交（G）/上一个（P）/恢复（R）/保存（S）/删除（D）/应用（A）/？/世界（W）] <世界>：<u>m✓</u>（移动坐标系）

指定新原点或 [Z 向深度（Z）] <0，0，0>：<u>z✓</u>（保持 XY 平面方向不变，向 Z 轴方向移动）

指定 Z 向深度 <0>：<u>50✓</u>（往 Z 轴正方向移动 50 单位）

至此 XY 平面往 Z 轴正方向移动了 50 单位，并以此作为剖切平面和截面平面，即以 XY 平面对该圆柱进行剖切与截面。如图 7-4 所示。

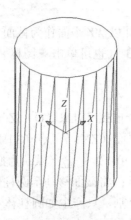

图 7-4　移动 UCS

C. 剖切圆柱体

使用【绘图】→【实体】→【剖切】（也可单击❑图标），命令行操作步骤如下：

命令：slice↙

选择对象：

指定切面上的第一个点，依照 [对象（O）/Z 轴（Z）/视图（V）/XY 平面（XY）/YZ 平面（YZ）/ZX 平面（ZX）/三点（3）] <三点>：xy↙

指定 XY 平面上的点 <0, 0, 0>：↙

在要保留的一侧指定点或 [保留两侧（B）]：b↙（两侧的图形均保留）

经过对上侧图形的移动，效果如图 7-5 所示，截面为圆面，如图所示，将视图调整为俯视图，可发现剖切截面为圆面，如图 7-6 所示。

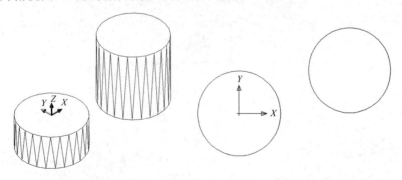

图 7-5　横切圆柱体　　　　　图 7-6　横切圆柱体的俯视图

D. 截面圆柱体

重复步骤 A 和步骤 B，并以 *XY* 平面作为截面平面对圆柱体进行截面，使用【绘图】→【实体】→【截面】（也可单击 ☀ 图标），命令行的操作步骤如下：

命令：<u>section</u>✓

选择对象：

指定截面上的第一个点，依照 [对象（O）/Z 轴（Z）/视图（V）/XY 平面（XY）/YZ 平面（YZ）/ZX 平面（ZX）/三点（3）] <三点>：<u>xy</u>✓

指定 *XY* 平面上的点 <0，0，0>：<u>　</u>✓（默认为原点）

消隐后图像如图 7-7 所示；将截面移动至圆柱体右侧，可见圆柱体仍然是完整的，截面并不对实体进行分割，只产生如圆柱体右侧的截面，如图 7-8 所示；将视图调整为俯视图后，可见截面为一圆面，如图 7-9 所示。

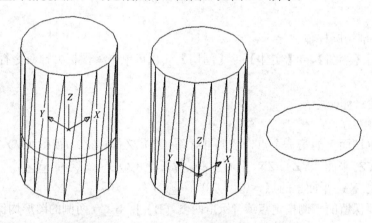

图 7-7　横截圆柱体　　　　　　　　　图 7-8　移动截面

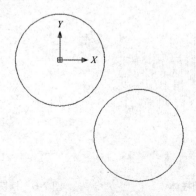

图 7-9　截面俯视图

②竖截圆柱体

A．调出圆柱体文件。

B．以 *ZX* 为切面剖切圆柱体：使用【绘图】→【实体】→【剖切】（也可单击 ❧ 图标），命令行的操作步骤如下：

命令：<u>slice✓</u>

选择对象：指定切面上的第一个点，依照 [对象（O）/Z 轴（Z）/视图（V）/XY 平面（XY）/YZ 平面（YZ）/ZX 平面（ZX）/三点（3）] <三点>：<u>zx✓</u>　（以 *ZX* 平面作为切面）

指定 *ZX* 平面上的点<0，0，0>：<u>✓</u>（默认原点）

在要保留的一侧指定点或 [保留两侧（B）]：<u>b✓</u>

移动一侧图形后，如图 7-10 所示。

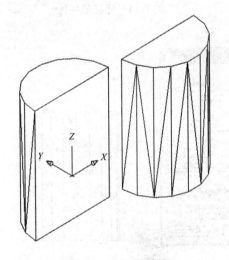

图 7-10　竖切圆柱体

C．以 *ZX* 平面为截面圆柱体，执行 section 命令后，以下步骤与步骤 B 相同，截面后得到的图像出现截面痕迹，如图 7-11 所示；移动截面，并将视点预置设置为与 *X* 轴 90 度，与 *XY* 平面平行（0°），得到矩形截面，如图 7-12 所示。

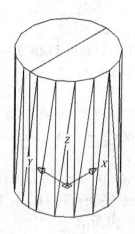

图 7-11　竖截圆柱体

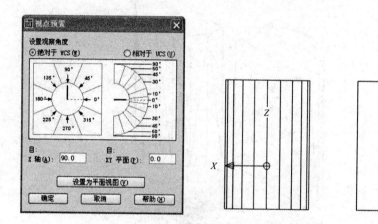

图 7-12　视点预置调整后的竖截截面

③斜截圆柱体

A. 重新调出圆柱体文件。

B. 移动与旋转 UCS。

使用【工具】→【移动 UCS】（也可单击 ⌐ 图标），命令行的操作步骤如下：

命令：ucs↙

输入选项 [新建（N）/移动（M）/正交（G）/上一个（P）/恢复（R）/保存（S）/删除（D）/应用（A）/? /世界（W）]<世界>：m↙

指定新原点或 [Z 向深度（Z）] <0, 0, 0>：z↙

指定 Z 向深度 <0>：75∠

使用【工具】→【新建 UCS】（也可单击↳图标），命令行的操作步骤如下：

命令：ucs∠

输入选项 [新建（N）/移动（M）/正交（G）/上一个（P）/恢复（R）/保存（S）/删除（D）/应用（A）/?/世界（W）] <世界>：n∠

指定新 UCS 的原点或 [Z 轴（ZA）/三点（3）/对象（OB）/面（F）/视图（V）/X/Y/Z] <0，0，0>：x∠

指定绕 X 轴的旋转角度 <90>：45∠

C. 以 XY 平面作为切面剖切圆柱体，保留两侧图形，并移动上侧图形后，得到如图 7-13 所示的图形。将视点预置设置为与 X 轴 90°，XY 平面 90°，可见截面为椭圆。

D. 斜面截面圆柱体。

调出圆柱体，并按照上述移动 UCS 的方法创建 XY 斜面；下面介绍以 XY 平面对圆柱体进行截面，使用【绘图】→【实体】→【截面】（也可单击 图标），命令行的操作步骤如下：

命令：section∠

选择对象：指定截面上的第一个点，依照 [对象（O）/Z 轴（Z）/视图（V）/XY 平面（XY）/YZ 平面（YZ）/ZX 平面（ZX）/三点（3）] <三点>：XY∠

指定 XY 平面上的点 <0，0，0>：∠

移动截面图形出来，发现通过 XY 斜面截面圆柱体后的截面是一个椭圆面域对象，如图 7-14 所示。

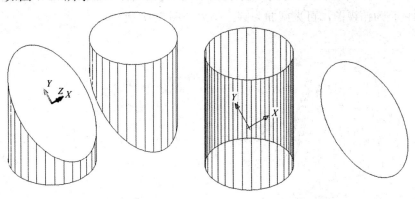

图 7-13 斜切圆柱体　　　　图 7-14 圆柱斜面斜截面

除上述三种情况外，另外还有其他的情况，限于篇幅，不再赘述。

7.1.2 斜截圆台

同样，对于圆台的剖切，根据切面的角度不同，将产生不同的截面，以下将介绍以不同角度的切面对圆台进行剖切与截面的情况。

（1）横截圆台

①调出圆台文件，该圆台底面中心点为（0，0，0），底面半径 50，顶面半径 30，高度为 80。

②移动 *UCS*，将 *UCS* 在 *Z* 轴方向上移 30。

③以 *XY* 平面为切面对圆台进行剖切，过程与斜截圆柱体相同，结果如图 7-15 所示。将视图调整为俯视图，可见截面为圆，如图 7-16 所示。

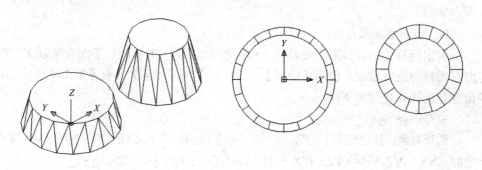

图 7-15　横切圆台　　　　　　　　　　　图 7-16　横切圆台截面

④以 *XY* 平面为截面对圆台进行截面，并将截面移动出来如图 7-17 所示；将视图调整为俯视图，可见截面为圆，结果如图 7-18 所示。

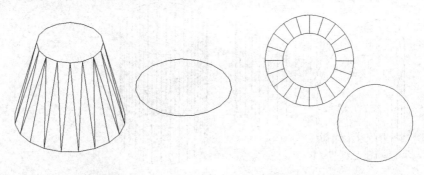

图 7-17　横截圆台　　　　　　　　　　　图 7-18　横截圆台切面

（2）竖截圆台

①调出圆台文件。

②以 ZX 平面为切面对圆台进行剖切，过程与斜截圆柱体相同，保留左侧图形结果如图 7-19 所示。将视图预置设置调整为俯视图，可见截面为梯形，如图 7-20 所示。

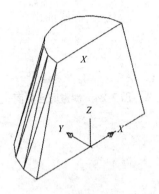

图 7-19　竖切圆台

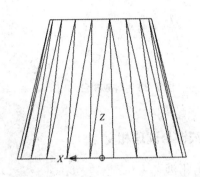

图 7-20　竖切圆台切面

（3）斜截圆台

①调出圆台文件。

②移动 UCS，将 UCS 在 Z 轴上移 40，并沿 X 轴旋转 35°。

③以 XY 平面作为切面进行剖切，并保留左侧图形后得到如图 7-21 所示的图形；调整视点预置设置，相对于 UCS，与 X 轴呈 90° 夹角，与 XY 平面呈 90° 夹角，可见切面为椭圆面，如图 7-22 所示。

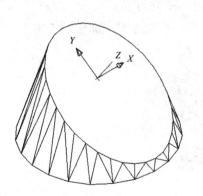

图 7-21　斜切圆台

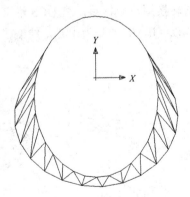

图 7-22　斜切圆台切面

④以 *XY* 平面作为截面对圆台进行截面，得到的图形如图 7-23 所示；移动截面至右侧，调整视图预置设置，与 *X* 轴呈 90°夹角，与 *XY* 平面呈 90°夹角，可见截面为椭圆，如图 7-24 所示。

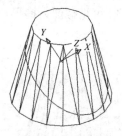 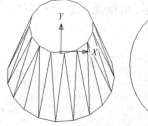 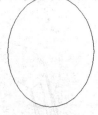

图 7-23　斜截圆台　　　　　　　图 7-24　斜截圆台截面

7.1.3　圆锥与圆球相交

（1）干涉

①功能：求两个或多个实体的相交体，并保留原实体的一种方法。

②命令格式

◆下拉菜单：【绘图】→【实体】→【干涉】

◆图标位置：单击"实体"工具栏中 图标

◆输入命令：<u>Interfere</u>✓

（2）圆锥与圆球相交

①调出圆锥文件，该圆锥底面中心点为（0，0，0），底面半径为 50，高度为 100。

②转换用户坐标系，将 UCS 沿 *Z* 轴上移 35 单位。

③以（0，0，0）为中心，绘制半径为 40 的圆球，如图 7-25 所示。

图 7-25　绘制圆球

④求圆锥与圆球的干涉体

使用【绘图】→【实体】→【干涉】（也可单击✛图标），命令行的操作步骤如下：

命令：<u>interfere</u>✓

选择实体的第一集合：（选择圆球体）

选择实体的第二集合：（选择圆锥体）

是否创建干涉实体？[是（Y）/否（N）] <否>：<u>Y</u>✓

得到如图 7-26 所示，通过移动命令将圆锥与圆球的干涉体移动出来，可发现圆锥体和圆球体仍然存在，结果如图 7-27 所示。

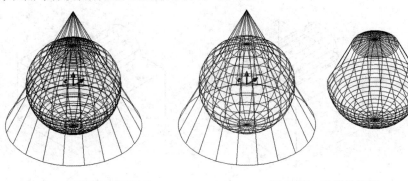

图 7-26　圆锥与圆球干涉　　　　　　图 7-27　干涉的结果

7.2　布尔运算

7.2.1　布尔运算

在 AutoCAD 中，用于实体的布尔运算有并集、差集和交集 3 种。

（1）并集

①功能：在 AutoCAD 中，对于已有的两个或多个实体对象，可以使用并集命令将其合并为一个组合的实体对象，新生成的实体包含了所有源实体对象所占据的空间。该命令主要用于将多个相交或相接触的对象组合在一起。当组合一些不相交的实体时，其显示效果看起来还是多个实体，但实际上却被当作一个对象。在使用该命令时，只需要依次选择待合并的对象即可。

②命令格式

◆ 下拉菜单：【修改】→【实体编辑】→【并集】

◆ 图标位置：单击"实体编辑"工具栏中⬤图标
◆ 输入命令：Union↙

创建实体的并集时，AutoCAD 连续提示用户选择多个对象进行合并，并按回车键结束选择，用户至少要选择两个以上的实体对象才能进行并集操作。无论所选择的实体对象是否具有重叠的部分，都可以使用并集操作将其合并为一个实体对象。其中如果源实体对象有重叠部分，则合并后的实体将删除重叠处多余的体积和边界。利用实体并集可以轻松地将多个不同实体组合起来，构成各种复杂的实体对象。

如图 7-28 所示的长方体和圆柱体，创建并集后的实体对象如图 7-29 所示。

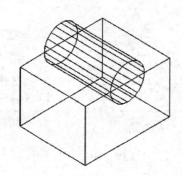

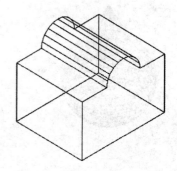

图 7-28　长方体与圆柱体　　　　图 7-29　长方体与圆柱体的并集

（2）差集
①功能：从一些实体中去掉部分实体，从而得到一个新的实体。
②命令格式
◆ 下拉菜单：【修改】→【实体编辑】→【差集】
◆ 图标位置：单击"实体编辑"工具栏中⬤图标
◆ 输入命令：Subtract↙

创建实体的差集时，首先需要构造被减去的实体选择集 A，并按回车键结束选择后再构造要减去的实体选择集 B，然后按回车键结束选择，此时 AutoCAD 将删除实体选择集 A 中与选择集 B 重叠的部分体积以及选择集 B，并由选择集 A 中剩余的体积生成新的组合实体。利用实体差集可以很容易地进行削切、钻孔等操作，便于形成各种复杂的实体表面。图 7-30 显示的是长方体与圆柱体的差集。

（3）交集

①提取一组实体的公共部分，并将其创建为新的组合实体对象。

②命令格式

◆ 下拉菜单：【修改】→【实体编辑】→【交集】

◆ 图标位置：单击"实体编辑"工具栏中◎图标

◆ 输入命令：Intersect↙

创建实体的交集时，至少要选择两个以上的实体对象才能进行交集操作。如果选择的实体具有公共部分，则 AutoCAD 根据公共部分的体积创建新的实体对象，并删除所有源实体对象。如果选择的实体不具有公共部分，则 AutoCAD 将其全部删除。图 7-31 显示的是长方体与圆柱体的交集。

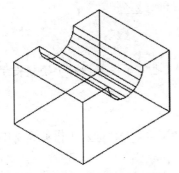
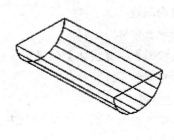

图 7-30　长方体与圆柱体的差集　　　　图 7-31　长方体与圆柱体的交集

实训 1　半球头螺钉头部绘制

（1）更改视图

使用【视图】→【三维视图】→【东南等轴测】命令，程序将切换到"东南等轴测"视图。

（2）绘制半球

首先绘制球体，使用【绘图】→【实体】→【球体】（也可单击◉图标）命令绘制球体，命令行的操作步骤如下：

命令：sphere ↙

指定球体球心 <0，0，0>：↙（默认球心为原点）

指定球体半径或 [直径（D）]：5↙

然后，对球体进行剖切，使用【绘图】→【实体】→【剖切】（也可单击◢图标）命令对球体进行剖切，命令行的操作步骤如下：

命令: <u>slice</u>↙

选择对象: 指定切面上的第一个点，依照 [对象（O）/Z轴（Z）/视图（V）/XY平面（XY）/YZ平面（YZ）/ZX平面（ZX）/三点（3）]<三点>: <u>xy</u>↙

指定 *XY* 平面上的点 <0, 0, 0>: <u>↙</u>

在要保留的一侧指定点或 [保留两侧（B）]: <u>↙</u>（保留上侧图形）

（3）移动 UCS

使用【工具】→【移动 UCS】（也可单击 图标），命令行的操作步骤如下：

命令: <u>ucs</u>↙

输入选项 [新建（N）/移动（M）/正交（G）/上一个（P）/恢复（R）/保存（S）/删除（D）/应用（A）/? /世界（W）]<世界>: <u>m</u>↙

指定新原点或 [Z向深度（Z）] <0, 0, 0>: <u>z</u>↙

指定 Z 向深度 <0>: <u>5</u>↙

（4）绘制长方体

使用【绘图】→【实体】→【长方体】（也可单击 图标）绘制长方体，命令行的操作步骤如下：

命令: <u>box</u>↙

指定长方体的角点或 [中心点（CE）] <0, 0, 0>: <u>ce</u>↙（指定长方体的中心点为坐标原点）

指定角点或 [立方体（C）/长度（L）]: <u>l</u>↙

指定长度: <u>10</u>↙

指定宽度: <u>2</u>↙

指定高度: <u>6</u>↙

（5）求差集

使用【修改】→【实体编辑】→【差集】（也可单击 图标）命令求差集，命令行的操作步骤如下：

命令: <u>subtract</u>↙ 选择要从中减去的实体或面域（执行差集命令）

选择对象: 选择要减去的实体或面域（选择半球体）

选择对象: （选择长方体）

最后使用【视图】→【着色】→【体着色】命令对半球螺钉头进行着色，得到如图 7-32 所示的图形。

图 7-32 半球头螺钉头部

7.3 三维阵列和旋转

7.3.1 三维阵列

（1）功能

使用三维阵列命令在三维空间创建指定对象的多个副本，并按指定的形式排列。同二维阵列命令类似，三维阵列命令也可以生成矩阵阵列和环形阵列，而且可以进行三维排列。

（2）命令格式

◆ 下拉菜单：【修改】→【三维操作】→【三维阵列】

◆ 输入命令：3Darry↙

（3）三维阵列的创建

在创建三维阵列之前，首先指定对象选择集，AutoCAD 将把整个选择集作为一个整体进行三维阵列操作；然后选择三维阵列方式，分别有矩形和环形两种方式，两种方式的创建过程如下：

①矩形三维阵列的创建。可按指定的行数、列数、层数、行间距、列间距和层间距创建。

输入阵列类型 [矩形（R）/环形（P）] <矩形>：r↙

输入行数（---）<1>：↙

输入列数（|||）<1>：↙

输入层数（...）<1>：↙

指定行间距（---）：↙

指定列间距（|||）：↙

指定层间距（...）：↙

其中，行数是指三维矩形阵列沿 Y 轴方向的数目；列数是指三维矩形阵列沿 X 轴方向的数目；层数是指三维矩形阵列沿 Z 轴方向的数目。行间距是相邻两行之间的距离，指定正的行间距将向 Y 轴的正向创建阵列，而指定负的行间距将向 Y 轴的负向创建阵列；列间距和层间距的作用与此相同。图 7-33 显示了一个 4 行、4 列、4 层的球体三维矩形阵列。

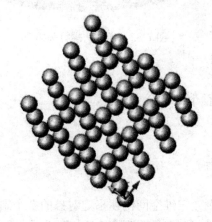

图 7-33　三维矩形阵列

②环形三维阵列的创建。可按指定的数目、角度和旋转轴创建。

输入阵列类型 [矩形（R）/环形（P）] <矩形>：p↙

输入阵列中的项目数目：

指定要填充的角度（+=逆时针，-=顺时针）<360>：

旋转阵列对象？[是（Y）/否（N）] <是>：

指定阵列的中心点：

指定旋转轴上的第二点：

创建三维环形阵列时，需要指定阵列中项目的数量和整个环形阵列所成的角度，即填充角度，填充角度的正方向由旋转轴按右手定则确定。图 7-34 中显示了一个由 10 个楔体绕圆柱体轴线进行 360° 填充所得的三维环形阵列。如果环形阵列中每个项目在旋转过程中保持原来的方向不变。图 7-34 即显示了保持楔体方向不变时创建的三维环形阵列。

如果在创建三维环形阵列时，要求旋转阵列对象，则环形阵列中每个项目环绕转轴进行旋转之后，还将绕本身的基点旋转同样的角度，如图 7-35 所示。

图 7-34　三维环形阵列 1　　　　　图 7-35　三维环形阵列 2

7.3.2　三维旋转

（1）功能

在三维空间中将指定的对象绕旋转轴进行旋转，以改变其在三维空间中的位置。

（2）命令格式

◆下拉菜单：【修改】→【三维操作】→【三维旋转】

◆输入命令：Rotate3d↙

执行 Rotate3d 命令。AutoCAD 2005 提示：

选择对象：（指定被旋转对象）

选择对象：指定轴上的第一个点或定义轴依据[对象（O）/最近的（L）/视图（V）/X 轴（X）/Y 轴（Y）/Z 轴（Z）/两点（2）]：（定义旋转轴）

指定轴上的第二点；

指定旋转角度或 [参照（R）]：（输入旋转角度）

（3）具体操作

在进行三维旋转之前，首先指定对象选择集，AutoCAD 将把整个选择集作为一个整体进行三维旋转操作。在指定旋转轴时，除了直接指定两点定义旋转轴，还有多种定义方法：

①对象（O）：指定某个二维对象。AutoCAD 将根据该对象定义旋转轴。能够用于定义镜像平面的对象可以是直线、圆、圆弧或二维多段线等。其中如果选择圆、圆弧或二维多段线的圆弧段，AutoCAD 将垂直于对象所在平面并且通过圆

心的直线作为旋转轴。

②最近的：此时将使用最后一次定义的旋转轴进行旋转操作。

③视图（V）：指定旋转轴上任意一点，AutoCAD 将通过该点并与当前视口的视图平面相垂直的直线作为旋转轴。在图 7-35 中显示了根据视图和指定点定义旋转轴的示意。

④选择"X 轴（X）"、"Y 轴（Y）"或"Z 轴（Z）"：指定旋转轴上任意一点，AutoCAD 将通过该点并且与当前 UCS 的 X 轴、Y 轴或 Z 轴相平行的直线作为旋转轴。定义了旋转轴后，AutoCAD 还要指定旋转角度，正的旋转角度将使指定对象从当前位置开始沿逆时针方向旋转，而负的旋转角度将使指定对象沿顺时针方向旋转。如果选择"参照（R）"选项，可以进一步指定旋转的参照角和新角度，AutoCAD 将以新角度和参照角之间的差值作为旋转角度。

实训 2　绘制方向盘

（1）绘制圆环体

使用【绘图】→【实体】→【圆环体】（也可单击 ◉ 图标）命令绘制圆环体，命令行的操作步骤如下：

命令：torus↙

指定圆环体中心 <0, 0, 0>: ↙

指定圆环体半径或 [直径（D）]: 160↙

指定圆管半径或 [直径（D）]: 14↙

将当前视图设为西南视图，执行【视图】→【三维视图】→【西南等轴测】命令，消隐之后如图 7-36 所示。

（2）绘制球体

使用【绘图】→【实体】→【球体】（也可单击 ◉ 图标），命令行的操作步骤如下：

命令：sphere↙

指定球体球心 <0, 0, 0>:

指定球体半径或 [直径（D）]: 35↙

结果如图 7-37 所示。

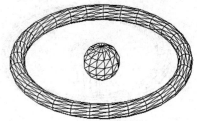

图 7-36　绘制圆环体　　　　　　　　图 7-37　　绘制球体

（3）绘制圆柱体

使用【绘图】→【实体】→【圆柱体】（也可单击◎图标）命令绘制圆柱体，命令行的操作步骤如下：

命令：cylinder↙

指定圆柱体底面的中心点或 [椭圆（E）] <0，0，0>：↙

指定圆柱体底面的半径或 [直径（D）]：28↙

指定圆柱体高度或 [另一个圆心（C）]：-290↙

命令：cylinder↙

指定圆柱体底面的中心点或 [椭圆（E）] <0，0，0>：

指定圆柱体底面的半径或 [直径（D）]：18↙

指定圆柱体高度或 [另一个圆心（C）]：-350↙

绘制结果如图 7-38 所示。

（4）绘制轮辐

使用【绘图】→【实体】→【圆柱体】（也可单击◎图标）命令绘制圆柱体，命令行的操作步骤如下：

命令：cylinder↙

指定圆柱体底面的中心点或 [椭圆（E）] <0，0，0>：

指定圆柱体底面的半径或 [直径（D）]：10↙

指定圆柱体高度或 [另一个圆心（C）]：c↙

指定圆柱的另一个圆心：160，0，0↙

绘制如图 7-39 所示。

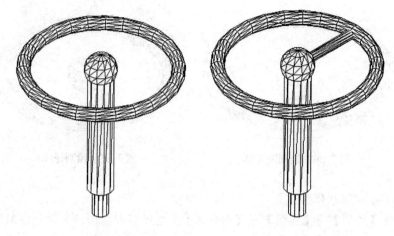

图 7-38　绘制圆柱体　　　　　图 7-39　绘制轮辐

（5）三维环形阵列

使用【修改】→【三维操作】→【三维阵列】对轮辐进行三维环形阵列，命令行的操作步骤如下：

命令：3darray↙

选择对象：

输入阵列类型 [矩形（R）/环形（P）] <矩形>：p↙

输入阵列中的项目数目：4↙

指定要填充的角度（+=逆时针，-=顺时针）<360>：↙（选择默认角度 360）

旋转阵列对象？ [是（Y）/否（N）] <Y>：↙

指定阵列的中心点：0, 0, 0↙

指定旋转轴上的第二个点：0, 0, 20↙

消隐后如图 7-40 所示。

（6）剖切

使用【绘图】→【实体】→【剖切】（也可单击 图标）命令对球体进行剖切，命令行的操作步骤如下：

命令：slice↙

选择对象：

指定切面上的第一个点，依照 [对象（O）/Z 轴（Z）/视图（V）/XY 平面（XY）/YZ 平面（YZ）/ZX

平面（ZX）/三点（3）] <三点>：0, 0, 30↙

指定平面上的第二个点：<u>0，10，30</u>

指定平面上的第三个点：<u>10，10，30</u>

在要保留的一侧指定点或 [保留两侧（B）]：（选择圆球的下侧）

剖切后如图 7-41 所示。

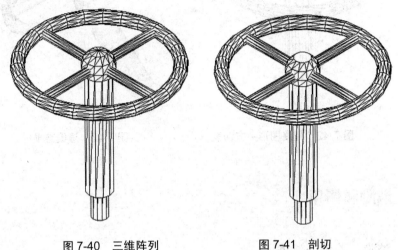

图 7-40　三维阵列　　　　　　　　图 7-41　剖切

（7）并集

使用【修改】→【实体编辑】→【并集】（也可单击⦿图标）命令进行并集操作，命令行步骤如下：

命令：<u>union</u>↙

选择对象：（选择轮辐、圆环、圆球）

选择对象：

命令：<u>union</u>↙

选择对象：（选择支杆的两个圆柱）

选择对象：

最终得到方向盘实体，如图 7-42 所示。

（8）渲染

经初步渲染得到如图 7-43 所示的图形。

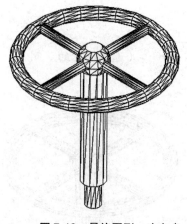

图 7-42　最终图形—方向盘

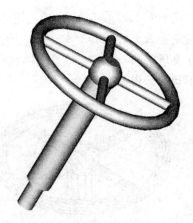

图 7-43　渲染结果

7.4　消隐和倒角

7.4.1　消隐、着色与渲染

（1）消隐

①功能：在屏幕上重新生成三维图形，对于单个三维实体，可以删除不可见的轮廓线；对于多个三维实体，可以删除所有被遮挡的轮廓线。用户在创建或编辑图形时，处理的对象和表面是线框图。消隐操作隐藏了被前景对象遮掩的背景对象，从而使图形的显示更加清晰。但消隐、着色和渲染的视图不能被编辑。

②命令格式

◆　下拉菜单：【视图】→【消隐】

◆　图标位置：单击"渲染"工具栏中 图标。

◆　输入命令：Hide✓

一般情况下，用 AutoCAD 绘制三维实体，默认显示方式为线框模式，即只显示实体的边界线。即使对于曲面对象和实体对象，也都不显示其面的信息，而是使用直线和曲线表示对象的边界。图 7-44 显示了以线框模式显示的图形。

消隐模式也是使用线框形式表示三维对象，区别在于消隐图中不显示表示后向面的线框，图 7-45 显示了以消隐模式显示的三维图形。

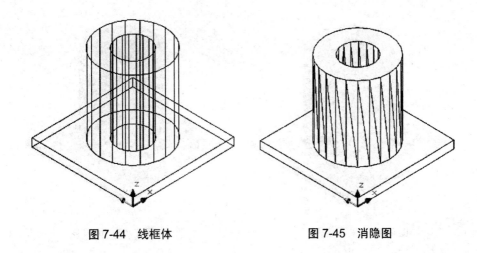

图 7-44　线框体　　　　　　　　　　图 7-45　消隐图

（2）着色

着色可以使实体对象具有一定的真实感，着色有平面着色、体着色、带边框平面着色和带边框体着色这四种模式。图 7-46、图 7-47、图 7-48、图 7-49 分别展示了这几种着色的效果。

①平面着色

选择下拉菜单中的【视图】→【着色】→【平面着色】选项，可以使用平面着色模式表示三维对象，即对于面域、曲面和实体等具有面的对象，可以在视图中用对象的颜色对每个面进行着色，从而更加形象直观地表现三维对象。图 7-46 显示了以平面着色模式显示的三维实体。

②体着色

选择下拉菜单中的【视图】→【着色】→【体着色】选项，可以使用体着色模式表示三维对象。体着色是在平面着色的基础上，将对象的边进行平滑处理，从而使着色后的对象更为平滑。尤其是对于曲面，使用体着色模式显示可以比平面模式更为接近真实的情况。图 7-47 显示了以体着色模式显示的三维对象。

③带边框平面着色

选择下拉菜单中的【视图】→【着色】→【带边框平面着色】选项，可以同时使用线框和平面着色模式表示三维对象，即对三维对象进行平面着色的同时显示其所有的线框。图 7-48 显示了以带边框平面着色模式显示的三维对象。

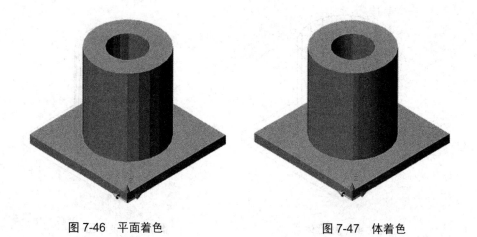

图 7-46　平面着色　　　　　　　　　　　　　　图 7-47　体着色

④带边框体着色

选择下拉菜单中的【视图】→【着色】→【带边框体着色】选项，可以同时使用线框和体着色模式表示三维对象，即在对三维对象进行体着色的同时显示其所有的线框。图 7-49 显示了以带边框着色模式显示的三维对象。

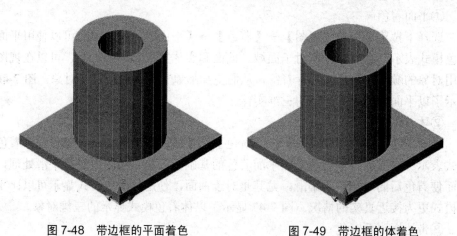

图 7-48　带边框的平面着色　　　　　　　　　图 7-49　带边框的体着色

（3）渲染

渲染程序可以创建最具有真实效果的三维图形，渲染的过程是个非常复杂的过程，若要想得到比较好的渲染图像，在渲染操作之前需要进行大量的渲染设置和准备工作。由于篇幅的限制，这里只介绍基本的渲染技巧。

①基本渲染技巧。

A．为三维模型载入或定义各种材质，并将材质附着到相应的模型对象上。材质可以表现模型的颜色、纹理、材料、质地等特性，并可以模拟粗糙度、透明度、凹凸度等特殊显示效果。

B．在三维场景中添加光源。光源为三维模型提供了照明条件，并可以根据光源生成阴影，增加渲染图像的真实感。此外，光源与材质组合使用，还可以创建多种特殊效果。

C．在材质和光源的基础上，还可以根据需要在图形中构建场景、添加配景，并可以设置背景、雾效等特殊渲染效果。

D．最后进行渲染设置，然后调用渲染程序创建渲染图像。

②基本渲染的效果。

AutoCAD 提供了三种渲染程序，使用这三种渲染程序可以进行不同程度的渲染操作，具有不同的渲染速度，也具有不同的效果。

A．使用"一般渲染"程序能够以最快的速度创建渲染图像，但由于不使用材质和光源，因此渲染的效果最差。

B．使用"照片级真实感渲染"程序，可以显示位图材质和透明材质，并产生体积阴影和贴图阴影，从而可以创建更为真实的渲染图像，照片级真实渲染比一般渲染效果要好得多，但渲染速度也慢得多。

C．使用"照片级光线跟踪渲染"程序，可以在照片级真实感渲染的基础上，使用光线跟踪产生反射、折射和更加精确的阴影。该程序可以创建最为精细、真实的渲染图像，但渲染的计算量也大大增加，渲染速度最慢。

7.4.2　倒角与圆角

（1）倒角

①功能：在 AutoCAD 的二维制图中，可以使用倒角命令在两条直线之间或多段线对象的顶点处创建倒角。在三维制图中，还可以使用该命令在实体的棱边处创建倒角。

②命令格式

◆　下拉菜单：【修改】→【倒角】

◆　图标位置：单击"修改"工具栏中 图标

◆　输入命令：Chamfer✓

使用倒角命令为实体对象创建倒角时，首先需要选择实体对象上的边，AutoCAD 将以该边相邻的两个面之一作为基面，并高亮显示。然后选择"下一个

（N）"命令选项将另一个面指定为基面，分别指定基面上的倒角距离和另一个面上的倒角距离。完成对倒角的基面和倒角距离的设置后，可以进一步指定基面需要创建倒角的边。完成对倒角的基面和倒角距离的设置后，可以进一步指定基面上需要创建倒角的边。也可以连续选择基面上的多个边来创建倒角，如果选择"环（L）"命令选项，则可以一次选中基面上所有的边来创建倒角。

例如，对圆柱体（如图 7-50 左侧图形）进行上表面的倒角，过程如下：

命令：Chamfer↙

选择第一条直线或 [多段线（P）/距离（D）/角度（A）/修剪（T）/方式（M）/多个（U）]：

基面选择（单击圆柱体上表面边线）

输入曲面选择选项 [下一个（N）/当前（OK）] <当前>：N↙（选择下一个）

输入曲面选择选项 [下一个（N）/当前（OK）] <当前>：↙

指定基面的倒角距离 <10.0000>：10↙

指定其他曲面的倒角距离 <5.0000>：6↙

选择边或 [环（L）]：（单击圆柱体上表面边线）

得到如图 7-50 右侧的图形。

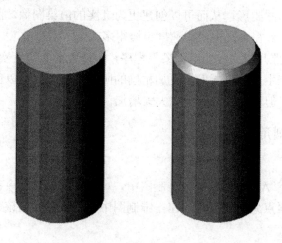

图 7-50　倒角

（2）圆角

①功能：与倒角命令类似，不仅可以在直线之间或多段线对象的顶点处创建圆角，还可以使用该命令在实体的棱边处创建圆角。

②命令格式

◆ 下拉菜单:【修改】→【圆角】

◆ 图标位置:单击"修改"工具栏中┏图标

◆ 输入命令:Fillet↙

使用圆角命令为实体对象创建圆角时,首先需要选择实体对象上的边,然后指定圆角的半径。也可以进一步选择实体对象上其他需要圆角的边,或选择"链(C)"命令选项一次选择多个相切的边进行倒圆角。

例如,对图 7-51 中上部的长方体四条侧边进行倒圆角,可得到其下侧的图形,命令行的操作步骤如下:

命令:fillet↙

选择第一个对象或 [放弃(U)/多段线(P)/半径(R)/修剪(T)/多个(M)]:(选中一条侧边)

输入圆角半径:5↙

选择边或 [链(C)/半径(R)]:↙(选取一条侧边)

选择边或 [链(C)/半径(R)]:↙(选取一条侧边)

选择边或 [链(C)/半径(R)]:↙(选取一条侧边)

选择边或 [链(C)/半径(R)]:↙

图 7-51　倒圆角

实训 3　三维沙发绘制

本节要绘制的单人沙发,主要运用实体拉伸、复制、镜像、圆角等命令。主要步骤如下:

（1）绘制沙发俯视图

①绘制沙发底座矩形视图

命令：<u>rectang</u>✓

指定另一个角点或 [面积（A）/尺寸（D）/旋转（R）]：<u>D</u>✓

指定矩形的长度 <10.0000>：<u>1000</u>✓

指定矩形的宽度 <10.0000>：<u>1000</u>✓

②绘制上侧矩形

以底座矩形左上顶点为起点绘制宽 1000，长 200 的矩形。

③绘制两侧矩形

以上侧矩形左上顶点为起点绘制宽 200，长 1200 的矩形，并用镜像命令，绘制右侧矩形。

④绘制小矩形

首先绘制宽 140，长 100 的两个矩形，并镜像到右侧矩形上。

最后得到如图 7-52 所示的图形。

（2）拉伸矩形

使用拉伸命令，将中心矩形拉伸 400，两侧矩形拉伸 600，上侧矩形拉伸 1400，四个小矩形拉伸 -200。

执行【视图】→【三维视图】→【西南等轴测】命令，程序将切换到"西南等轴测"视图。得到如图 7-53 所示的图形。

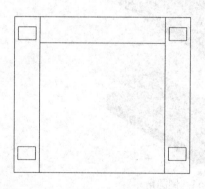

图 7-52　绘制沙发俯视图

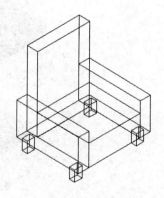

图 7-53　拉伸矩形

（3）绘制两侧扶手和坐垫

绘制长 300、宽 1 200、高为 300 的长方体，并复制到图中的两侧长方体上方，并进行并集运算；另外绘制长 1 000、宽 1 000、高 170 的长方体坐垫，置于底座上方，得到如图 7-54 所示图形。

（4）圆角对沙发实体图形进行圆角处理，得到如图 7-55 所示的图形。

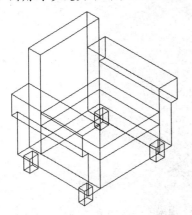
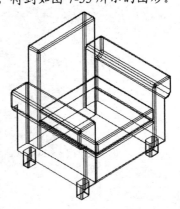

图 7-54　绘制两侧扶手和坐垫　　　　　　图 7-55　圆角

（5）消隐

对沙发实体图形进行消隐，得到如图 7-56 所示的图形。

（6）体着色

对沙发实体图形进行体着色，得到如图 7-57 所示的图形。

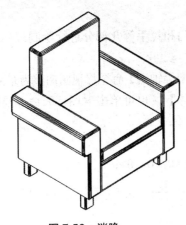

图 7-56　消隐　　　　　　　　　　图 7-57　体着色

（7）渲染

对沙发进行渲染，得到如图 7-58 所示图形。

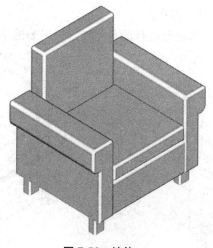

图 7-58　渲染

实训 4　电器产品绘制

本节将介绍如何绘制冰箱和洗衣机模型，使读者进一步了解 AutoCAD 在产品设计方面的作用。

7.4.3　绘制冰箱

在绘制冰箱时，主要分为主体、冰箱门和拉手等几部分进行绘制。

（1）绘制冰箱主体

①使用【视图】→【三维视图】→【西南等轴测】命令将视图调整为东南视图。

②使用【绘图】→【实体】→【长方体】（也可单击 图标）命令绘制长方体，如图 7-59 所示，命令行的操作步骤如下：

命令：<u>box</u>↙

指定长方体的角点或 [中心点（CE）] <0，0，0>：

指定角点或 [立方体（C）/长度（L）]：<u>1</u>↙

指定长度：<u>60</u>↙

指定宽度：<u>75</u>↙

指定高度：<u>180</u>↙

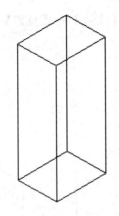

图 7-59 绘制长方体

（2）绘制冰箱门

①绘制多段线：使用【绘图】→【多段线】（也可单击➥图标）命令绘制多段线，如图 7-60 所示。命令行的操作步骤如下：

命令：pline↙

指定起点：60，0↙

指定下一个点或 [圆弧（A）/半宽（H）/长度（L）/放弃（U）/宽度（W）]：@5，0↙

指定下一点或 [圆弧（A）/闭合（C）/半宽（H）/长度（L）/放弃（U）/宽度（W）]：a↙

指定圆弧的端点或[角度（A）/圆心（CE）/闭合（CL）/方向（D）/半宽（H）/直线（L）/半径（R）/第二个点（S）/放弃（U）/宽度（W）]：r↙

指定圆弧的半径：180↙

指定圆弧的端点或 [角度（A）]：@0，75↙

指定圆弧的端点或[角度（A）/圆心（CE）/闭合（CL）/方向（D）/半宽（H）/直线（L）/半径（R）/第二个点（S）/放弃（U）/宽度（W）]：l↙

指定下一点或 [圆弧（A）/闭合（C）/半宽（H）/长度（L）/放弃（U）/宽度（W）]：（捕捉长方体底面角点）

指定下一点或 [圆弧（A）/闭合（C）/半宽（H）/长度（L）/放弃（U）/宽度（W）]：

指定下一点或 [圆弧（A）/闭合（C）/半宽（H）/长度（L）/放弃（U）/宽度（W）]：

②拉伸：使用【绘图】→【实体】→【拉伸】（也可单击 图标）命令进行拉伸，如图 7-61 命令行步骤如下：

命令：extrude↙

选择对象：

指定拉伸高度或 [路径（P）]：180↙

指定拉伸的倾斜角度 <0>：

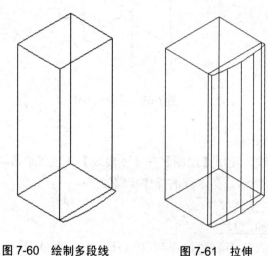

图 7-60　绘制多段线　　　　图 7-61　拉伸

③选择以线框模式显示实体轮廓，命令行步骤如下：

命令：dispsilh↙

输入 DISPSILH 的新值 <0>：1↙

命令：_hide 正在重生成模型。（消隐）

效果如图 7-62 所示。

④使用【绘图】→【实体】→【长方体】（也可单击 图标）命令绘制长方体，如图 7-63 所示，命令行的操作步骤如下：

命令：box↙

指定长方体的角点或 [中心点（CE）] <0，0，0>：60，0，75↙

指定角点或 [立方体（C）/长度（L）]：1↙

指定长度：10↙

指定宽度：75↙

指定高度：5↙

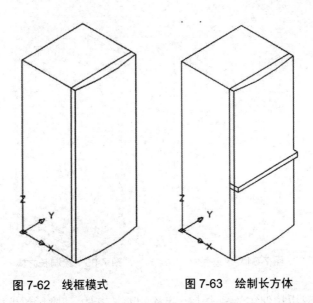

图 7-62 线框模式   图 7-63 绘制长方体

⑤求差集，用拉伸实体减去上一步中绘制的长方体，使用【修改】→【实体编辑】→【差集】（也可单击◍图标）命令求差集，命令行的操作步骤如下：

命令：subtract↙

选择对象：（选择拉伸实体）

选择对象：选择要减去的实体或面域

选择对象：（选择上一步所做长方体）

消隐后效果如图 7-64 所示。

⑥使用【绘图】→【实体】→【长方体】（也可单击▣图标）命令绘制长方体，如图 7-65 所示。命令行的操作步骤如下：

命令：box↙

指定长方体的角点或 [中心点（CE）] <0，0，0>：60，0，0↙

指定角点或 [立方体（C）/长度（L）]：l↙

指定长度：10↙

指定宽度：75↙

指定高度：2↙

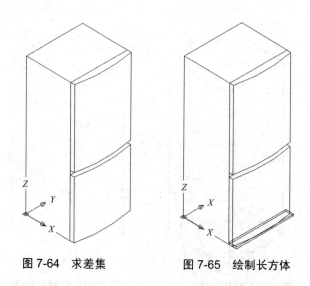

图 7-64　求差集　　　　　图 7-65　绘制长方体

⑦求差集：用拉伸实体减去上一步绘制的长方体。消隐后效果如图 7-66 所示.。

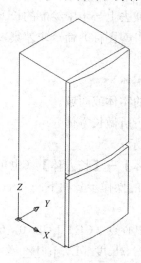

图 7-66　冰箱主体图

（3）绘制冰箱拉手

①移动 UCS：使用【工具】→【移动 UCS】（也可单击 ↳ 图标）命令移动 UCS，如图 7-67 所示。命令步骤如下：

命令：ucs↙

输入选项 [新建（N）/移动（M）/正交（G）/上一个（P）/恢复（R）/保存

(S) /删除（D）/应用（A）/? /世界（W）] <世界>: m✓

指定新原点或 [Z 向深度（Z）] <0，0，0>: 60，0，75✓

②绘制多段线：使用【绘图】→【多段线】（也可单击↵图标）命令绘制多段线，如图 7-68 所示。命令行的操作步骤如下：

命令：pline✓

指定起点：0，0✓

指定下一个点或 [圆弧（A）/半宽（H）/长度（L）/放弃（U）/宽度（W）]: @10，0✓

指定下一点或 [圆弧（A）/闭合（C）/半宽（H）/长度（L）/放弃（U）/宽度（W）]: @0，10✓

指定下一点或 [圆弧（A）/闭合（C）/半宽（H）/长度（L）/放弃（U）/宽度（W）]: @-2，0✓

指定下一点或 [圆弧（A）/闭合（C）/半宽（H）/长度（L）/放弃（U）/宽度（W）]: @0，-6✓

指定下一点或 [圆弧（A）/闭合（C）/半宽（H）/长度（L）/放弃（U）/宽度（W）]: @-8，0✓

指定下一点或 [圆弧（A）/闭合（C）/半宽（H）/长度（L）/放弃（U）/宽度（W）]: ✓

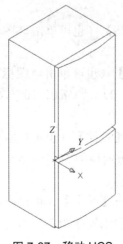

图 7-67 移动 UCS

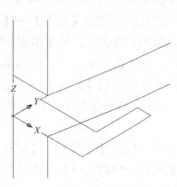

图 7-68 绘制多段线

③拉伸：使用【绘图】→【实体】→【拉伸】（也可单击⊡图标）命令进行拉伸，如图 7-69 所示。命令行步骤如下：

命令：<u>extrude</u>✓
选择对象：
指定拉伸高度或 [路径（P）]：<u>-50</u>✓
指定拉伸的倾斜角度 <0>：✓（默认为 0）

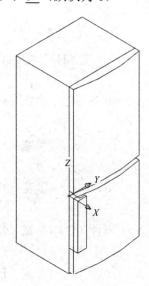

图 7-69　拉伸图形

④移动 UCS：使用【工具】→【移动 UCS】（也可单击⤢图标）命令移动 UCS，将坐标系移动到（0，0，5）处。

⑤绘制多段线：使用【绘图】→【多段线】（也可单击⤵图标）命令绘制多段线，以（0，0）为起点，依次指定点（@10，0）、（@0，10）、（@-2，0）、（@0，-6）、（@-8，0），最后闭合曲线。

⑥拉伸实体：使用【绘图】→【实体】→【拉伸】（也可单击▥图标）命令进行拉伸，将上一步所绘制的多段线沿 Z 轴正方向拉伸 50 个单位，效果如图 7-70 所示。

⑦求并集：使用【修改】→【实体编辑】→【并集】（也可单击⬤图标）命令进行并集操作，将图形进行并集运算，消隐后效果如图 7-71 所示。

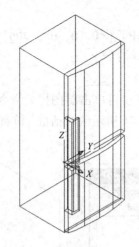

图 7-70　拉伸实体

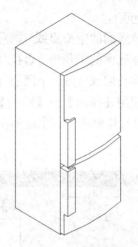

图 7-71　最终效果图

7.4.4　绘制洗衣机

在本节中，将介绍洗衣机的简单绘制方法，分为洗衣机主体和控制板两部分分别进行绘制。

（1）绘制洗衣机主体

①绘制长方体：使用【绘图】→【实体】→【长方体】（也可单击◻图标）命令绘制长方体，以（200，200）为角点，长为 60，宽为 60，高为 100 的长方体，如图 7-72 所示。

②绘制圆柱体：使用【绘图】→【实体】→【圆柱体】（也可单击◻图标）命令绘制圆柱体，如图 7-73 命令行的操作步骤如下：

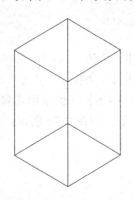

图 7-72　绘制长方体

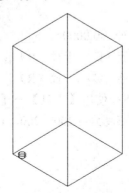

图 7-73　绘制圆柱体

命令：<u>cylinder</u>↙

指定圆柱体底面的中心点或 [椭圆（E）] <0，0，0>：<u>205，205，0</u>↙

指定圆柱体底面的半径或 [直径（D）]：<u>3</u>↙

指定圆柱体高度或 [另一个圆心（C）]：<u>-2</u>↙

③阵列：使用【修改】→【阵列】（也可单击🎛图标）命令，选择上一步绘制的圆柱体，进行矩形阵列，出现如图 7-74 所示的对话框，阵列后图形如图 7-75 所示。

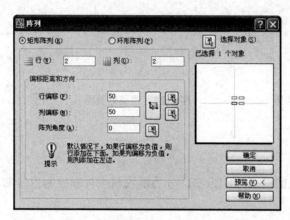

图 7-74　矩形阵列　　　　　　　　　　图 7-75　阵列后图形

④修圆角：使用【修改】→【圆角】（也可单击▛图标）命令对长方体的两条棱修圆角，如图 7-76 所示。命令行的操作步骤如下：

命令：<u>fillet</u>↙

选择第一个对象或 [放弃（U）/多段线（P）/半径（R）/修剪（T）/多个（M）]：<u>r</u>↙

指定圆角半径 <0.0000>：<u>5</u>↙

选择边或 [链（C）/半径（R）]：选择一条棱

选择边或 [链（C）/半径（R）]：选择另一条棱

⑤移动 UCS：使用【工具】→【移动 UCS】（也可单击↳图标）命令移动 UCS，将坐标系移动到（200，200，100）处。如图 7-77 所示：

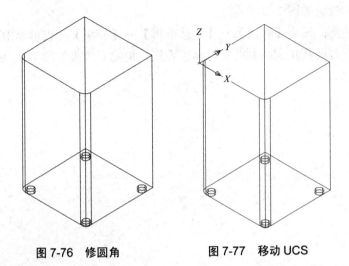

图 7-76　修圆角　　　　　　　　图 7-77　移动 UCS

　　⑥绘制矩形：使用【绘图】→【矩形】（也可单击🔲图标）命令，绘制以（10，5）为角点，长为 40，宽为 45 的矩形，消隐后效果如图 7-78 所示。

　　⑦绘制长方体：使用【绘图】→【实体】→【长方体】（也可单击🔲图标）命令绘制长方体，绘制以（20，10，0）为角点，长为 20，宽为 4，高为 2 的长方体，消隐后如图 7-79 所示。

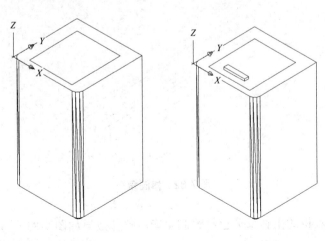

图 7-78　绘制矩形　　　　　　　图 7-79　绘制长方体

　　⑧绘制长方体：使用【绘图】→【实体】→【长方体】（也可单击🔲图标）命令绘制长方体，绘制以（20，12，0）为角点，长为 20，宽为 4，高为 1 的长方

体，缩放后效果如图 7-80 所示。

⑨求差集：使用【修改】→【实体编辑】→【差集】（也可单击⑩图标）命令求差集，对前两步所绘制的长方体求差集，消隐后效果如图 7-81 所示。

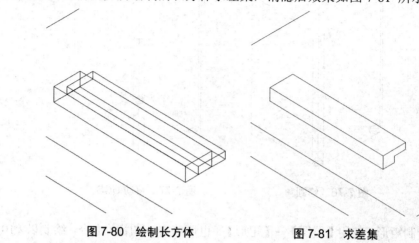

图 7-80　绘制长方体　　　　　　　　图 7-81　求差集

⑩修圆角：使用【修改】→【圆角】（也可单击⌐图标）命令，设置圆角半径为 0.5，对修剪后图形的棱边修圆角，效果如图 7-82 所示：

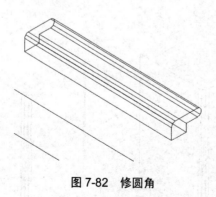

图 7-82　修圆角

至此，洗衣机的主体部分已经绘制完毕，整体效果如图 7-83 所示。

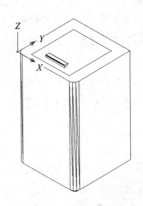

图 7-83 洗衣机主体

（2）绘制洗衣机控制板

①绘制长方体：使用【绘图】→【实体】→【长方体】（也可单击 🔲 图标）命令绘制长方体，绘制以（0，50，0）为角点，长为 60，宽为 10，高为 15 的长方体，缩放后效果如图 7-84 所示。

②移动 UCS：使用【工具】→【移动 UCS】（也可单击 🔳 图标）命令移动 UCS，将坐标系移动到（0，50，15）处。如图 7-85 所示。

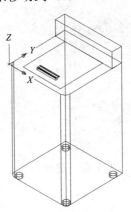

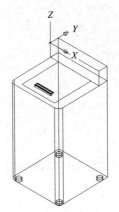

图 7-84 绘制长方体   图 7-85 移动 UCS

③新建 UCS：使用【工具】→【新建 UCS】→【Z】（也可单击 🔳 图标），命令行的操作步骤如下：

命令：<u>ucs</u>↙

输入选项 [新建（N）/移动（M）/正交（G）/上一个（P）/恢复（R）/保存

（S）/删除（D）/应用（A）/？/世界（W）] <世界>：n✓

指定新 UCS 的原点或 [Z 轴（ZA）/三点（3）/对象（OB）/面（F）/视图（V）/X/Y/Z] <0，0，0>：z

指定绕 Z 轴的旋转角度 <90>：90✓

④新建 UCS：使用【工具】→【新建 UCS】→【X】（也可单击↙图标），命令行的操作步骤如下：

命令：ucs✓

输入选项 [新建（N）/移动（M）/正交（G）/上一个（P）/恢复（R）/保存（S）/删除（D）/应用（A）/？/世界（W）] <世界>：n✓

指定新 UCS 的原点或 [Z 轴（ZA）/三点（3）/对象（OB）/面（F）/视图（V）/X/Y/Z] <0，0，0>：x

指定绕 X 轴的旋转角度<90>：180✓

结果如图 7-86 所示。

⑤绘制楔体：使用【绘图】→【实体】→【楔体】（也可单击◣图标），如图 7-87 所示：

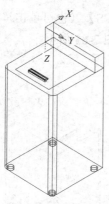 

图 7-86　新建 UCS　　　　图 7-87　绘制楔体

命令行的操作步骤如下：

命令：wedge✓

指定楔体的第一个角点或 [中心点（CE）] <0，0，0>：✓

指定角点或 [立方体（C）/长度（L）]：l✓

指定长度：7✓

指定宽度：60✓

指定高度：15✓

⑥求差集：使用【修改】→【实体编辑】→【差集】（也可单击◍图标）命令求差集，用长方体减去楔体，消隐后效果如图7-88所示。

⑦新建UCS：使用【工具】→【新建UCS】→【三点】（也可单击◪图标），将XY平面调整到斜面上，效果如图7-89所示。

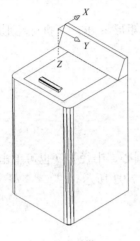

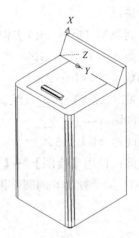

图 7-88 求差集　　　　　　　　　　图 7-89 新建 UCS

⑧绘制矩形：使用【绘图】→【矩形】（也可单击▫图标）命令，绘制以（3，10）为角点，长为12，宽为30的矩形，消隐后效果如图7-90所示。

⑨绘制长方体：使用【绘图】→【实体】→【长方体】（也可单击◪图标）命令绘制长方体，绘制以（5，15，0）为角点，长为2，宽为4，高为1的长方体，效果如图7-91所示。

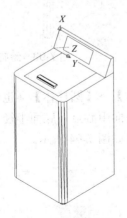

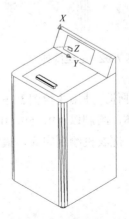

图 7-90 绘制矩形　　　　　　　　　图 7-91 绘制长方体

⑩三维阵列：使用【修改】→【三维操作】→【三维阵列】对上一步所绘制长方体进行三维矩形阵列，如图 7-92 所示。

命令行的操作步骤如下：

命令：<u>3darray</u>↙

选择对象：

输入阵列类型 [矩形（R）/环形（P）] <矩形>：<u>R</u>↙（执行环形阵列）

输入行数（---）<1>：<u>3</u>↙

输入列数（|||）<1>：<u>2</u>↙

输入层数（...）<1>：<u>　</u>↙（默认为 1 层）

指定行间距（---）：<u>9</u>↙

指定列间距（|||）：<u>5</u>↙

⑪绘制圆：使用【绘图】→【圆】→【圆心、半径】（也可单击◉图标）绘制以（9，50），半径为 6 的圆。消隐后如图 7-93 所示。

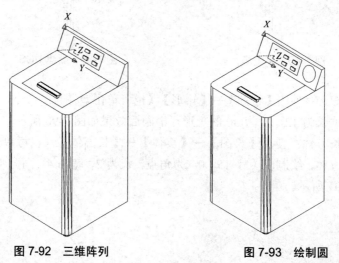

图 7-92　三维阵列　　　　　　　　　　图 7-93　绘制圆

⑫绘制圆柱体：使用【绘图】→【实体】→【圆柱体】（也可单击❶图标）命令绘制圆柱体，绘制以（9，50，0）为底面中心点，底面半径为 4，高为-3 的圆柱体，至此，洗衣机绘制完成，最终效果如图 7-94 所示。

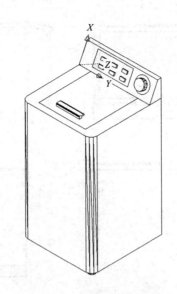

图 7-94 洗衣机最终效果图

项目小结

在本项目中讲述了剖切、截面与干涉的概念，重点讲解了三维截面体与相交体的绘制；本项目的难点是三维布尔运算的概念，需要掌握消隐、着色与渲染；掌握编辑修改三维实体的各种方法。通过本项目对三维图形的各种编辑技巧的学习，能够将多个简单三维图形组合成为复杂三维图形。

项目训练题七

1. 绘制桌子三维图形

（1）建立新文件：建立新图形文件，图形区域等考生自行设置。

（2）建立三维视图：按【样张 1】给出的尺寸绘制三维图形。

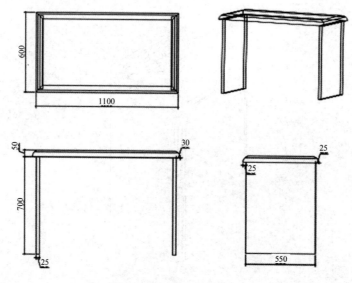

题图 7-1　样张 1

2. 绘制书橱三维图形

（1）建立新文件：建立新图形文件，图形区域等考生自行设置。

（2）建立三维视图：按【样张 2】给出的尺寸绘制三维图形。

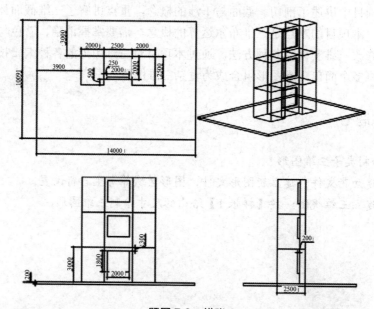

题图 7-2　样张 2

3. 绘制小房子三维图形

（1）建立新文件：建立新图形文件，图形区域等考生自行设置。

（2）建立三维视图：按【样张3】给出的尺寸绘制三维图形。

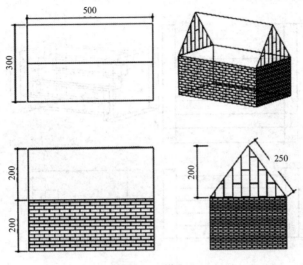

题图7-3 样张3

4. 绘制玻璃桌子三维图形

（1）建立新文件：建立新图形文件，图形区域等考生自行设置。

（2）建立三维视图：按【样张4】给出的尺寸绘制三维图形。

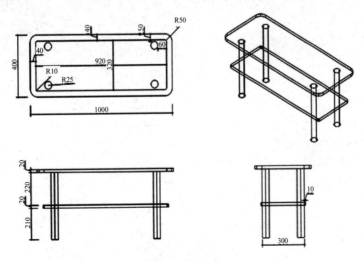

题图7-4 样张4

5. 绘制台阶的三维图形

（1）建立新文件：建立新图形文件，图形区域等考生自行设置。

（2）建立三维视图：按【样张5】给出的尺寸绘制三维图形。

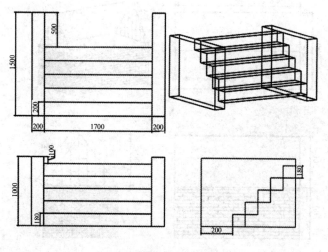

题图7-5　样张5

项目 8　绘制工程三视图样

项目目标

掌握三视图的绘制方法；了解零件图中技术要求的含义、符号的绘制与标注，掌握零件图的绘制方法；了解简单装配图的绘制。

在前面章节中我们已经学习了 AutoCAD 有关图形绘制、尺寸标注、文本标注等知识，从本项目开始我们将利用这些基础知识绘制一些常见的工程图样。

机械图样是机械产品在设计、制造、检验、安装、调试等过程中使用的、用于反映机械产品的形状、结构、尺寸、技术要求等内容的机械工程技术图样。根据其功能不同，机械图样可分为零件图和装配图。

8.1　投影面和三视图

8.1.1　投影法的基本知识

人们生活在一个三维的世界里，一切物体都具有确定的形状。占有一定的空间（长度、宽度和高度），如何在一张平面图样上准确全面地表达出物体的形状和大小呢？可以用投影法来表示。物体在光线照射下会在特定平面产生物体的影子，该影子称为物体在平面上的图像，人类经过总结影子与物体之间的几何关系，逐步形成了在平面上表达空间物体的方法——投影法。如图 8-1 所示。

所谓投影法就是投射线通过物体向选定的平面投射，并在该面上得到图形的方法。根据投影法，把所得到的图形称为投影图，简称投影；得到投影的平面 P 称为投影面；发自投射中心且过被表达物体上各点的直线称为投射线。

投影法可分为中心投影法和平行投影法两种。

（1）中心投影法

如图 8-1 所示，投影线均通过投影中心，这种投影方法称为中心投影法。

采用中心投影法绘制的图样，具有较强的立体感，在建筑或产品的外形设计中经常使用。但如果改变物体和光源的距离，物体投影的大小也随之发生变化。因此，它不能反映物体的真实形状和大小，一般不在工程图中使用。

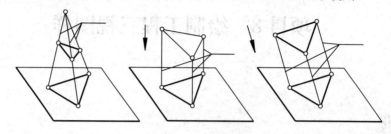

图 8-1　中心投影法

（2）平行投影法

如图 8-2 所示，投影线都互相平行的投影方法，称为平行投影法。

在平行投影法中，根据投影线是否垂直于投影面，又可分为正投影法和斜投影法。

正投影法：投影线垂直于投影面，如图 8-2（a）所示。

斜投影法：投影线倾斜于投影面，如图 8-2（b）所示。

8.1.2　三投影面体系

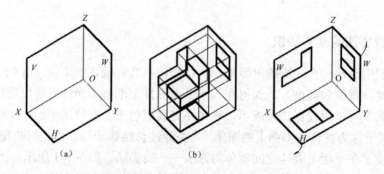

图 8-2　平行投影法　　　　　图 8-3　三面投影面体系

如图 8-3 所示，三个互相垂直的的投影面 V、H 和 W 构成三投影面体系，正立放置的 V 面称为正立投影面，水平放置的 H 面称为水平投影面，侧立放置的 W 面称为侧立投影面。三个投影面之间的交线称为投影轴，分别用 OX、OY、OZ 表示。

8.1.3　三视图的形成

物体向投影面投影所得到的图形称为物体的视图，如图 8-4 所示。在三投影面体系中，物体在 V、H 和 W 面上的投影，通常称为物体的三视图。其中，从前向后投影所得到的图形，称为主视图，从上向下投影所得到的图形称为俯视图，从左向右投影所得到的图形称为左视图。

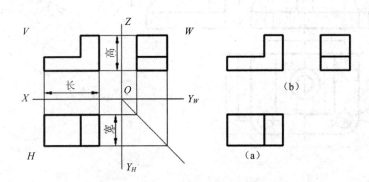

图 8-4　物体视图　　　　图 8-5　三视图配置关系

如图 8-5（a）为投影面展开后三视图的配置关系，俯视图在主视图的下方，左视图在主视图的右方。工程图中一般不绘出投影轴，如图 8-5（b）所示。

8.1.4　三视图之间的投影关系

图 8-5（a）所示，主视图反映物体的高度和长度，俯视图反映物体的长度和宽度，左视图反映物体的高度和宽度。由此可以得出三视图之间的投影规律：

主、俯视图——长对正；

主、左视图——高平齐；

附、左视图——宽相等。

实训 1　绘制轴承座三视图

三视图的绘制，是在形体分析的基础上进行，即把整个物体分解为基本体和基本结构体，再根据每个组成部分的形状、大小和位置，分别绘制，最后考虑各组成部分之间的连接关系调整、修改。

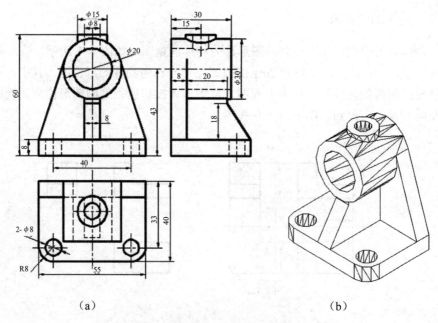

（a） （b）

图8-6 轴承座

【题目】：绘制图8-6（a）所示轴承座的三视图。

（1）形体分析

轴承座可假想由五个部分组成，如图 8-7 所示，①底板为长方体，被截去两个圆角并钻有两个圆孔；②圆筒为一圆柱体，中间有一圆柱通孔，位于支撑板和肋板的上方，后端面与支撑板平齐；③支撑板为平板，位于底板之上，后端面与底板后端面平齐，上部与圆筒相切；④肋板也是一平板，位于底板上部、圆筒下部，与支撑板前端面靠齐垂直放置；⑤凸台为一圆柱，中间有一小孔，与圆筒正交相贯。

（2）设置绘图环境

①根据立体大小设置绘图边界：如 210×297；

②图形单位选择：长度为小数，精度为 0.0；角度为十进制度数，精度为 0；缩放托放内容的单位为毫米。

③创建图层：新建粗实线层、细实线层、中心线层、剖面线层、标注层等，并为各层定义相关线型、线宽和颜色。如表 8-1 所示。

④设置文本样式、标注样式：根据制图标准规定，汉字采用长仿宋体，字符采用直体或斜体。

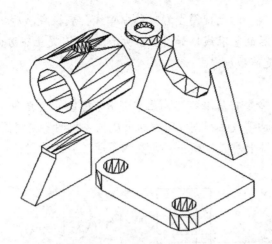

图 8-7 轴承座的形体分析

表 8-1 图层设置

图层名称	颜色	线型	线宽
粗实线层	黑色（白色）	Continuous	0.5
细实线层	青色	Continuous	默认
中心线层	绿色	Center	默认
虚线层	红色	Dashed	默认
剖面线层	青色	Continuous	默认
标注层	品红	Continuous	默认

（3）绘制作图基准线

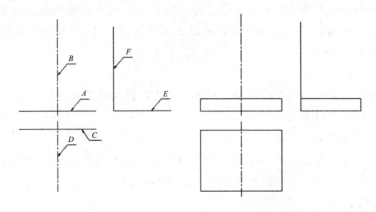

图 8-8 绘制作图基准线   图 8-9 绘制底板

　　画出视图定位线，以主视图左右对称中心线、底板底面后端面分别作为绘图的左右、上下及前后的基准线，如图 8-8 所示。A、E 是上下方向基准，B、D 是左右基准，C、F 是前后基准。

　　（4）绘制底板

　　利用 OFFSET 命令将基准线 A 向上偏移 8，将基准线 B 向左、右偏移 22.5，利用 TRIM 命令剪切形成主视图，同理画出底板左视图与俯视图，如图 8-9 所示。也可以利用投影规律长对正、高平齐、宽相等通过引线作图。

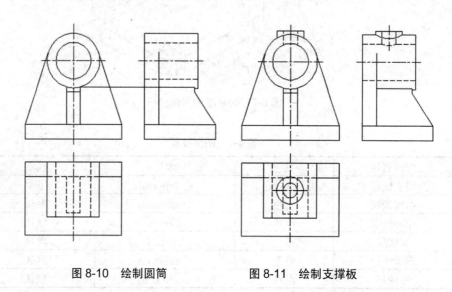

图 8-10　绘制圆筒　　　　　　　图 8-11　绘制支撑板

　　（5）绘制圆筒

　　利用 OFFSET 命令，将基准线 A 向上偏移 43，找出主视图圆心位置，分别以直径 $\Phi 20$、$\Phi 30$ 画圆，以高平齐、长对正及圆筒前后尺寸 30 画出俯视图和左视图，如图 8-10 所示。

　　（6）绘制支撑板

　　利用相切关系画出支撑板的主视图，由支撑板的厚度及相切点画出俯视图和左视图，如图 8-11 所示。

　　（7）绘制肋板

　　根据肋板厚度，利用 OFFSET 命令画出肋板的主视图，利用肋板尺寸及与圆筒的相交关系，画出左视图和俯视图，如图 8-12 所示。

　　（8）绘制凸台

　　利用 OFFSET 命令找出俯视图圆心位置(后端面线向前偏移 15)，分别以 $\Phi 8$、

Φ16 画圆，再利用 OFFSET 命令找出凸台顶面位置（底板底面线向上偏移 60），利用长对正画出主视图，然后利用与圆筒的相贯画出左视图中内外孔的交线（用圆弧代替）。

注意：三视图在绘制过程中要利用视图的形状特征，根据三视图的投影规律，三个视图同时绘制，以提高绘图的效率和准确程度。利用 TRIM 命令及时修剪多余图线，以避免混淆，影响作图。

（9）标注尺寸

（略）

8.2　零件图的内容和视图

8.2.1　零件图的作用及内容

零件是组成机器的最小单元体，任何一台机器（或部件）都是由若干零件按照一定的装配关系及技术要求装配而成的，表达单个零件结构、大小和技术要求的图样称为零件图。

零件图是设计和生产部门重要的技术文件，是制造和检验零件的依据。一张完整的零件图应包括以下内容：

（1）一组视图。

（2）完整的尺寸。

（3）技术要求。

（4）标题栏。

8.2.2　零件图的视图特征

零件根据其结构特征可以分为四类：一是轴套类零件；二是盘盖类零件；三是叉架类零件；四是箱体类零件。由于制造及装配的原因，常用到的工艺结构包括铸造圆角、拔模斜度、退刀槽、砂轮越程槽、钻孔、凸台、凹坑等。

零件图的绘制要符合《技术制图》（GB/T 17451～GB/T 17453—1998），极限与偏差、表面粗糙度、现状与位置公差等相关技术要求的国家标准。零件图常用的表达方法有基本视图、斜视图、局部视图、剖视图、局部放大图等。

特别要指出的是，在执行国家标准中，对于表面粗糙度符号的标注可以利用定义图块的方法，定义不同的符号，利用块属性可以修改具体的粗糙度值 Ra。如图 8-12 所示。

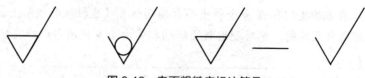

图 8-12　表面粗糙度标注符号

实训 2　绘制轴的零件图

轴类零件的结构相对简单，主要是由一系列同轴回转体组成，其上常分布有孔、键槽、倒角、退刀槽等结构。它的视图表达方案是将轴线水平放置作为主视图的位置，其他细部结构通过局部视图、局部放大图和断面图来表达。如图 8-13 所示。

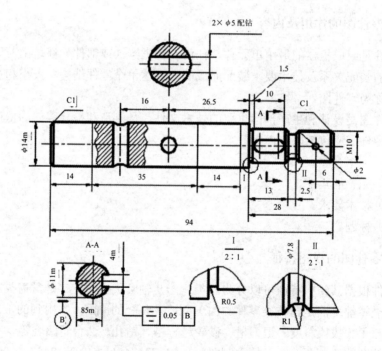

图 8-13　轴的零件图原图图例

轴类零件主视图根据其结构特征，常用的画法有以下两种。

（1）轴类零件画法一

第一种画法主要是利用 LINE、MIRROR 命令，并结合对象追踪功能作图，以下仅对主要结构的画法进行说明，具体步骤如下：

①设置绘图环境　方法与上节三视图设置一样。打开极轴追踪、对象捕捉功能。

②绘制轴线及外轮廓线　利用 LINE 命令及对象追踪功能绘制外轮廓线，如图 8-14 所示。

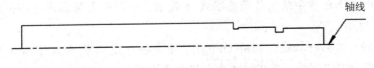

图 8-14　绘制轴线及外轮廓线

③绘制倒角及圆角　利用 CHAMFER、FILLET 命令绘制倒角、倒圆，如图 8-15 所示。

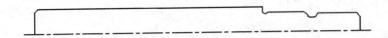

图 8-15　绘制倒角及圆角

④绘制另一半外轮廓线　利用 MIRROR 命令以轴线为镜像线，绘制下半部分外轮廓线，如图 8-16 所示。

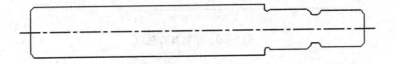

图 8-16　镜像操作

⑤补全其余图线　如图 8-17 所示。

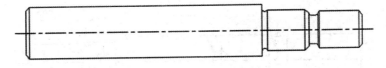

图 8-17　补全其余图线

⑥标注尺寸（略）。

（2）轴类零件画法二

第二种画法主要是利用 OFFSET、TRIM 命令沿轴线分轴段依次绘制。

①设置绘图环境　同上节绘制三视图相同。

②利用 LINE 命令绘制作图基准线 A 及 B，分别代表轴零件的轴和左端面。如图 8-18 所示。

③绘制左边第一轴段。利用 OFFSET 命令将直线 B 向右偏移 66，将轴线 A 向上、向下偏移 7，并利用 TRIM 命令修剪多余线条。如图 8-18 所示。

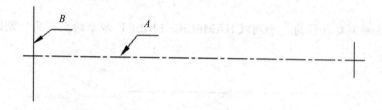

图 8-18　绘制作图基线

④绘制其余轴段。利用第③步相同的方法画出其余轴段，如图 8-19 所示。

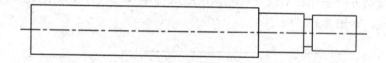

图 8-19　绘制其余轴段

⑤绘制孔和槽等细节。利用 OFFSET 命令找出通孔 D 的轴线及轮廓线位置，利用 ARC 命令画出其与外表面的交线；利用 OFFSET 命令找到 E、F、G 的轴线位置，用 CIRCLE、ARC 及 LINE 画出轮廓线，如图 8-20 所示。

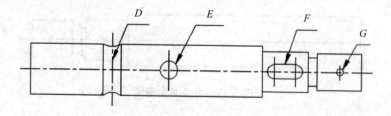

图 8-20　绘制孔和槽

⑥绘制局部剖视图。利用 SPLINE 命令画出其断裂线，利用图案填充绘制其剖面线，如图 8-21 所示。

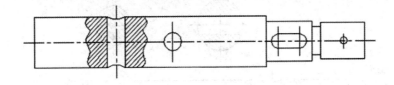

图 8-21 绘制局部剖视

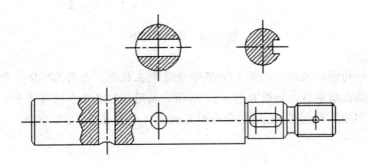

图 8-22 绘制局部剖视图

⑦绘制倒角、倒圆及螺纹。利用 CHAMFER、FILLET 命令绘制倒角、倒圆，利用 LINE 命令绘制右端部分螺纹，如图 8-23 所示。

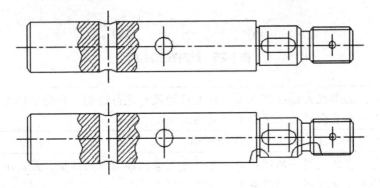

图 8-23 绘制局部放大图

⑧绘制断面图。利用 LINE、CIRCLE、OFFSET、TRIM 及图案填充命令绘制

两个移出断面图，如图 8-24 所示。

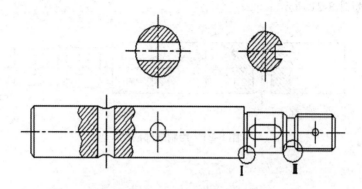

图 8-24　绘制断面图

⑨绘制局部放大图。利用 COPY 命令复制主视图，并用 SPLINE 命令在局部放大部位画出断裂线，如图 8-25（a）所示，利用 TRIM 命令修剪多余部分，保留要放大的部分，再利用 SCALE 命令对其放大，如图 8-25（b）所示。

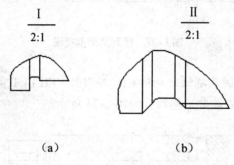

$\dfrac{\text{I}}{2:1}$　　　　$\dfrac{\text{II}}{2:1}$

（a）　　　　　　（b）

图 8-25　绘制断面放大图

注意：局部放大图也可以采用放大后的尺寸进行绘制。在图案填充时要根据图形的大小和复杂程度选择图案填充的比例。

⑩整理并标注　如图 8-13 原图所示。

注意：在绘制图形的过程中，可以先不考虑各图线的线型，最后统一按各线型要求将其设置到不同的图层中。

实训 3　绘制端盖的零件图

盘盖类零件包括端盖、阀盖、齿轮、链轮和凸轮等，其主体结构一般是共轴线的回转体，其轴向尺寸较小，而径向尺寸较大，通常还带有各种形状的凸缘、均布的孔、轮辐、肋板等局部结构。其视图一般由两个基本视图，即主视图与左视图或主视图与俯视图来表达。如图 8-26 所示的端盖。

【题目】：绘制图 8-26 端盖零件图。

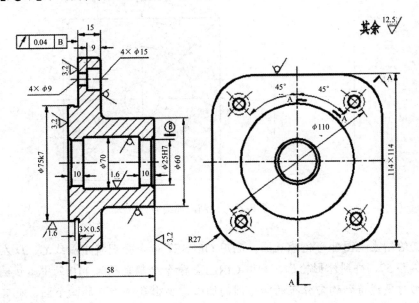

图 8-26　端盖

（1）结构分析

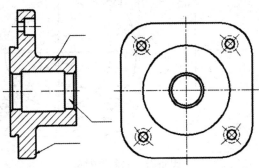

图 8-27　结构分析

　　端盖主体由圆柱体构成，圆柱体内部带有阶梯孔，外部有一个连接板（凸缘），板上均匀分布有四个沉孔。如图 8-27 所示。

　　（2）绘图步骤

　　①设置绘图环境。同 8.1.4 节之后的实训 1 三视图绘制，并打开对象捕捉、极轴追踪等功能。

　　②绘制作图基准线。主视图以左端面 A 及中心轴线 B 为定位线，左视图以对称中心线 C、D 为定位线。如图 8-28 所示。

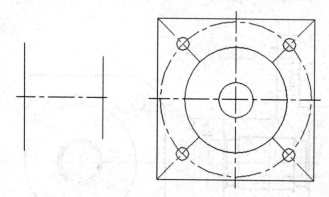

图 8-28　绘制内部细节

　　③绘制左视图外形轮廓及圆。利用 OFFSET 命令分别将中心线 C、D 左右及上下偏移 57，得到外形轮廓，利用 CIRCLE 命令绘制直径为 110 的中心线圆，连接外形对角线得到均匀分布的四个圆的圆心，画出直径为 9 的四个圆，也可以采用阵列或是镜像命令；再画出直径为 25 和 75 的两个圆。如图 8-29 所示。

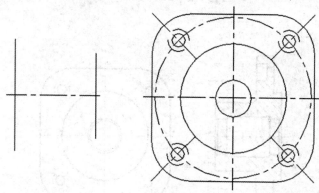

图 8-29　绘制阵列圆

④绘制圆角。利用 FILLET 绘制四个圆角，半径为 27。如图 3-30 所示。

注意：在绘制图形的过程中，一般是先画反映结构特征的视图，再画其他视图。先画主体结构，后画细部结构。

⑤绘制主视图外形轮廓。利用 OFFSET 命令将基准线 A 向右偏移 7 和 23，得到凸缘的厚度，利用高平齐的投影规律，得到上下轮廓线。注意此处利用了旋转视图的画法（先旋转，后投影）。如图 8-30 所示。

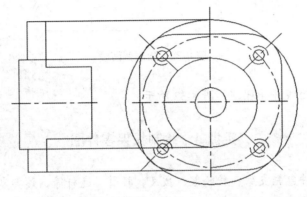

图 8-30 绘制主视图外形轮廓

⑥绘制主视图内部细节。利用 OFFSET 命令将基准线 A 向右偏移 10 和 48，从左视图中引出圆 $\Phi 35$ 和 $\Phi 30$ 的轮廓线，利用 TRIM 命令修剪，如图 8-31 所示。

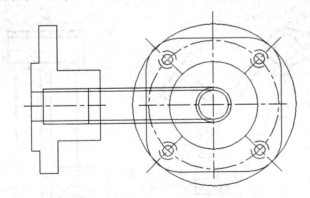

图 8-31 绘制主视图内部细节

⑦绘制凸缘沉孔 利用旋转视图画法，将左视图同心圆（沉孔）$\Phi 9$ 和 $\Phi 15$ 转至中心线处，利用高平齐规则将轮廓线引至主视图，利用 OFFSET 命令向左偏移凸缘右端面 9 得到沉孔深度。如图 8-32 所示。

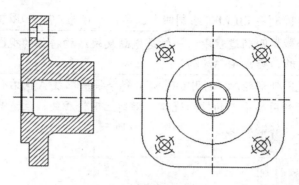

图 8-32　绘制剖面线

⑧绘制剖面线并整理。如图 8-32 所示。

实训 4　绘制托架零件图

叉架类零件包括支架、挂轮架、拔叉、摇臂、连杆等，该类零件形式多样，结构复杂，一般有肋、板、杆、筒、座以及铸造圆角、拔模斜度、凸台、凹坑等结构。通常采用两个或两个以上的基本视图、局部视图和断面图来表达。

【题目】：绘制如图 8-33 所示托架零件图。

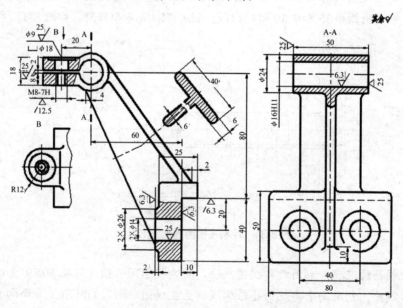

图 8-33　托架

（1）结构分析

托架是一个典型的叉架类零件，主要由圆筒、连接板和肋板三部分构成，圆筒左边带有夹紧的凸缘，凸缘上有光孔及螺纹孔；连接板上有两个带凸台的连接孔；中间是 T 字形断面的肋板。如图 8-34 所示。

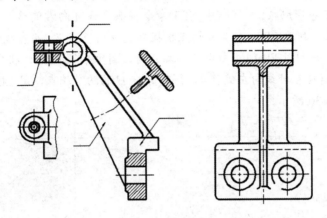

图 8-34 结构分析

（2）绘图步骤

①设置绘图环境。同 8.1.5 节三视图绘制，并打开对象捕捉、极轴追踪等功能。

②绘制作图基准线。主视图以右下部端面 A 及 B 为定位线，左视图以对称中心线 C 为定位线。利用 OFFSET 命令将基准线 A 向左偏移 60，B 向上偏移 80 得到圆筒中心，将基准线 B 向下偏移 20 得到连接圆孔中心线，将 D 对称中心线 C 左右偏移 20 得到连接板孔中心，如图 8-35 所示。

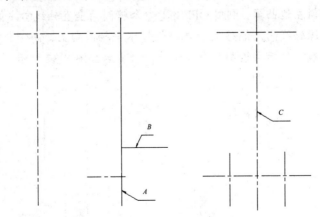

图 8-35 绘制作图基线

③绘制主视图左上部圆筒及右下部连接板。利用 CIRCLE 命令分别以Φ16 和Φ24画圆；将基准线 A 向左偏移 15 和 17，向右偏移 10，基准线 B 向上偏移 10，向下偏移 40，将基准线向下偏移 20 得到孔（凸台）的轴线，再将轴线向上、向下分别偏移 13 得到凸台轮廓，剪切形成连接板外轮廓线 D。如图 8-34 所示。

④绘制 T 字形肋板。利用 OFFSET 命令将基准线 A 向右偏移 8，找到轮廓线 F 的右下端点，利用 LINE 命令和切点捕捉功能画出直线 F；F 直线向下偏移 6，得到直线 G，并利用 FILLET 命令倒两端圆角，圆角半径取 R3；将底面直线向上偏移 10，圆筒垂直轴线向左偏移 4，得到直线 H 的两个端点，用 LINE 画出轮廓线 H，如图 8-36 所示。

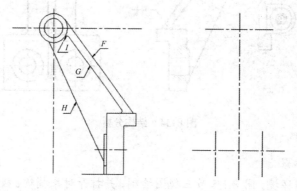

图 8-36　绘制连接线段 F、G、H

⑤绘制连接板内部孔及凸台圆角。利用 OFFSET 命令将连接板的轴线向上、向下偏移 12，利用 FILLET 命令对凸台倒圆角，半径为 2。修剪后如图 8-36 所示。

⑥绘制圆筒左边凸缘。利用 OFFSET 命令将圆筒垂直轴线向左偏移 20，得到凸缘轴线，凸缘轴线向左偏移 12，再将圆筒水平轴线向上、向下分别偏移 9，得到凸缘外轮廓线；然后再绘制其内部细节，修剪后如图 8-37 所示。

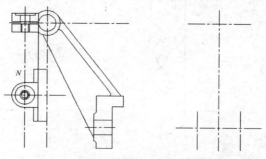

图 8-37　绘凸缘局部视图

⑦绘制凸缘局部视图。在适当位置画出局部视图的水平中心线，利用 CIRCLE 命令和 OFFSET 命令画出其细节，如图 8-37 所示。

⑧绘制左视图引线。利用高平齐规律由主视图向左视图画出引线，如图 8-38 所示。

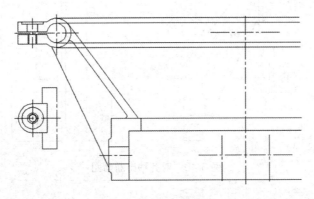

图 8-38 绘左视图

⑨绘制圆筒左视图。利用 OFFSET 命令将左视图中对称中心线向左、向右偏移 25 得到圆筒端面线，偏移 20 和 3 得到肋板轮廓线，如图 8-39 所示。

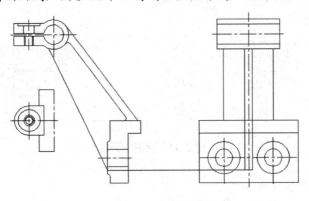

图 8-39 绘制圆角

⑩绘制连接板左视图。利用 OFFSET 命令将对称中心线 C 向左、向右分别偏移 40 得到连接板轮廓线，利用 CIRCLE 命令画出 Φ14 和 Φ26 的圆，如图 8-38 所示。

⑪绘制圆角。利用 FILLET 命令绘制圆角，半径取 3 或 5，如图 8-39 所示。

⑫绘制局部视图的轮廓线。利用 PLINE 命令画出局部视图及局部剖视断裂线，水平绘制出移出断面的轮廓线。如图 8-39 所示。

⑬对齐移出断面图。利用 ALIGN 命令将断面图与剖切位置对齐，如图 8-40 所示。

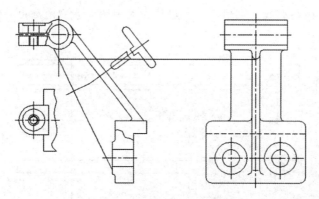

图 8-40　对齐移出断面图

⑭绘制剖面线。利用填充图案功能绘制剖面线，如图 8-41 所示。

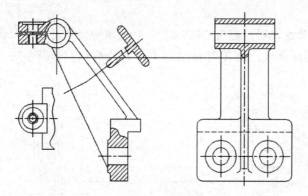

图 8-41　绘制剖面线

⑮标注及整理（略）

实训 5　绘制箱体零件图

箱体类零件最为复杂，一般包括阀体、泵体、箱体等零件。这类零件通常具有内腔、壁、轴孔、肋以及固定用的法兰凸缘、安装底板、螺孔、安装孔等结构。因而采用的视图数量及表达方法也比较多。

【题目】：绘制如图 8-42 所示箱体零件图。

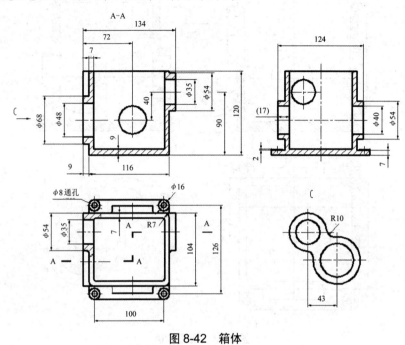

图 8-42 箱体

（1）结构分析

图示为一个减速器的箱体。其主体结构为以带空腔的长方体，四个侧面为圆柱凸台，凸台内部有通孔，底部为一连接的底板，底板四角有连接孔。根据视图特征确定各视图的基准线，如图 8-43 所示。

（2）绘图步骤

①设置绘制环境。同 8.1.5 节三视图绘制，并打开对象捕捉、极轴追踪等功能。

②绘制基准线。如图 8-44 所示。

③绘制主视图左边轮廓线。利用 OFFSET 命令将基准线 A 向左偏移 72、63 和 56，将基准线 B 向下、向上分别偏移 24 和 34，如图 8-44（a）所示。利用修剪命令得到主视图左部结构 J，如图 8-44（b）所示。

④绘制主视图右边轮廓线。利用 OFFSET 命令将基准线 A 向右偏移 62、53 和 46，将基准线 B 向下、向上分别偏移 17.5 和 27，如图 8-45（a）所示。利用修剪命令得到主视图右部结构 K，如图 8-45（b）所示。

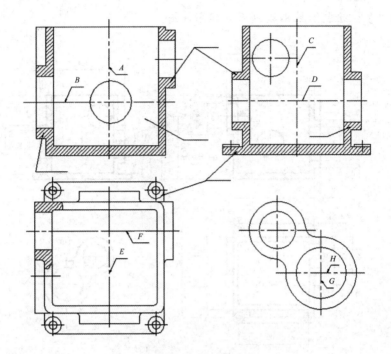

图 8-43　视图分析

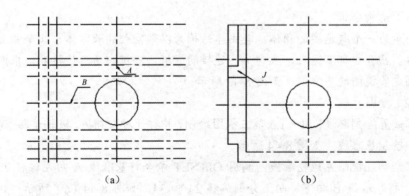

（a）　　　　　　　　　　　（b）

图 8-44　绘制基线

⑤绘制左视图引线。利用高平齐投影规律由主视图向左视图引线，如图 8-45 所示。

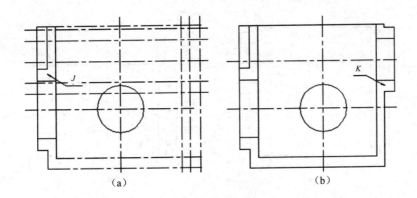

图 8-45　绘主视图

⑥绘制左视图左边结构。利用 OFFSET 命令将对称线 C 向左偏移 45、52、62 和 72，得到正方体空腔的内外轮廓线、圆柱凸台的轮廓线和底板轮廓线，如图 8-46（a）所示；将轴线 D 向上、向下分别偏移 20 和 27，得到凸台圆柱的轮廓线，然后利用 TRIM 命令剪切形成其左视图左半部分结构，并画出底板上四个圆孔的凸台，如图 8-46（b）所示。

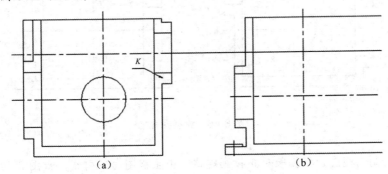

图 8-46　绘左视图

⑦镜像左视图右半部分。利用 MIRROR 命令镜像得到左视图右半部分结构，如图 8-47 所示。

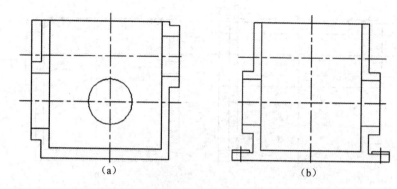

（a）　　　　　　　　　　　　（b）

图 8-47　镜像左视图右半部分

⑧绘制圆孔。利用 OFFSET 命令将对称线 C 向左偏移 25 得到圆心位置，利用 CIRCLE 命令以直径Φ35 画圆，如图 8-48 所示。

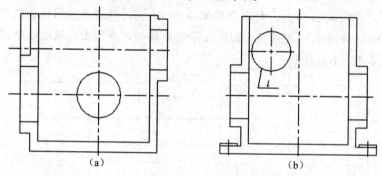

（a）　　　　　　　　　　　　（b）

图 8-48　绘制圆孔

⑨绘制俯视图。根据长对正投影规律，由主视图向下引线，如图 8-49 所示。

⑩绘制俯视图主要轮廓线。利用 OFFSET 命令将基准线 F 向上偏移 27 和 17.5，向下偏移 74 和 65，得到长方体空腔轮廓线，如图 8-50 所示。利用 TRIM 命令剪切得到图 8-51 所示。

⑪绘制俯视图前后凸台。利用 OFFSET 命令和 TRIM 命令绘制前后两个凸台，如图 8-51 所示。

⑫绘制底板。利用底板与长方体空腔的对称关系，可先找出空腔的对称中心，然后通过 OFFSET 偏移中心线，再剪切形成底板外轮廓线，然后画出四个角的圆孔。如图 8-51 所示。

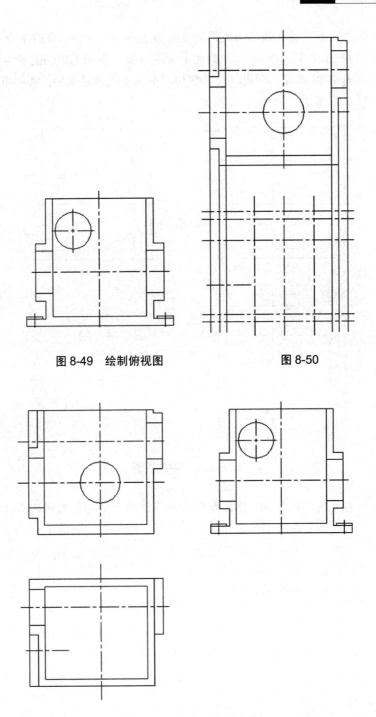

图 8-49　绘制俯视图　　　　　图 8-50

图 8-51　剪切形成主轮廓线

⑬绘制向视图。首先画出向视图的基准线 G 和 H，利用 OFFET 命令将 G 向左偏移 43，将 H 向上偏移 40 后找到两个圆心位置，利用 CIRCLE 命令以 Φ35、Φ54、Φ48 和 Φ68 画圆，利用相切、相切、半径方式画圆 R10，再利用 TRIM 命令修剪得到 C 向视图。如图 8-52 所示。

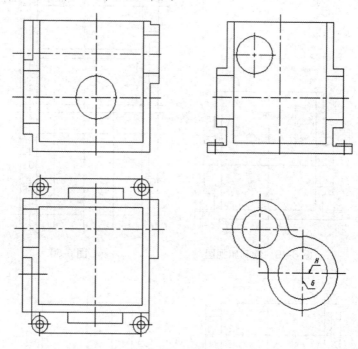

图 8-52　绘制向视图

⑭绘制剖面线　利用 SPLINE 命令在俯视图中画出局部剖视的断裂线，然后再在各视图中画出剖面线。设置好剖面线比例（间隔），如图 8-53 所示。

注意：在绘制多个视图中剖面线时，各视图最好分开绘制，否则在移动图形位置时会同时移动。由两个视图绘制第三个视图时，也可将其按投影关系旋转 90°放置，画出引线。如图 8-53 所示。

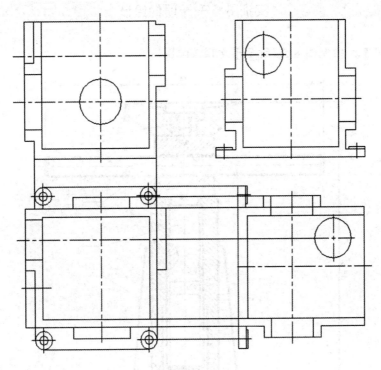

图 8-53　视图旋转

8.3　装配图的绘制

表达机器或部件的图样称为装配图。它表达了机器或部件的工作原理、零件相互间的装配关系，以及各零件的作用或传动关系，装配技术要求等。装配图是进行设备装配和维护管理的重要技术文件，内容包括一组图形、必要的尺寸、技术要求和零部件序号、明细栏与标题栏。

在 AutoCAD 中绘制装配图有以下几种方法，一是直接绘制装配图，就像手工绘制过程一样；另外一种方法就是在绘制了零件图的基础上通过定义图块和图块插入，再经过少量修改进行绘制；第三种画法也可以通过设计中心，用图形文件或进行组装装配图。

实训 6　千斤顶的绘制

【题目】：绘制图 8-54 所示千斤顶装配图。

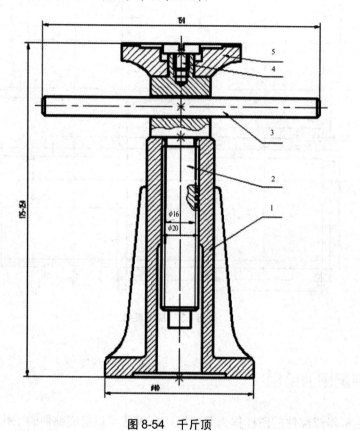

图 8-54　千斤顶

（1）结构分析

千斤顶是简单的起重工具，其结构如图 8-54 所示，由 5 个零件组装而成。工作原理是：逆时针转动杆 3，螺旋杆 2 将在底座中旋转上升，装在螺杆头部的顶垫 5 顶起物体。

由于千斤顶各零件均为回转体结构，因此用一个全剖视的主视图表达即可。

（2）绘图步骤

以下绘图过程利用图块插入方法，假设已经画好各零件图，如图 8-55 所示。

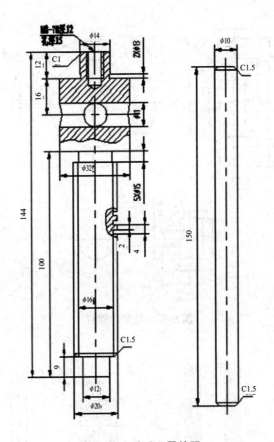

图 8-55　千斤顶零件图

　　①建立图形库。打开各零件图，利用 WBLOCK 命令将各零件图在中装配图需要的视图稍作修改以图块存放，块名可以零件序号或零件名命名，并选取能够确定零件在装配图中位置的点作为基点，如图 8-57 所示，图中有"×"标记是各图形的插入基点。

　　②设置装配图绘图环境。同 8.1.5 节三视图绘制，绘图区域设置为 210×297，并打开对象捕捉、极轴追踪等功能。

　　③插入底座图块。利用 INSERT 命令插入底座图块，如图 8-58 所示。

　　④依次插入各零件图块。利用上步③的方法依次插入螺杆、顶垫、螺钉和杆的图块，注意在插入顶垫、螺钉和杆时，要顺时针旋转 90°（即-90°），如图 8-58 所示。

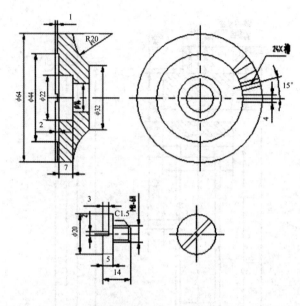

图 8-56　顶垫和螺钉

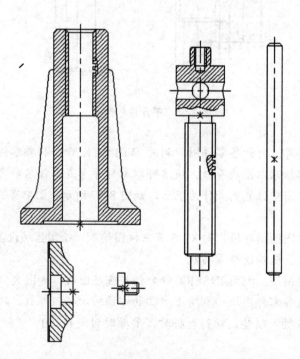

图 8-57　定义图块

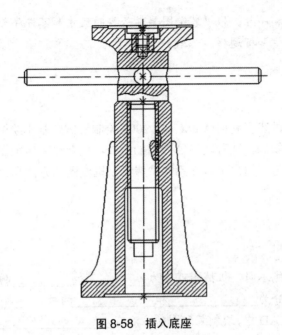

图 8-58　插入底座

⑤修改、编辑图形。利用 EXPLODE 命令分解各图块，然后根据装配关系修改。编辑图形，如图 8-59 所示。

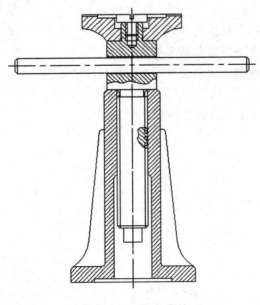

图 8-59　装入各零件

⑥标注尺寸和序号。根据装配图要求必要的尺寸和零件序号。

⑦绘制明细栏和标题栏。（略）

项目小结

在本项目中讲述了利用 AutoCAD 2005 绘制机械图基本绘图方法，包括三视图的基本知识与绘制，四种典型零件图的绘制，以及简单装配图的绘制等内容。通过本项目的学习，用户可以熟悉并掌握绘制机械图的方法和技巧。

项目训练题八

1. 填空题

（1）根据功能不同，机械图可分为_____和_____两种。

（2）投影法分为_____和_____两种。

（3）在 AutoCAD 中，绘制装配图的方法有_____、_____和_____几种。

（4）在利用图块组装装配图时，要进行编辑修改，应使用_____命令将图块分解。

2. 简答题

（1）三视图的投影规律是什么？

（2）零件图的主要内容包括哪些？

（3）零件图的绘制一定要进行哪些绘图环境设置？

3. 操作题

（1）绘制题图 8-1 中轴的零件图。

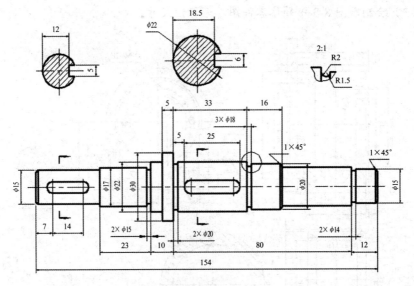

题图 8-1　轴

（2）绘制题图 8-2 中叉架的零件图。

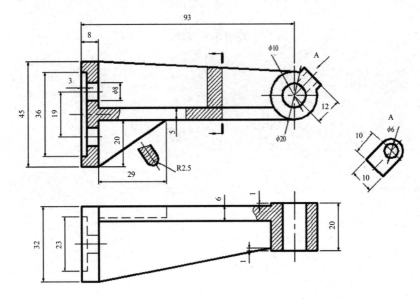

题图 8-2　支架

（3）绘制题图 8-3 中箱体零件图，不标注尺寸。

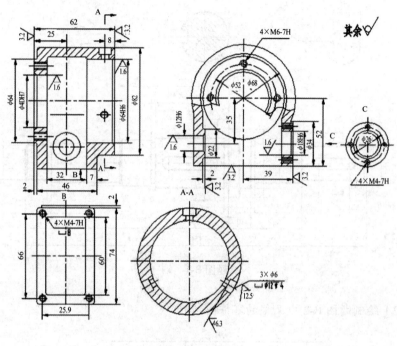

题图 8-3　箱体

项目 9 绘制建筑工程图

项目目标

掌握建筑平面图和立面图的绘制方法；了解室内装饰效果图的绘制。

前面已经介绍了有关 Auto CAD 的绘图功能和图形编辑功能，为了能使读者更好地把所学的知识应用于实际中，下面以建筑图为制作实例，包括平面图、立面图和剖面图，系统地介绍这些功能的具体运用。

9.1 平面图的绘制

假想用一水平的切平面沿门窗洞的位置将房屋剖切后，对切平面以下部分所作出的水平剖面图，即为建筑平面图。它反映出房屋的平面形状、大小和房间的布置，墙（或柱）的位置、厚度和材料，门窗的类型和位置等情况。某建筑物标准层平面图如图 9-1 所示，下面介绍其绘制方法。

实训 1 绘制墙体

（1）设置图层

在绘制建筑平面图时，轴线设为中心线，其他可用连续线。另外，要为特殊形体单独命名图层，如：门、窗、楼梯等，同时，也要进行颜色设置。

单击工具栏上的"图层"按钮，在"图层特征管理器"对话框中选择"新建"按钮，添加图层如图 9-2 所示。

（2）绘制轴线

①设当前层

单击"对象特征"工具栏上"图层控制"下拉列表，将"轴线"层设为当前层。

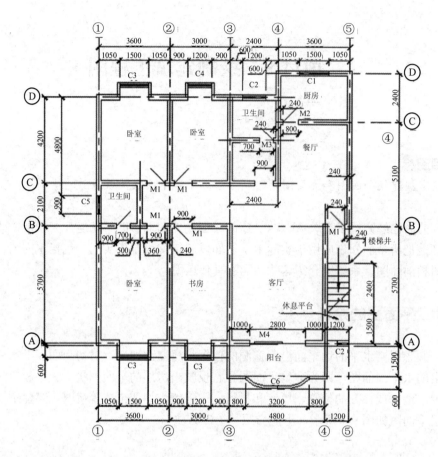

图 9-1　建筑平面图

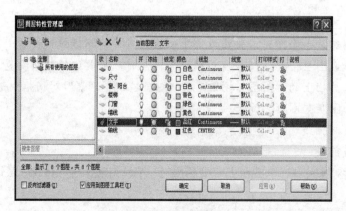

图 9-2　设置图层

②绘制轴线

用"直线（L）"命令绘制轴线（绘图比例为1∶100）。

命令：<u>line</u>↙

指定第一点：（用鼠标在屏幕上指定一点，绘制水平线的起点）

指定下一点或[闭合（C）/放弃（U）]：<u>@180，0</u>↙（绘制水平线的终点）

命令：<u>line</u>↙

指定第一点：（用鼠标在屏幕上指定一点，绘制垂直线的起点，与水平线相交）

指定下一点或[闭合（C）/放弃（U）]：<u>@0，200</u>↙（绘制垂直线的终点）

命令：<u>offset</u>↙

指定偏移距离或[通过（T）]<0，0>：<u>36</u>↙（输入偏移距离）

选择要偏移的对象或<退出>：选择垂直线

指定点以确定偏移所在一侧：在垂直线的右侧点一下（向右偏移）

选择要偏移的对象或<退出>：

重复以上操作，偏移出所有开间轴线。

命令：<u>offset</u>↙

指定偏移距离或[通过（T）]<0，0>：<u>12</u>↙（输入偏移距离）

选择要偏移的对象或<退出>：选择水平线

指定点以确定偏移所在一侧：在水平线的下方点一下（向下偏移）

选择要偏移的对象或<退出>：

重复以上操作，偏移出所有进深轴线。经修剪后如图9-3所示。

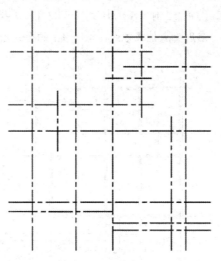

图9-3　绘制轴线

（3）绘制墙体

①设当前层

单击"对象特征"工具栏上"图层控制"下拉列表，将"墙线"层设为当前层。

②绘制墙线

首先在"格式（F）"菜单中选择"多线样式（M）"，在弹出的对话框中的"名称"栏内输入"24墙"，再单击"添加"按钮，然后选择"元素特性"按钮，再输入"偏移"距离1.2，单击"添加"按钮，输入"偏移"距离-1.2，单击"添加"按钮，确认后退出对话框。

命令：（输入命令）

单击按钮，绘制多线。

当前设置：对正 = 上，比例 = 20.00，样式 = 24墙

指定起点或 [对正（J）/比例（S）/样式（ST）]：<u>J✓</u>（选择对正方式）

输入对正类型 [上（T）/无（Z）/下（B）]<上>：<u>Z✓</u>（对正方式为无偏移方式）

当前设置：对正 = 无，比例 = 20.00，样式 = 24墙

指定起点或 [对正（J）/比例（S）/样式（ST）]：<u>S✓</u>（选择多线比例）

输入多线比例 <20.00>：<u>1✓</u>（设置多线的比例为1：1）

当前设置：对正 = 无，比例 = 1.00，样式 = 24墙

指定起点或 [对正（J）/比例（S）/样式（ST）]：<u>ST✓</u>（选择多线样式）

输入多线样式名或 [?]：<u>24墙✓</u>

当前设置：对正 = 无，比例 = 1.00，样式 = 24墙

指定起点或 [对正（J）/比例（S）/样式（ST）]：（指定多线的起点位置）

打开对象捕捉工具，启用交点捕捉方式，按图9-1的样式绘制墙线，如图9-4所示。

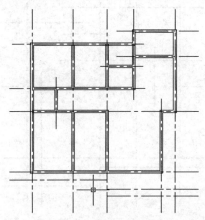

图9-4　绘制墙线

实训2 绘制窗套和阳台

（1）设当前层

单击"对象特征"工具栏上"图层控制"下拉列表，将"窗、阳台"层设为当前层。

（2）绘制窗套、阳台

单击【格式】→【多线样式】，在弹出的对话框中的"名称"栏内输入"12墙"，再单击"添加"按钮，然后选择"元素特性"按钮，再输入"偏移"距离1.2，单击"添加"按钮，输入"偏移"距离-1.2，单击"添加"按钮，确认后退出对话框。对正方式选择T或B，绘制窗套的方法与墙线相同。

单击【修改】→【对象】→【多线】，在弹出的对话框中，选择多线的修改，绘制结果如图9-5所示。

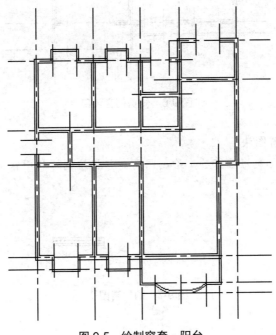

图9-5 绘制窗套、阳台

实训3 插入门窗

（1）修剪门窗洞口

首先分解多线，偏移轴线至门窗洞口，然后再用特性匹配将偏移的轴线改为墙线，冻结轴线图层，最后修剪出门窗洞口，解冻轴线图层，如图 9-6 所示。

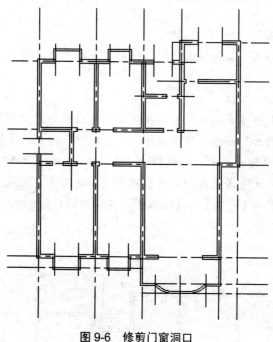

图 9-6　修剪门窗洞口

（2）创建门窗图块

将门窗图层设置为当前层，绘制门窗，并将绘制好的门窗分别创建为门窗图块，如图 9-7 所示。

图 9-7　门、窗图块

（3）插入门窗

当插入门窗图块时，如果门窗洞口的尺寸与创建的门窗图块不同，可以在插入图块的对话框中输入比例因子，例如创建窗块的尺寸 X=15，Y=2.4，而要插入的窗洞的尺寸为 X=12，Y=2.4，则输入 X 比例因子为 12/15＝0.8，Y 的比例因子不变。注意：插入门窗图块时，启用交点捕捉功能，以便准确插入图块。效果如图 9-8 所示。

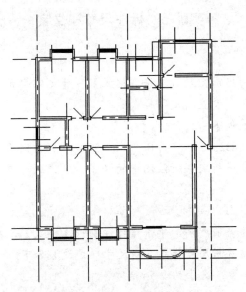

图 9-8 插入门窗效果图

实训 4 绘制楼梯

将楼梯图层设置为当前图层，根据图 9-1 楼梯尺寸，用偏移命令确定楼梯井和休息位置，用绘制直线命令绘制楼梯，从绘制的第一条踏步线向上进行矩形阵列，9 行 1 列，行间距 3，用绘制多段线命令绘制箭头，如图 9-9 所示。

绘制一个轴线编号小圆，用重复复制绘制所有的小圆。

注意： 绘制小圆时，启用端点捕捉和象限点捕捉功能。

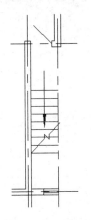

图 9-9 楼梯平面图

实训 5　标注尺寸和文字

（1）标注文字

将文字层设置为当前图层，单击【格式】→【文字样式】，在弹出的对话框中点取"新建"按钮，设置新文字样式。

新文字样式设置如下：

样式 1　　仿宋 GB2312　　　高 0　mm（可以在标注时设置字高）

可用单行文字或多行文字标注图中的汉字、轴线编号中的数字和字母、门窗编号及图名。

（2）标注尺寸

将尺寸层设置为当前图层，单击【标注】→【样式】，在弹出的对话框中点取"新建"按钮，设置新尺寸样式。新尺寸样式设置如下：

箭头　建筑标记　　　大小为 2.5mm

文字　样式 2　　　仿宋 GB2312　高 2.5mm

用直线法标注尺寸的步骤是：

①标注门窗定位尺寸和门窗尺寸。

②标注定位轴线尺寸。

③标注总尺寸。

标注尺寸时，先标注水平方向的尺寸，再标注垂直方向的尺寸；先标注外部尺寸，再标注内部尺寸。冻结轴线后绘制出的建筑物标准层平面图如图 9-10 所示。

9.2　立面图的绘制

绘制建筑图时，与房屋立面平行的投影面上所做的房屋的正投影图，称为建筑立面图，简称立面图。

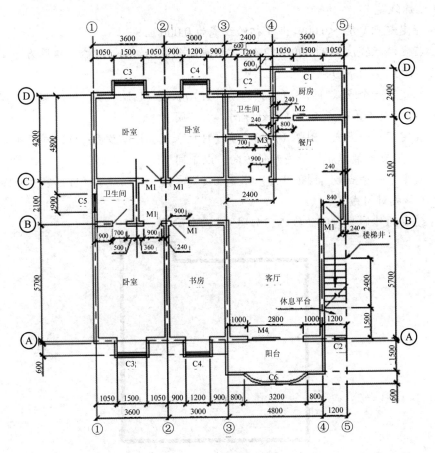

图 9-10 标准层平面图

实训 6 绘制外墙

新建一个图层，打开建筑平面图，另存为"平面图副本"，冻结点划线、墙线以外的所有图层，新建一个名字为"外墙-1"的图层。

将"外墙-1"的图层设为当前层，设置隐含的交点捕捉。绘制外墙线的步骤是：

（1）绘制外墙轮廓线

命令：_pline

指定起点：（输入墙左上角点）

当前线宽为 0.000

指定下一个点或 [圆弧（A）/半宽（H）/长度（L）/放弃（U）/宽度（W）]:

w（选择线宽）

指定起点宽度 <0.000>:　（初始线宽为 0.000）

指定端点宽度 <0.0000>: 2.4✓（结束时线宽为 2.4，即输入墙厚为 2.4，比例 1：100，以下同）

指定下一个点或 [圆弧（A）/半宽（H）/长度（L）/放弃（U）/宽度（W）]:（输入外墙交点第一点，沿逆时针方向，以下同）

指定下一个点或 [圆弧（A）/半宽（H）/长度（L）/放弃（U）/宽度（W）]:（输入外墙交点第二点，沿逆时针方向，以下同）

指定下一个点或 [圆弧（A）/半宽（H）/长度（L）/放弃（U）/宽度（W）]:C✓（形成封闭线）

绘制的外墙为封闭的线框。如图 9-11 所示。

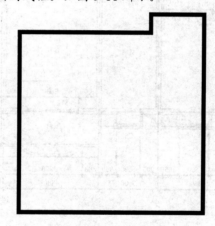

图 9-11　外墙轮廓线

（2）设置三个视图

冻结除"外墙－1"图层外的所有图层。设置三个视图的步骤：

单击【视图】→【视口】→【三个视口】

命令：_-vports

输入选项 [保存（S）/恢复（R）/删除（D）/合并（J）/单一（SI）/? /2/3/4] <3>: 3✓

输入配置选项 [水平（H）/垂直（V）/上（A）/下（B）/左（L）/右（R）] <右>:

正在重新生成模型。

此时屏幕上的三个视口中的图形相同，都是默认的俯视图。

（3）改变视口中的视点

①左上角形成主视

用鼠标单击左上角的"视口"，再单击【视图】→【三维视图】→【主视】

②右面形成等轴测

用鼠标单击右面的"视口"，再单击【视图】→【三维视图】→【西南等轴测】

此时屏幕上的三个视口图形分别是左上角为主视图，左下角为俯视图，右边为西南方向的等轴测图。

（4）拉伸形成外墙

拉伸形成外墙的方法是先建立外墙的面域，再单击绘图工具栏中的拉伸 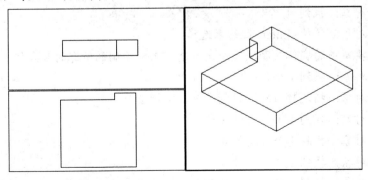 按钮，形成外墙，具体步骤是：

①建立外墙面域

命令：_region

选择对象：（选择封闭的外墙线框）找到 1 个

选择对象：

已提取 1 个环。

已创建 1 个面域。

②拉伸封闭线框形成外墙，其步骤：

命令：_extrude

当前线框密度：ISOLINES=4

选择对象：（选择被拉伸的外墙轮廓线）找到 1 个

选择对象：

指定拉伸高度或 [路径（P）]：28↙（输入拉伸的高度）

指定拉伸的倾斜角度 <0>:

拉伸后的主、俯视图和轴测图，如图 9-12 所示。

图 9-12　外墙轮廓线

实训 7　在外墙上开门窗洞口

（1）绘制外墙窗户平面图

解冻墙线图层，单击"实体"工具栏上"长方体"按钮，在左下角俯视图上的外墙窗户处绘制长方体，准备在外墙上开出窗户孔（可设置隐含捕捉功能捕捉窗户的对角点）。

命令：_box

指定长方体的角点或 [中心点（CE）] <0，0，0>：（捕捉窗户的一个角点坐标）

指定角点或 [立方体（C）/长度（L）]：（捕捉窗户的另一个角点坐标）

指定高度：15↙

命令：（等待接受命令）

重复以上操作，在门窗洞口处绘制出其他的长方体。

（2）将绘制长方体移到窗的设计高度

在主视图上将窗移到设计高度，其步骤是：

命令：_move（用鼠标选择被移动的长方体）

选择对象：找到 1 个

选择对象：找到 1 个（选中一个被移动的对象）

选择对象：（按<Enter>键结束选择）

指定基点或位移：指定位移的第二点或 <用第一点作位移>：@0，0，10↙（输入移动点位置相对基点的坐标）

重复以上操作，将其余长方体移动到窗的设计高度。

（3）挖门窗洞口——布尔差运算

单击"实体编辑"工具栏上的 ⑩（实体差）按钮，根据提示进行如下的操作。

命令：_subtract 选择要从中减去的实体或面域（用鼠标选取外墙体）

选择对象：找到 1 个

选择对象：（按<Enter>键结束选择）

选择要减去的实体或面域（用鼠标选取上面绘制的所有的长方体）

选择对象：找到 1 个

选择对象：指定对角点：找到 1 个，总计 2 个

选择对象：找到 1 个，总计 3 个

选择对象：找到 1 个，总计 4 个

选择对象：找到 1 个，总计 5 个

选择对象：找到 1 个，总计 6 个

选择对象：找到 1 个，总计 7 个

选择对象：找到 1 个，总计 8 个

选择对象：找到 1 个，总计 9 个

选择对象：（按 <Enter> 键结束选择）

墙上挖门窗洞后的形状如图 9-13 所示。

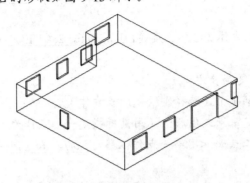

图 9-13   墙上挖门窗洞后形状

实训 8   绘制门窗和阳台

（1）绘制窗户

①绘制窗框

单击"实体"工具栏上的"长方体"按钮，绘制一个长方体为窗框。并新建一个用户坐标系，将新的坐标原点移到该长方体外侧的左下角。具体操作如下：

命令：_box

指定长方体的角点或 [中心点（CE）] <0，0，0>：

指定角点或 [立方体（C）/长度（L）]：<u>@15，2.4，15↙</u>

命令：ucs（建立用户坐标系）

当前 UCS 名称：世界

输入选项

[新建（N）/移动（M）/正交（G）/上一个（P）/恢复（R）/保存（S）/删除（D）/应用（A）/? /世界（W）] <世界>：<u>n↙</u>（新建一个用户坐标系）

指定新 UCS 的原点或 [Z 轴（ZA）/三点（3）/对象（OB）/面（F）/视图（V）/X/Y/Z] <0，0，0>：（捕捉长方体外侧的左下角点）

②绘制窗洞

单击"实体"工具栏上的"长方体"按钮，绘制一个长方体为窗洞。然后单击"修改"工具栏上的复制按钮，复制出另外一个窗洞。具体操作如下：

命令：_box（绘制一个长方体）

指定长方体的角点或 [中心点（CE）] <0, 0, 0>: @1, 0, 1✓（输入一个角点的坐标）

指定角点或 [立方体（C）/长度（L）]: @6, 2.4, 13✓（输入另一个角点的坐标）

命令：_copy（复制长方体）

选择对象：找到 1 个（选择刚绘制的长方体）

选择对象：指定基点或位移：（用鼠标指定一个点作为基点）

指定位移的第二点或 <用第一点作位移>: @7, 0, 0✓（输入相对前面基点的坐标）

单击"实体编辑"工具栏上⑩（实体差）按钮，用大长方体减去两上小长方体，具体操作如下：

命令：_subtract 选择要从中减去的实体或面域（用鼠标选取窗框大长方体）

选择对象：找到 1 个

选择对象：（按<Enter>键结束选择）

选择要减去的实体或面域（用鼠标选取上面绘制的一个小长方体）

选择对象：找到 1 个（用鼠标选取另一个长方体）

选择对象：找到 1 个，总计 2 个

选择对象：（按<Enter>键结束选择）

③绘制玻璃

单击"实体"工具栏上的"长方体"按钮，在窗框内绘制一个长方体。安装上玻璃后的窗户如图 9-14 所示。

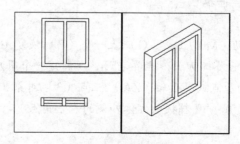

图 9-14　窗户效果

具体操作如下：

命令：_box（绘制一个长方体）

指定长方体的角点或 [中心点（CE）] <0，0，0>：@1，0，1↙（输入一个角点的坐标）

指定角点或 [立方体（C）/长度（L）]：@6，1，13↙（输入另一个角点的坐标）

命令：_copy（复制长方体）

选择对象：找到 1 个（选择刚绘制的长方体）

选择对象：指定基点或位移：（用鼠标指定一个点作为基点）

指定位移的第二点或 <用第一点作位移>：@7，0，0↙（输入相对前面基点的坐标）

命令：_move（用鼠标选择被移动的一块玻璃）

选择对象：找到 1 个（选中一个被移动的对象，再选择另一个被移动的另一块玻璃）

选择对象：找到 1 个，总计 2 个

选择对象：（按<Enter>键结束选择）

指定基点或位移：（用鼠标指定一个基点）

指定位移的第二点或 <用第一点作位移>：@0，0.7，0↙（输入相对于前面基点的坐标）

其余门窗和窗套绘制方法与上述绘制窗户的方法相同。

（2）绘制阳台

①设置三个视图

单击【视图】→【视口】→【三个视口】

命令：_-vports

输入选项 [保存（S）/恢复（R）/删除（D）/合并（J）/单一（SI）/?/2/3/4] <3>：3↙

输入配置选项 [水平（H）/垂直（V）/上（A）/下（B）/左（L）/右（R）]<右>：

正在重新生成模型

此时屏幕上的三个视口中的图形相同，都是默认的俯视图。

②改变视图中的视点

左上角形成主视：用鼠标单击左上角的"视口"，再单击【视图】→【三维视图】→【主视】。

右面形成等轴测：用鼠标单击右面的"视口"，再单击【视图】→【三维视图】→【西南等轴测】。

此时屏幕上的三个视口图形分别是左上角为主视图，左下角为俯视图，右边为西南方向的等轴测图。

③绘制阳台墙外轮廓线

用鼠标单击左下角的视口，即为当前视口。用"Pline"和"Arc"命令绘制阳台墙外轮廓线的水平投影图，绘制结果如图 9-15 所示。

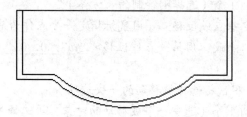

图 9-15　阳台墙外轮廓线

④拉伸形成阳台墙

拉伸结果如图 9-16 所示。

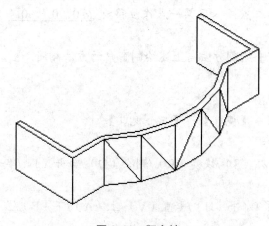

图 9-16　阳台墙

拉伸形成阳台墙的步骤是：

命令：_extrude（输入拉伸命令）

当前线框密度：ISOLINES=4

选择对象：找到 1 个（选择被拉伸的阳台墙线）

选择对象：（按<Enter>键结束选择）

指定拉伸高度或 [路径（P）]: <u>10</u>↙（输入拉伸高度）

指定拉伸的倾斜角度 <0>:　（直接按<Enter>键）

⑤绘制阳台底面

用 "Pline" 和 "Arc" 命令，图 9-15 上沿阳台的内边线绘制阳台底面的轮廓线。

⑥拉伸绘制阳台底

步骤是：

命令：_extrude（输入拉伸命令）

当前线框密度：ISOLINES=4

选择对象：找到 1 个（选择被拉伸的阳台底面轮廓线）

选择对象：（按<Enter>键结束选择）

指定拉伸高度或 [路径（P）]: <u>1</u>↙（输入拉伸高度）

指定拉伸的倾斜角度 <0>:　（直接按<Enter>键）

阳台的最后效果如图 9-17 所示。

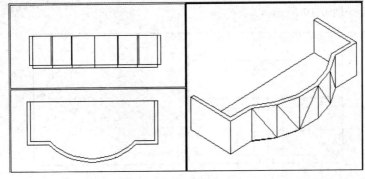

图 9-17　阳台

实训 9　在外墙插入门窗和阳台

打开图 9-17，选择全部图形，按下剪切板上 "复制" 按钮，再打开图 9-13，按下剪切板上的 "粘贴" 按钮，将图 9-17 的阳台复制到图 9-13 的相应位置上，保存图形。

重复以上操作，将所有门窗复制到图 9-13 的门窗的相应位置上。如图 9-18 所示。

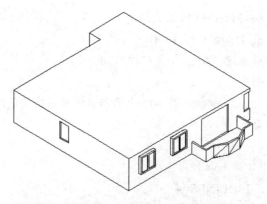

图 9-18 在外墙上插入门窗、阳台后的效果

实训 10 绘制屋面

分别在正面投影和侧面投影图绘制三角形，三角形高 30，屋檐四周挑出外墙 15。拉伸后如图 9-19 所示。

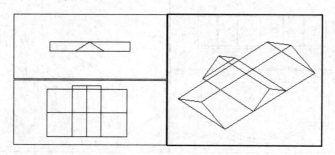

图 9-19 屋面绘制（一）

在正面投影上将屋面修剪成四坡，再绘制挑檐板，板厚 5，最后用布尔"并"运算将纵横坡屋面与挑檐合并，如图 9-20 所示。

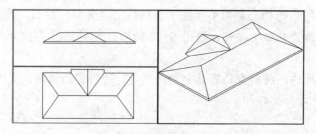

图 9-20 屋面绘制（二）

将图 9-20 镜像、重复复制四层、绘制室内外高差的外墙、复制屋面至设计位置，得到建筑物的最终效果图，如图 9-21 所示。

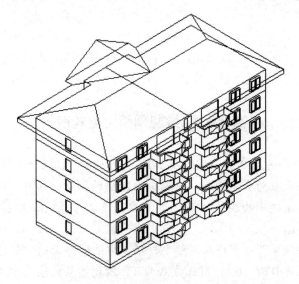

图 9-21 建筑物最终效果图

实训 11 绘制立面图

由图 9-21，设置一个视口，反映正立面图，如图 9-22 是用一个视口表达的正立面图。

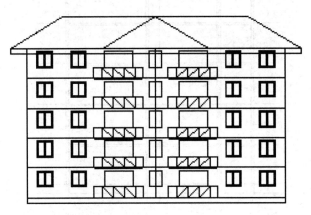

图 9-22 正立面图

9.3 剖面图的绘制

假想用一个垂直于外墙轴线的铅垂切平面，将房屋剖开，所得的剖面图，称为建筑剖面图。剖面图用以表示房屋内部的结构或构造形式、分层情况和各部位的联系、材料及其高度等，是与平、立面图相互配合的不可缺少的重要图样之一。

实训 12　绘制剖面主要轮廓

将图 9-10 另存为图 9-23。删除图 9-10 中的图线，解冻轴线图层。

将轴线图层设置为当前图层，绘制剖面外墙的轴线，室内外地面、屋面、各层楼面位置线。该建筑物层高 2.8m，共五层，檐口高 0.5m，顶层屋面高 3.0m，室内外高差 0.6m。

将墙线图层设置为当前图层，绘制外墙，方法同平面图；新建楼板图层，设置多线，偏移量为 0.6，−0.6，对正方式为 T，绘制各层楼板，方法同平面图；用绘制直线命令分别在各自的图层上绘制室内外地面线和屋面、檐口，剖面图主要轮廓线如图 9-23 所示。

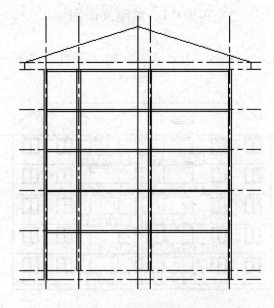

图 9-23　剖面图主要轮廓线

实训 13 插入窗图块、绘制阳台

首先分解多线，偏移轴线至门窗洞口，然后再用特性匹配将偏移的轴线改为墙线，冻结轴线图层，最后修剪出门窗洞口，解冻轴线图层。

当插入窗图块时，由于窗洞口的方向与创建的窗图块方向不同，可以在插入图块的对话框中输入旋转角度90°。

用绘制直线命令绘制阳台，并绘制阳台立面上的圆弧素线。

注意：插入窗和阳台图块时，启用交点捕捉功能，以便准确插入图块。

实训 14 绘制楼梯

（1）绘制楼梯踏步

首先将底层室内地面线向上陈列10行1列，行间距为1.56，其次从轴线再偏移出休息平台的边线，最后向左阵列休息平台边线，阵列1行9列，列间距3，如图9-24所示。

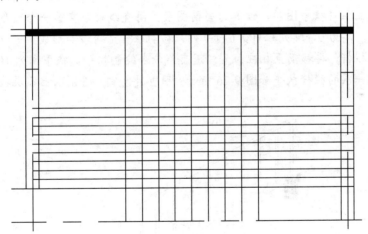

图9-24 绘制楼梯踏步（一）

将楼梯图层设置为当前图层，用特性匹配将以上阵列的图线改变为当前图层图线，修剪后形成踏步，再绘制休息平台线，如图9-25所示。

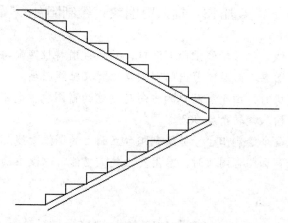

图 9-25　绘制楼梯踏步（二）

用直线、偏移命令绘制踏步板，板厚 0.8；将踏步及踏步板镜像、移动，绘制结果如图 9-25 所示。偏移平台线形成平台板，用直线命令绘制平台梁，删除多余图线，图案填充第一踏步和平台板形成剖切面。

（2）绘制楼梯栏杆扶手

新建立栏杆扶手图层，设其为当前图层。用直线命令在第一个踏步面上绘制栏杆双线，高为 9，阵列栏杆，1 行 9 列，移动栏杆至踏步面形成第一跑栏杆；镜像第一跑栏杆，再移动至相应位置；用直线命令绘制扶手，扶手高为 1000，经修改后得到一层的栏杆扶手如图 9-26 所示。用重复复制，绘制以上各层楼梯踏步及栏杆扶手。

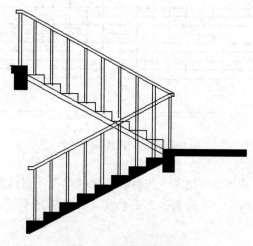

图 9-26　绘制栏杆扶手

新建立标高符号图层，设其为当前图层，用直线命令绘制标高符号。

将绘制的标高符号创建图块，以备插入时使用。

标注标高尺寸时，先插入标高符号，再用单行文字或多行文字注写数字。完成后的剖面图如图 9-27 所示。

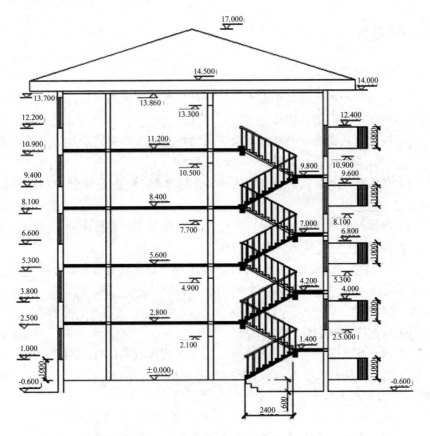

图 9-27 建筑剖面图

总体检查和润色。对整个建筑剖面图进行检查，单击"修改"工具栏中的 ，调用删除命令，删除多余内容。根据实际情况，调用其他命令，修改建筑剖面图。

项目小结

本项目通过一个住宅楼的平面图、立面图和剖面图的实例，介绍了 AutoCAD 2005 的基本绘图命令和图形编辑命令的具体运用，同时，介绍了建筑平面图、立面图和剖面图的基本绘制方法和绘制技巧，其中包括绘图环境设置、图层及线型的设置和最终尺寸的标注。通过本项目，读者不仅可以熟悉前面章节所学的 AutoCAD 2005 命令，能够掌握具体命令的使用范围和使用过程，而且，通过亲身实践操作，能够熟练快捷地灵活运用 AutoCAD 2005 进行建筑工程图的绘制。

项目训练题九

1. 填空题

（1）假想用一水平的切平面沿门窗洞的位置将房屋剖切后，对切平面以下部分所作出的水平剖面图，即为_____图。

（2）绘制建筑图时，与房屋立面平行的投影面上所做的房屋的正投影图，称为_____图，简称_____图。

（3）假想用一个垂直于外墙轴线的铅垂切平面，将房屋剖开，所得的剖面图，称为_____图。

（4）标注尺寸时，先标注_____方向的尺寸，再标注_____方向的尺寸；先标注_____部尺寸，再标注_____部尺寸。

（5）绘制建筑立面图时，屏幕上的三个视口图形通常设置为左上角为_____视图，左下角为_____视图，右边为西南方向的_____图。

2. 选择题

（1）绘制 24 墙线时，适宜选用（　　）。

　　A. 多段线　　　B. 多线样　　　C. 圆弧线　　　D. 样条曲线

（2）创建窗块的尺寸 X=15，Y=2.4，而要插入的窗洞的尺寸为 X=12，Y=2.4，则输入 X 比例因子为（　　）。

　　A. 0.6　　　B. 1.0　　　C. 0.8　　　D. 1.25

（3）用绘制直线命令绘制楼梯，从绘制的第一条踏步线向上采用（　　）方法最快。

　　A. 偏移　　　　B. 复制　　　C. 镜像　　　　D. 阵列

（4）绘制建筑立面图中，挖门窗洞口时，采用布尔（　　）运算。

　　A. 并集　　　　B. 积集　　　C. 差集　　　　D. 交集

3. 操作题

（1）【操作要求】：绘制如题图 9-1 所示的建筑平面图。

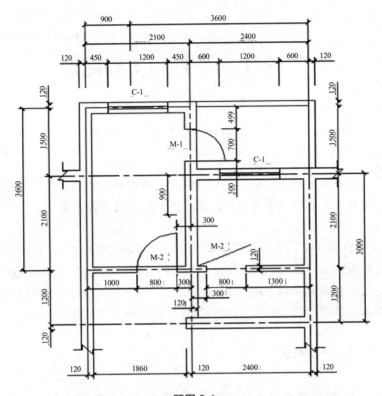

题图 9-1

（2）【操作要求】：绘制如题图 9-2 所示的建筑剖面图。

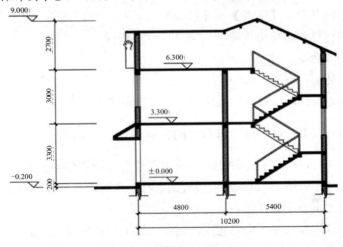

题图 9-2

项目 10 打印工程图形

了解打印参数的配置过程；了解模型空间与图样空间的概念；掌握布局的设置；掌握打印样式表的设置与使用；掌握图形输出的操作方法。

AutoCAD 是一个功能强大的绘图软件，所绘制的图形被广泛地应用在许多领域。这时就需要我们根据不同的用途以不同的方式输出图形。AutoCAD 安装后自动会执行目前在 Windows 操作系统中提供的打印机驱动程序，所以只要在操作系统中正确地安装打印驱动程序，AutoCAD 就可以执行打印操作。

10.1 配置打印参数

AutoCAD 2005 提供打印输出功能，该项命令对话框如图 10-1 所示，打印对话框中提供了详细的打印参数以满足各种出图需要。

配置打印参数的命令格式如下：

◆ 下拉菜单：【文件】→【打印】
◆ 图标位置：单击"标准"工具栏中 图标
◆ 输入命令：Plot↙
◆ 快捷键：<Ctrl>+<P>

本节通过介绍配置打印参数来学习各种出图的基本方法。

10.1.1 AutoCAD 2005 打印参数中的页面设置

AutoCAD 2005 在打印输出时，可以通过页面设置将当前的打印参数保存起来以备以后打印时用，可以从页面设置的名称中选择以前做好的页面设置来使用，也可以不选而重新设置打印参数。

要保存打印参数至页面设置中，需要通过下拉菜单【文件】→【页面设置管理器】来设置保存。如图 10-2 所示。其中"*模型*"为系统默认的模型空间的页

面设置，可以通过"新建"来创建自己需要的页面设置，也可以通过"输入"来
输入其他 AutoCAD 图中的页面设置至本 AutoCAD 图形空中使用。

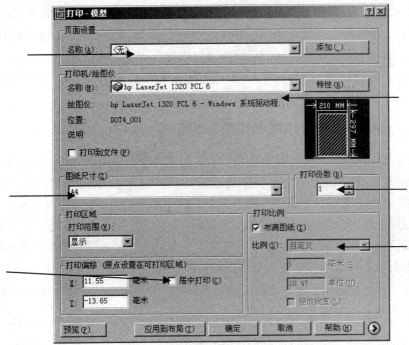

图 10-1　打印对话框

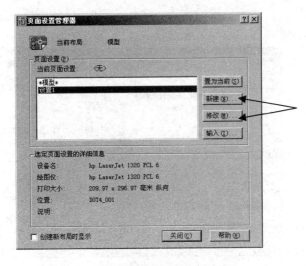

图 10-2　"页面设置管理器"对话框

10.1.2 AutoCAD 2005 打印参数中的打印机/绘图仪

在此处可以选择用户所需要的打印机/绘图仪，在打印机/绘图仪的下方，有所选打印机/绘图仪的简要设置介绍，也可在"特性"中设置该打印机/绘图仪的具体的设置，不同的打印机/绘图仪的特性对话框内容有所不同。

当然，也可以选择打印到文件，并将该文件拷到有该打印机而没有装AutoCAD 环境的机器上打印输出。

10.1.3 AutoCAD 2005 打印参数中的打印区域

AutoCAD 提供了几种打印范围的设置：显示、窗口、图形界限、范围等。其中显示即为当前 AutoCAD 环境中当前窗口中所显示的图形；窗口可以回到AutoCAD 环境中选择一个窗口；图形界限即通过菜单【格式】→【图形界限】来设置的图形空间；范围则是整个图的全部对象。当然，其中窗口可能比较灵活一些。

在随后的打印比例中可以设置布满图样，也可以设置出图的比例，另外在打印偏移中可以选择居中打印来调整出图的布图位置。

注意：一般在图样上要标注出图比例，如果您不知道您的出图比例该写多少，这里会显示给您作为参考值。

10.1.4 AutoCAD 2005 打印参数中的扩充选项

在打印窗口中，单击 ⊙ 可以展开打印参数的扩充选项，其中可以对"打印样式表（笔指定）""着色视口选项""打印选项"与"图形方向"进行设置，也可以再次单击 ⊙ 按钮，收起扩充选项，如图 10-3 所示。

图 10-3　打印对话框扩展选项

实训 1 打印机械零件图

（1）打开要打印的图形文件，如图 10-4 所示，选择打印 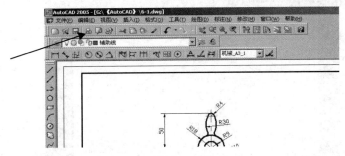 按钮。

图 10-4 打开文件窗口

（2）如图 10-5 所示，出现"打印"窗口后，在打印机/绘图仪的名称栏选择打印机或绘图仪的型号。

（3）设置打印纸张与打印份数，把打印范围改为"窗口"，并在图中设置窗口大小，窗口大小为该图的最外沿的边框线大小。在"打印偏移"区勾选"居中打印"，在"打印比例"区中选中"布满图样"，会在下面的比例中得到一个比例数据，比例数据就是出图的图样比例，但为图样比例标准，可将该数据适当取整后出图，并将该比例数据先填入模型空间后再打印输出。

（4）点击 展开扩展参数面板，并取消"按样式打印"，选中"打印对象线宽"与"将修改保存至布局"，将打印"图样方向"设为"横向"。

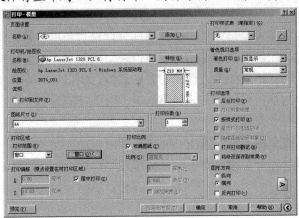

图 10-5 打印窗口

（5）按下"预览"按钮，先在预览图中看看是否合适，在预览图中，可以按下<ESC>或<Enter>键退出预览。如图 10-6 所示。

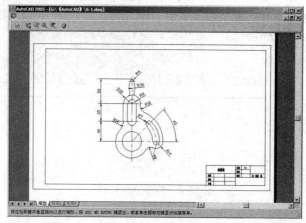

图 10-6　预览窗口

（6）如果效果满意，打印大小或位置都没有问题，则选择"硬定"按钮，打印视图即可。

10.2　创建图样布局（一）

最早的 CAD 没有模型布局之分，作图、打印就在同一个窗口，实际上也就是现在的模型窗口。现在的模型窗口主要用于作图，也可以用于打印，布局窗口主要用于打印，也可以作图。布局窗口更适于打印，是因为布局窗口中可以建多个视口，每个视口都可以是模型中的任意部分以任意角度任意比例排版，并且对打印范围、角度、比例的调整非常方便，但视口只能布置模型窗口的内容，如果在视口中直接作图则不能如此方便地布置和调整，所以一般在模型中作图，到布局中建视口，再加不需调整的部分如图框等，用于打印。

在命令窗口上方有模型、布局 1、布局 2 标签，一般绘制或编辑图形都是选择模型标签，一般在模型空间作图，而布局 1 或布局 2 标签则是用来设置打印的条件，这样就可以在一个图文件中拥有多种打印设置，不必重复做设置工作。

10.2.1　新建布局

（1）打开图形文件如图 10-7 所示，其中模型及标注在模型空间里完成，而边框线与表格文字在布局中完成，并可进行打印设置，打印设置也可保存在布局中。

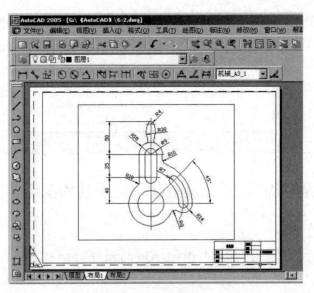

图 10-7　布局窗口

（2）单击"布局 2"，在出现"页面设置管理器"中设置，选择打印设备和布局设置，以前其他纸张或比例等设置，当然也可以从【文件】→【页面设置管理器】中进行设置（或者在布局上单击鼠标右键，并从菜单中选择"页面设置管理器"，如图 10-8 所示），其中详细设置请参考 10.1 节。选择"打印"按钮就可以将布局直接打印出来。

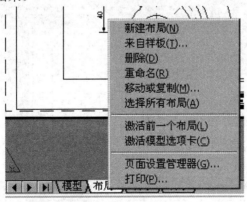

图 10-8　布局菜单

（3）AutoCAD 中默认设置了两个布局，布局 1 与布局 2，如果想要再加一个布局，则在布局菜单中选择"新建布局"或来自样板。

（4）如果选择"删除"项目，则可以删除该布局，也可以选择"重命名"来重新给布局改名，如果针对某打印机或纸张大小及比例所做的布局，则可以更名为"A4出图1：2"，如图10-9所示。

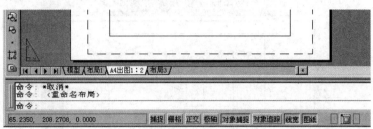

图 10-9　布局改名

实训 2　出图边框的布局打印

（1）打开图形文件，在"模型"上单击右键，选择"新建布局"，单击新建的"布局2"，则弹出"页面设置管理器"中设置其打印机、出图纸大小、比例，并将其保存到布局中。

（2）在布局2中绘制边框线与表格文字，如图10-10所示，则可以将其效果打印出来。

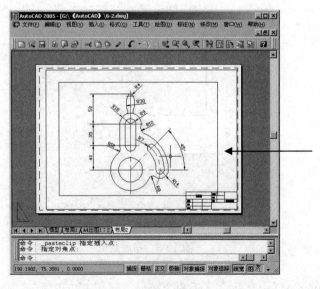

图 10-10　布局边框输出

（3）如果觉得图的布局不是很理想，可以双击视图边框线中间进入模型视图空间进行操作，此时视图边框线会变成粗线，如图 10-11 所示。在模型视图空间中可以对模型对象进行各种操作，如同在布局空间的操作一样方便。如果要回到布局空间，则在模型视图空间线的外面双击就可以回到布局空间。

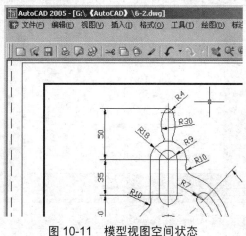

图 10-11 模型视图空间状态

10.3 创建图样布局（二）

实训 3 多视图的布局打印

打印布局也可以设置多视图，要打印如图 10-12 所示的多视图，其操作方法如下：

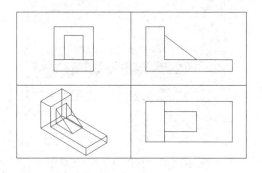

图 10-12 多视图打印

（1）打开图形文件，单击布局 2，在弹出的"页面设置管理器"窗口设置其打印机、出图样大小、比例，并将其保存到布局中。如图 10-13 所示。

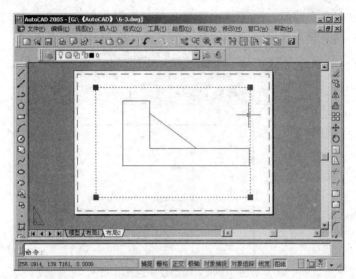

图 10-13　删除原视图

（2）选择视图边框线，将其视图删除，然后点击"视口"工具栏上的"显示视口对话框" （如图 10-14 所示），打开"视口对话框"，如图 10-15 所示。

（3）出现"视口"对话框后，选择"新建视口"选项卡，在"标准视口"栏选择四个：相等，在"设置"栏选择三维、在"预览"窗口选择左下角的视口、在"修改视图"栏选择东南等轴测图，设置完成后选择"确定"按钮。

图 10-14　打开"视口"工具栏

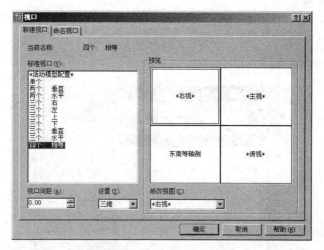

图 10-15 "视口"对话框

实训 4 使用样板的布局打印

在 AutoCAD 的安装目录的 Template 文件夹中，存放着已经做好的样板文件，样板文件可以直接套用，但系统自带的文字与表格格式即是英文系统应用的，不过，您也可以自行设计样板文件以备调用。

（1）打开图形文件，从菜单【插入】→【布局】→【来自样板的布局】或单击"布局"工具栏上的 ![icon]（来自样板的布局），即可打开"从文件选择样板"对话框。如图 10-16 所示。

图 10-16 "从文件选择样板"对话框

（2）选择想要打开的样板，如：JIS A4（landscape）-Color Dependent Plot Styles.dwt，然后选择"打开"按钮。如图 10-17 所示，出现"插入布局"窗口后，选择"确定"按钮。

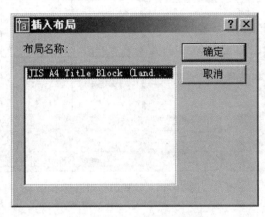

图 10-17 "插入布局"对话框

（3）选择刚刚插入的布局即可套用插入的样板布局。如图 10-18 所示，您也可以选择图框，然后用"分解"命令来分解对象，从而对图框或文字进行编辑。

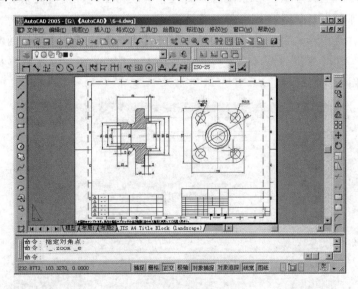

图 10-18 应用样板的布局

实训 5 使用布局向导的打印

布局向导是布局设置的不错的工具，通过向导，可以一步步完成设置。

（1）打开图形文件，从菜单【插入】→【布局】→【创建布局向导】即可打开"创建布局向导"对话框。如图 10-19 所示。

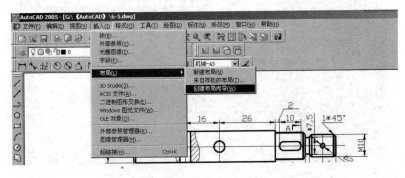

图 10-19 选择"创建布局向导"

（2）等开打"创建布局-开始"窗口（如图 10-20 所示）后，要输入新建视图的名称：如 A4 打印，再选择"下一步"。

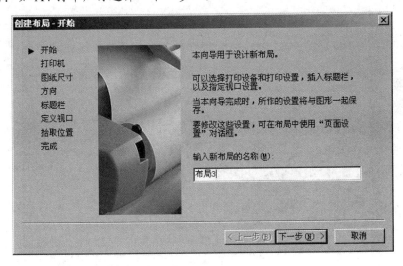

图 10-20 创建布局-开始

（3）选择合适的打印机或绘图仪，再选择"下一步"。如图 10-21 所示。

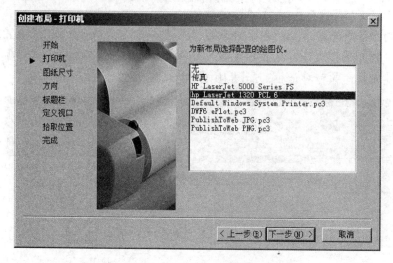

图 10-21 "创建布局-打印机"设置

（4）在"图纸尺寸"设置中选择打印机的图纸大小的设定，并选择合适的图形单位。如图 10-22 所示。

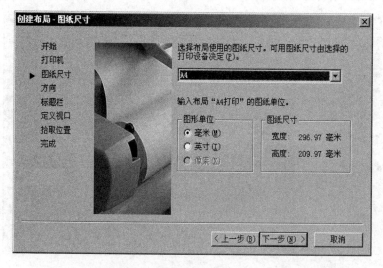

图 10-22 "创建布局-图纸尺寸"设置

（5）如图 10-23 所示，在图纸方向设置中选择打印机的图纸方向的设定，再选择"下一步"。

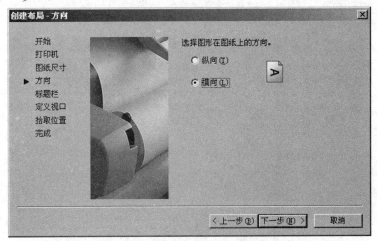

图 10-23 "创建布局-图纸方向"设置

（6）在标题栏设置中，选择您想要的布局样板，如上节所述，这里正是使用布局样板的地方，其中类型中选择"块"是为了方便将其分解后修改，如图 10-24 所示。

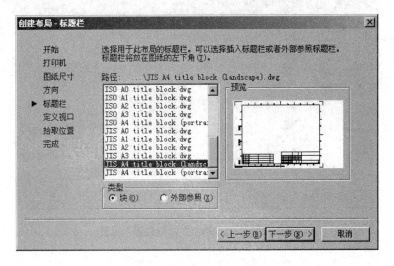

图 10-24 "创建布局-标题栏"设置

（7）在视口设置中选择"单个视口"，并在视口比例中选择"按图纸空间缩放"。如图 10-25 所示。

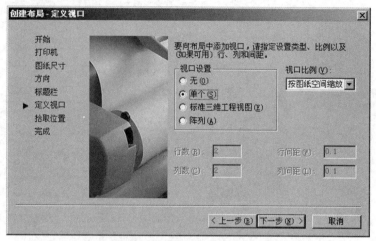

图 10-25　"创建布局-定义视口"设置

（8）如图 10-26 所示，单击"选择位置"按钮，并在视图中从最左下角画到最右上角，表视满图布局，再选择"下一步"。

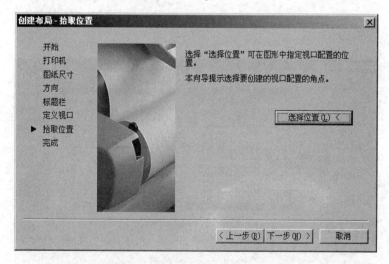

图 10-26　"创建布局-拾取位置"设置

（9）如图 10-27 所示，单击"完成"按钮，即可完成布局向导，完成后效果如图 10-28 所示。

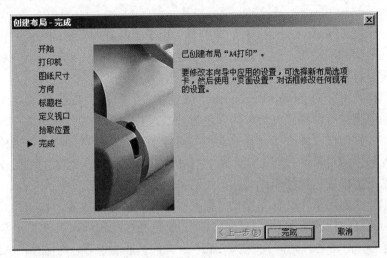

图 10-27 "创建布局-完成"设置

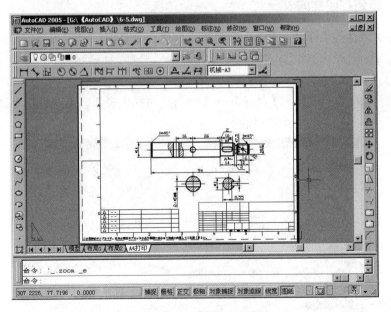

图 10-28 利用布局向导完成效果

10.4　打印样式

打印样式（Plotstyle）是一种对象特性，用于修改打印图形的外观，包括对象的颜色、线型和线宽等，也可指定端点、连接和填充样式，以及抖动、灰度、笔指定和淡显等输出效果。

打印样式可分为"ColorDependent（颜色相关）"和"Named（命名）"两种模式。颜色相关打印样式以对象的颜色为基础，共有 255 种颜色相关打印样式。在颜色相关打印样式模式下，通过调整与对象颜色对应的打印样式可以控制所有具有同种颜色的对象的打印方式。命名打印样式可以独立于对象的颜色使用。可以给对象指定任意一种打印样式，不管对象的颜色是什么。

打印样式表用于定义打印样式。根据打印样式的不同模式，打印样式表也分为颜色相关打印样式表和命名打印样式表。颜色相关打印样式表以".ctb"为文件扩展名保存，而命名打印样式表以".stb"为文件扩展名保存，均保存在 AutoCAD 系统主目录中的"plotstyles"子文件夹中。

10.4.1　创建打印样式表

AutoCAD 提供了两种向导，分别用于创建命令打印样式表和颜色相关打印样式表。

（1）创建命名打印样式表

选择菜单【工具】→【向导】→【添加打印样式表】，系统弹出"添加打印样式表"对话框，如图 10-29 所示。

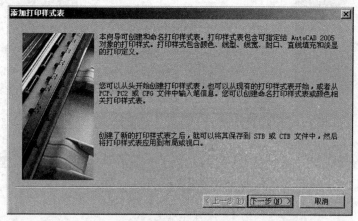

图 10-29　"添加打印样式表"对话框

下面依次对各个步骤进行介绍。

① "开始"：如图 10-30 所示，选择如下创建方式之一：

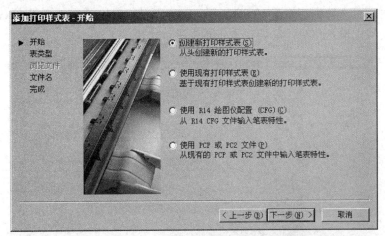

图 10-30 "添加打印样式表-开始"对话框

"创建新打印样式表"：从头开始创建新的打印样式表。

"使用现有打印样式表"：以现有的命名打印样式表为基础来创建新打印样式表。

"使用 R14 绘图仪配置"：使用 acadr14.cfg 文件中的笔指定信息创建新打印样式表。

"使用 PCP 或 PC2 文件"：使用 PCP 或 PC2 文件中存储的笔指定信息创建新的打印样式表。

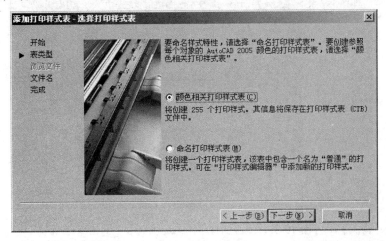

图 10-31 "添加打印样式表-表类型"对话框

②"表类型"：如图 10-31 所示，选择创建命名打印样式表或者是创建颜色相关打印样式表。

③"浏览文件"：如图 10-32 所示，如果要从已存在的文件、或 CFG、PCP、PC2 等文件中输入信息，需要在本步骤中进行定位。

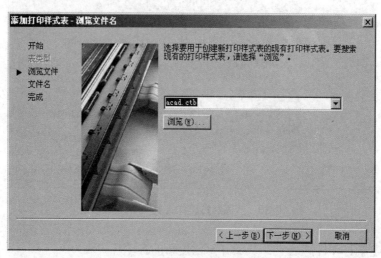

图 10-32　"添加打印样式表-浏览文件"对话框

④"文件名"：如图 10-33 所示，指定新建的打印样式表名称。

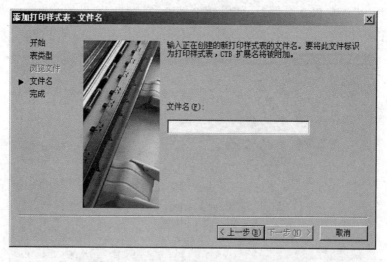

图 10-33　"添加打印样式表-文件名"对话框

⑤ "完成": 如图 10-34 所示，在完成创建工作前，用户还可单击 "打印样式表编辑器" 按钮，用打印样式表编辑器对该文件进行编辑。如果用户选择对话框中的 "对新图形和 AutoCAD 2005 之前的图形使用此打印样式表" 项，则可按缺省规定附着打印样式到所有新图形和早期版本的图形中。

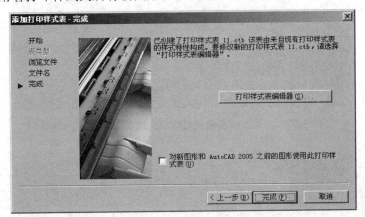

图 10-34 "添加打印样式表-完成" 对话框

⑥完成上述步骤后，系统将创建一个新的 STB 文件，并将其保存在 AutoCAD 系统主目录中的 "plotstyles" 子文件夹中。

（2）创建颜色相关打印样式表

选择菜单【工具】→【向导】→【添加颜色相关打印样式表】，系统弹出 "添加颜色相关打印样式表-开始" 对话框，如图 10-35 所示。"浏览文件" "文件名" "完成"，分别如图 10-36、图 10-37、图 10-38 所示。

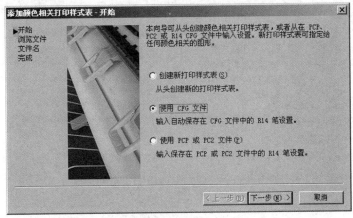

图 10-35 "添加颜色相关打印样式表-开始" 对话框

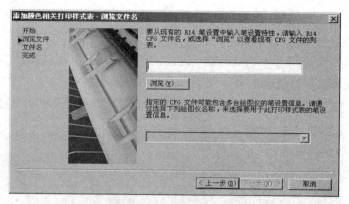

图 10-36 "添加颜色相关打印样式表-浏览文件名"对话框

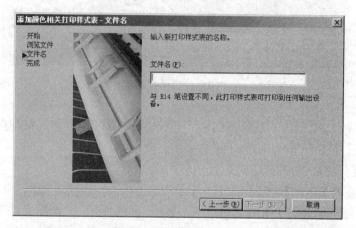

图 10-37 "添加颜色相关打印样式表-文件名"对话框

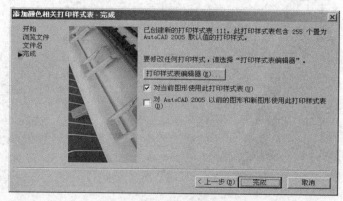

图 10-38 "添加颜色相关打印样式表-完成"对话框

10.4.2 打印样式管理器

打印样式管理器可以帮助用户创建、编辑和存储 CTB 和 STB 文件。启动打印样式管理器的方式为：

A．下拉菜单：【文件】→【打印样式管理器】

B．输入命令：StylesManager

其他方式：操作系统中的控制面板→"Autodesk 打印样式管理器"项，如图 10-39 所示。【工具】→【选项】→"打印和发布"选项卡→启动打印样式管理器，如图 10-40 所示。实际上是在操作系统的资源管理器中访问 AutoCAD 系统主文件夹中的"Plot Styles"子文件夹，如图 10-41 所示。

图 10-39　系统"控制面板"中的打印样式管理器

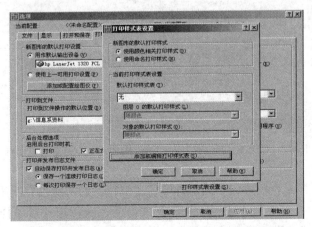

图 10-40　"工具选项""打印样式表设置"对话框

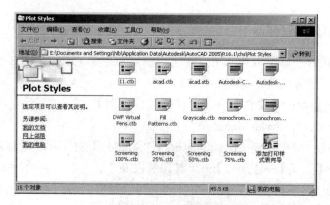

图 10-41　"Plot Styles" 对话框

10.4.3 编辑打印样式

AutoCAD 提供了打印样式表编辑器，用以对打印样式表中的打印样式进行编辑。用户可使用如下方式来启动该编辑器：

（1）启动打印样式管理器，并打开其中的打印样式表文件（包括 STB 文件和 CTB 文件）。

（2）在"打印"或"页面设置管理器"对话框中选择打印样式表并单击 按钮。

在该编辑器中，用户查看或设置打印样式，图 10-42 和图 10-43 所示分别显示了在打印样式编辑器中打开 CTB 文件和 STB 文件的情况。

图 10-42　CTB 的打印样式表　　　图 10-43　STB 的打印样式表

根据打印样式表模式的不同，打印样式编辑器的功能也有所不同。比如可以在命名打印样式表中添加或删除打印样式，而在颜色相关打印样式表中包含的 255 个打印样式分别映射 255 种颜色，所以不能将新的样式添加到颜色相关打印样式表，也不能从颜色相关打印样式表中删除打印样式。

10.4.4 应用打印样式

每个 AutoCAD 的图形对象以及图层都具有打印样式特性，其打印样式的特性与所使用的打印样式的模式相关。如果工作在颜色相关模式下，打印样式由对象或图层的颜色确定，所以不能修改对象或图层的打印样式。如果工作在命名打印样式模式下，则可以随时修改对象或图层的打印样式。可用的打印样式有如下几种：

（1）"Normal（普通）"：使用对象的缺省特性。

（2）"ByLayer（随层）"：使用对象所在图层的特性。

（3）"ByBlock（随块）"：使用对象所在块的特性。

（4）命名打印样式：使用在打印样式表中定义打印样式时指定的特性。

创建对象和图层时，AutoCAD 为其指定当前的打印样式。如果插入块，则块中的对象使用它们自己的打印样式。在"选项"对话框中的"打印和发布"选项卡中，用户可以选择新建图形所使用的打印样式模式。

图 10-44 和图 10-45 分别显示了选择颜色相关模式和命名模式两种情况。其中，在命名模式下，还可进一步设置"0"层和新建对象的缺省打印样式。

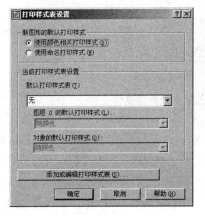
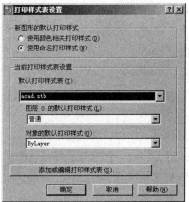

图 10-44　使用颜色相关打印样式　　图 10-45　使用命名打印样式

10.5　图形输入输出

AutoCAD 提供了图形输入与输出接口。不仅可以将其他应用程序中处理好的数据传送给 AutoCAD，以显示其图形，还可以将在 AutoCAD 中绘制好的图形传送给其他应用程序。此外，为适应互联网络的快速发展，使用户能够快速有效地共享设计信息，AutoCAD 强化了其 Internet 功能，使其与互联网相关的操作更加方便、高效，可以创建 Web 格式的文件（DWF），以及发布 AutoCAD 图形文件到 Web 页。

AutoCAD 除了可以打开和保存 DWG 格式的图形文件外，还可以输入或输出其他格式的图形。

10.5.1 导入图形

在 AutoCAD 的菜单【插入】中，有【3D Studio】、【ACIS 文件】、【二进制图形交换】、【Windows 图元文件】、【OLE 对象】等几种插入格式。如图 10-46 所示。

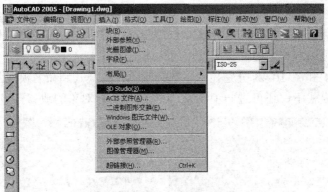

图 10-46 插入外部其他类型文件

在 AutoCAD 的菜单命令中没有"输入"命令，但是可以使用【插入】 →【3DStudio】命令、【插入】→【ACIS 文件】命令、【插入】→【二进制图形交换】命令及【插入】→【Windows 图元文件】命令，分别输入上述 4 种格式的图形文件。另外也可以插入 OLE 对象，选择【插入】→【OLE 对象】命令，打开"插入对象"对话框，可以插入对象链接或者嵌入对象。

10.5.2 输出图形

选择【文件】→【输出】命令，打开"输出数据"对话框，如图 10-47 所示。可以在"保存于"下拉列表框中设置文件输出的路径，在"文件"文本框中输入文件名称，在"文件类型"下拉列表框中选择文件的输出类型，如图元文件、ACIS、平板印刷、封装 PS、DXX 提取、位图、3DStudio 及块等，如图 10-47 所示。

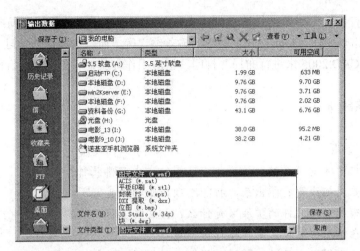

图 10-47　"输出数据"对话框

设置了文件的输出路径、名称及文件类型后，单击对话框中的"保存"按钮，将切换到绘图窗口中，可以选择需要以指定格式保存的对象。

当然，也可以通过【文件】→【网上发布】将 AutoCAD 图发布成网页与别人共享，如图 10-48 所示。

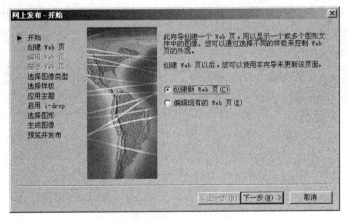

图 10-48　网上发布

项目小结

在本项目中讲述了 AutoCAD 2005 中的一些打印与布局及图形输入输出的方

法，包括打印设置、页面设置、创建布局、应用布局样板、使用布局向导，布局视图中的常规操作、打印样式及图形的输入输出等。通过本项目的学习，用户可以利用 AutoCAD 2005 来进行布局并打印，也可用作与其他软件之间进行图形交换。

项目训练题十

1. 问答题

（1）打印环境设置时，设置打印范围的方式有哪几种？

（2）要想把线宽打印出来，打印选项该如何设置？

（3）布局样板文件的扩展名是什么？该文件要保存在哪个目录中？

（4）在布局视图中，如何操作模型窗口？

（5）使用样板布局后，如何对样板的图框进行编辑？

（6）打印样式有什么作用？

（7）常用图形的输入与输出格式是什么？

2. 实训

（1）绘制 A4 纸与 A3 纸的样板图，包括横向与竖向两种样板图，并存入样板图 Template 目录中。

（2）打开素材\第 10 章\6-4.dwg，将图分别采用 A4 纸与 A3 纸两种纸大小，分别采用横竖两个方向进行布局设置，每个布局中图框上文字部分的图纸比例要按出图的比例填写。

（3）将 AutoCAD 图与 PhotoShop、3D Studio、CorelDraw 进行图形交换。

（4）将 AutoCAD 图发布成网页。

附录 AutoCAD 命令、操作及功能一览表

命令	缩写	菜单位置	图标	快捷键	功能
3D		【绘图】【曲面】【三维曲面】			创建三维多边形网格对象
3darray	3A	【修改】【三维操作】【三维阵列】			创建三维阵列
3dclip					启动交互式三维视图并打开"调整剪裁平面"窗口
3dconfig					给 3D 图形系统配置设定提供一个命令行界面
3dcorbit					启用交互式三维视图并允许用户设置对象在三维视图中连续运动
3ddistance					启用交互式三维视图并使对象看起来更近或更远
3dface	3F	【绘图】【曲面】【三维曲面】			创建三维面
3dmesh					创建自由格式的多边形网格
3dorbit	3DO/ ORBIT				控制在三维空间中交互式查看对象
3dorbitctr					设置三维动态观察器的旋转中心
3dpan	3P				启用交互式三维视图并允许用户水平和垂直拖动视图
3dpoly		【绘图】【三维多段线】			在三维空间创建多段线
3dsin		【插入】【3D Studio】			输入"3D Studio"（3DS）文件
3dsout					输出到"3D Studio"（3DS）文件
3dswivel					启用交互式三维视图并模拟旋转相机的效果
3dzoom					启用交互式三维视图，使用户可以缩放视图

命令	缩写	菜单位置	图标	快捷键	功能
about		【帮助】【关于】			显示关于 AutoCAD 的信息
acisin		【插入】【ACIS 文件】			输入 ACIS 文件，AutoCAD 的一种实体建模文件格式
acisout					将 AutoCAD 实体对象输出到 ACIS 文件中
adcclose					关闭设计中心
adcenter	ADC 或 DC	【工具】【设计中心】	🖼		管理和插入块、外部参照和填充图案等内容
adcnavigate					指定的路径或图形文件名被加载到设计中心"文件夹"选项卡的树状图中
align	AL	【修改】【三维操作】【对齐】			在二维和三维空间中将对象与其他对象对齐
ameconvert					将 AME 实体模型转换为 AutoCAD 实体对象
aperture					控制对象捕捉靶框大小
appload	AP	【工具】【加载应用程序】			加载和卸载应用程序，定义要在启动时加载的应用程序
arc	A	【绘图】【圆弧】			创建圆弧
archive					将当前要存档的图样集文件打包
area	AA	【工具】【查询】【面积】	◼		计算对象或指定区域的面积和周长
array	AR	【修改】【阵列】	⬛		创建按指定方式排列的多个对象副本
arx					加载、卸载 ObjectARX 应用程序并提供相关信息
assist					打开"信息"选项板中的"快捷帮助"，提供上下文相关的信息
assistclose		关闭"快捷帮助"和"信息"选项板			
attachurl					附着超文本连接至图形中的对象或区域
attdef	ATT	【绘图】【块定义属性】			创建属性定义
attdisp					全局控制属性的可见性

命令	缩写	菜单位置	图标	快捷键	功能
attedit	ATE	【修改】【对象】【属性】【单个】			改变属性信息
attext					提取属性数据
attredef					重定义块并更新关联属性
attsync			⬗		用块的当前属性定义更新指定块的全部实例
audit		【文件】【绘图实用程序核查】			检查图形的完整性
		【视图】【显示】【属性显示】			
background		【视图】【渲染】【背景】	▦		设置当前图形的插入基点
base		【绘图】【块】【基点】			
battman		【修改】【对象】【属性】【块属性管理器】	▨		编辑块定义的属性特性
bhatch	BH 或 H	【绘图】【图案填充】	▢		用填充图案或渐变填充来填充一个封闭区域或选定的对象
blipmode					控制点标记的显示
block	BL	【绘图】【块】【创建】	▨		根据选定对象创建块定义
blockicon		【文件】【绘图实用程序】【更新块标记】			为显示在设计中心中的块生成预览图像
bmpout					按与设备无关的位图格式将选定对象保存到文件中
boundary	BO	【绘图】【边界】	▥		从封闭区域创建面域或多段线
box		【绘图】【实体】【长方体】			创建三维实体长方体
break	BR	【修改】【打断】	▭		在两点之间打断选定对象
browser			▣		
cal					计算算术和几何表达式
camera			▨		设置不同的相机和目标位置
chamfer	CHA	【修改】【倒角】	◣		给对象加倒角
change					修改现有对象的特性
checkstand-ards	CHK	【工具】【CAD 标准】【检查】	▨		检查当前图形的标准冲突情况

命令	缩写	菜单位置	图标	快捷键	功能
chprop					修改对象的颜色、图层、线型、线型比例因子、线宽、厚度和打印样式
circle	C	【绘图】【圆】			创建圆
cleanscreenon		【视图】【清除屏幕】		Ctrl+O	清除屏幕上所有的用户界面项目（除菜单栏和状态栏以外）
cleanscreenoff		【视图】【清除屏幕】		Ctrl+O	恢复工具栏、工具选项板窗口、"特性"选项板和设计中心的显示
close		【文件】【关闭】			关闭当前图形
closeall		【窗口】【全部关闭】			关闭当前所有打开的图形
color	COL	【格式】【颜色】			设置新对象的颜色
compile					编译形文件和PostScript字体文件
cone		【绘图】【实体】【圆锥体】			创建三维实体圆锥
convert					优化在AutoCAD R13或早期版本中创建的二维多段线和关联填充
convertctb					将颜色相关的打印样式表（CTB）转换为命名打印样式表（STB）
convertpstyles					将当前图形转换为命名或颜色相关打印样式
copy	CO 或 CP	【修改】【复制】			复制对象
copybase		【编辑】【带基点复制】		Ctrl+Shift+C	使用指定基点复制对象
copyclip		【编辑】【复制】		Ctrl+C	将对象复制到剪贴板
copyhist					将命令行历史记录文字复制到剪贴板
copylink		【编辑】【复制链接】			将当前视图复制到剪贴板中以便链接到其他OLE应用程序
customize		【工具】【自定义】			自定义工具、按钮、快捷键和工具选项板
cutclip		【编辑】【剪切】		Ctrl+X	将对象复制到剪贴板并从图形中删除对象

命令	缩写	菜单位置	图标	快捷键	功能
cylinder		【绘图】【实体】【圆柱体】			创建三维实体圆柱
dbcclose		【工具】【数据库连接】		Ctrl+F6	关闭数据库连接管理器
dbconnect	DBC	【工具】【数据库连接】		Ctrl+F6	提供到外部数据库表的 AutoCAD 接口
dblclkedit					控制双击操作
dblist					在图形数据库列表中列出每个对象的数据库信息
ddedit	ED	【文字】【多行文字编辑】或【文字编辑】			编辑文字、标注文字、属性定义和特征控制框
ddgrips	GR	【工具】【选项】			设置夹点和拾取框
ddptype		【格式】【点样式】			指定点对象的显示样式及大小
ddvpoint	VP	【视图】【三维视图】【视点设置】			设置三维观察方向
delay					在脚本文件中提供指定时间的暂停
detachurl					删除图形中的超文本连接
dim 或 dim1					访问标注模式
dimaligned	DAL	【标注】【对齐】			创建对齐线性标注
dimangular	DAN	【标注】【对齐】			创建角度标注
dimbaseline	DBA	【标注】【基线】			从上一个标注或选定标注的基线处创建线性标注、角度标注或坐标标注
dimcenter	DCE	【标注】【中心标记】			创建圆和圆弧的圆心标记或中心线
dimcontinue	DCO	【标注】【连续】			从上一个标注或选定标注的第二条尺寸界线处创建线性标注、角度标注或坐标标注
dimdiameter	DDI	【标注】【直径】			创建圆和圆弧的直径标注
dimdisassociate	DDA				删除选定标注的关联性
dimedit	DED				编辑标注
dimlinear	DLI	【标注】【线性】			创建线性标注
dimordinate	DOR	【标注】【坐标】			创建坐标点标注
dimoverride	DOV	【标注】【替代】			替代尺寸标注系统变量
dimradius	DRA	【标注】【半径】			创建圆和圆弧的半径标注

命令	缩写	菜单位置	图标	快捷键	功能
dimreassoci-ate	DRE	【标注】【重新关联标注】			将选定标注与几何对象相关联
dimregen					更新所有关联标注的位置
dimstyle	D	【格式】【标注样式】或【标注】【标注样式】	✍		创建和修改标注样式
dimtedit		【标注】【对齐文字】	✍		移动和旋转标注文字
dist	DI	【工具】【查询】【距离】	▤		测量两点之间的距离和角度
divide	DIV	【绘图】【点】【定数等分】			将点对象或块沿对象的长度或周长等间隔排列
donut	DO	【绘图】【圆环】			绘制填充的圆和环
dragmode					控制AutoCAD显示拖动对象的方式
draworder	DR	【工具】【绘图顺序】	▦		修改图像和其他对象的绘图顺序
dsettings	DS 或 SE	【工具】【草图设置】			指定捕捉模式、栅格、极轴追踪和对象捕捉追踪的设置
dsviewer		【视图】【鸟瞰视图】			打开"鸟瞰视图"窗口
dview	DV				定义平行投影或透视视图
dwgprops		【文件】【图形特性】			设置和显示当前图形的特性
dxbin		【插入】【二进制图形交换】			输入特殊编码的二进制文件
eattedit		【修改】【对象】【属性】【单个】	▨		在块参照中编辑属性
eattext		【工具】【属性提取】	▧		将块属性信息输出到外部文件
edge		【绘图】【曲面】【边】	◇		修改三维面的边的可见性
edgesurf		【绘图】【曲面】【边界曲面】	⟋		创建三维多边形网格
elev					设置新对象的标高和拉伸厚度
ellipse	EL	【绘图】【椭圆】	○		创建椭圆或椭圆弧
erase	E	【修改】【删除】	✎	Del	从图形中删除对象
etransmit					将用于 Internet 传输的一组文件打包
explode	X	【修改】【分解】	✂		将合成对象分解为其部件对象
export	EXP				以其他文件格式保存对象
extend		【修改】【延伸】	⊣		将对象延伸到另一对象
extrude	EXT	【绘图】【实体】【拉伸】	◫		通过拉伸现有二维对象来创建唯一实体原型

命令	缩写	菜单位置	图标	快捷键	功能
field		【插入】【字段】			创建具有字段的多行文字对象，该对象可随字段值更改而自动更新
fill					控制诸如图案填充、二维实体和宽多段线等对象的填充
fillet	F	【修改】【圆角】			给对象加圆角
filter	FI				为对象选择创建可重复使用的过滤器
find		【编辑】【查找】			查找、替换、选择或缩放到指定的文字
fog		【视图】【渲染】【雾化】			提供对象外观距离的视觉提示
gotourl					用附着在对象上的关联超级链接打开文件或网页
graphscr				F2	从文本窗口切换到绘图区域
grid				F7 或 Ctrl+G	在当前视口中显示点栅格
group	G			Ctrl+Z	创建和管理已保存的对象集（称为编组）
hatch	H	【修改】【对象】【图案填充】			用无关联填充图案填充区域
hatchedit	HE	图案填充			修改一个图案或渐变填充
help 或?				F1	显示帮助
hide	HI	【视图】【消隐】			重生成三维模型时不显示隐藏线
hlsettings					改变隐藏线的显示特性
hyperlink				Ctrl+K	在对象上附着超链接或修改现有超链接
hyperlinkoptions					控制超链接光标、工具栏提示和快捷菜单的显示
id		【工具】【查询】【点坐标】			显示位置的坐标
image	IM	【插入】【图像管理器】			管理图像
imageadjust	IAD	【修改】【对象】【图像】【调整】			控制图像的亮度、对比度和褪色度

命令	缩写	菜单位置	图标	快捷键	功能
imageattach	IAT	【插入】【光栅图像】			将新的图像附着到当前图形
imageclip	ICL	【修改】【剪裁】【图像】			为图像对象创建新的剪裁边界
imageframe		【修改】【对象】【图像】【边框】			控制在视图中显示还是隐藏图像边框
imagequality		【修改】【对象】【图像】【质量】			控制图像的显示质量
import	IMP				输入不同格式的文件
insert	I	【插入】【块】			将图形或命名块放到当前图形中
insertobj	IO	【插入】【OLE 对象】			插入链接对象或内嵌对象
interfere	INF	【绘图】【实体】【干涉】			用两个或多个实体的公共部分创建三维组合实体
intersect	IN	【修改】【实体编辑】【交集】			从两个或多个实体或面域的交集中创建组合实体或面域，并删除交集外面的区域
isoplane				F5 或 Ctrl+E	指定当前等轴测平面
jpgout					保存选定的对象到一个 JPEG 格式的文件
justifytext		【修改】【对象】【文字】【对正】			改变选定文字对象的对齐点而不改变其位置
layer	LA	【格式】【图层】			管理图层和图层特性
layerp					放弃对图层设置所做的上一个或一组更改
layerpmode					打开或关闭对图层设置所做更改的追踪
layout	LO	【插入】【布局】			创建并修改图形布局选项卡
layoutwizard		【插入】【布局】【布局向导】或【工具】【向导】【创建布局】			创建新的布局选项卡并指定页面和打印设置
laytrans		【工具】【CAD 标准】【图层转换器】			按照指定的图层标准更改图形的图层
leader		【格式】【图形界限】			创建连接注释与几何特征的引线
lengthen	LEN				修改对象的长度和圆弧的包含角

命令	缩写	菜单位置	图标	快捷键	功能
light		【视图】【渲染】【光源】			管理光源和光照效果
limits		【修改】【拉长】			设置和控制当前"模型"或布局选项卡中的栅格显示的界限
line	L	【绘图】【直线】			创建直线段
linetype	LT	【格式】【线型】			加载、设置和修改线型
list	LI 或 LS	【工具】【查询】【列表显示】			显示选定对象的数据库信息
load					为 SHAPE 命令加载可调用的形状
logfileoff					关闭 LOGFILEON 命令打开的日志文件
logfileon					将文本窗口中的内容写入文件
lsedit		【视图】【渲染】【编辑配景】			编辑配景对象
lslib		【视图】【渲染】【配景库】			维护配景对象库
light		【视图】【渲染】【光源】			管理光源和光照效果
limits		【格式】【图形界限】			设置和控制当前"模型"或布局选项卡中的栅格显示的界限
line	L	【绘图】【直线】			创建直线段
linetype	LT	【格式】【线型】			加载、设置和修改线型
list	LI 或 LS	【工具】【查询】【列表显示】			显示选定对象的数据库信息
logfileoff					关闭 LOGFILEON 命令打开的日志文件
logfileon					将文本窗口中的内容写入文件
lsedit		【视图】【渲染】【编辑配景】			编辑配景对象
lslib		【视图】【渲染】【配景库】			维护配景对象库
lsnew		【视图】【渲染】【新建配景】			在图形中添加具有真实感的配景项目，例如树和灌木丛
ltscale	LTS				设置全局线型比例因子
lweight	LW	【格式】【线宽】			设置当前线宽、线宽显示选项和线宽单位
markup		【工具】【标记集管理器】			显示标记详细信息并允许更改其状态

命令	缩写	菜单位置	图标	快捷键	功能
markupclose		【工具】【标记集管理器】			关闭"标记集管理器"
massprop	MA	【工具】【查询】【面域/质量特性】			计算面域或实体的质量特性
matchcell					将选定表格单元的特性应用到其他表格单元
matchprop		【修改】【特性匹配】			将选定对象的特性应用到其他对象
matlib		【视图】【渲染】【材质库】			从材质库输入材质或向其输出材质
measure	ME	【绘图】【点】【定距等分】			将点对象或块在对象上指定间隔处放置
menu					加载菜单文件
menuload		【工具】【自定义】【菜单】			加载局部菜单文件
					卸载局部菜单文件
minsert					在矩形阵列中插入一个块的多个引用
mirror	MI	【修改】【镜像】			创建对象的镜像图像副本
mirror3d		【修改】【三维操作】【三维镜像】			创建相对于某一平面的镜像对象
mledit		【修改】【对象】【多线】			编辑多条平行线
mline	ML	【绘图】【多线】			创建多条平行线
mlstyle		【格式】【多线样式】			定义多条平行线的样式
model					从布局选项卡切换到"模型"选项卡
move	M	【修改】【移动】			在指定方向上按指定距离移动对象
mredo					恢复前面几个用UNDO或U命令放弃的效果
mslide					创建当前模型视口或当前布局的幻灯文件
mspace	MS				从图样空间切换到模型空间视口
mtext	MT或T	【绘图】【文字】【多行文字】			创建多行文字
multiple					重复下一条命令直到被取消

命令	缩写	菜单位置	图标	快捷键	功能
mview	MV	【视图】【视口】【一个视口/两个视口/三个视口/四个视口】			创建并控制布局视口
mvsetup					设置图形规格
netload					加载.NET 应用程序
new		【文件】菜单：新建		Ctrl+N	创建新图形
newsheetset		【插入】【文件】【新建图纸集】或【工具】【向导】【新建图纸集】			创建新图样集
offset	O	【修改】【偏移】			创建同心圆、平行线和平行曲线
olelinks		【编辑】【OLE 链接】			更新、改变和取消现有的 OLE 链接
olescale					控制选定的 OLE 对象的大小、比例和其他特性
oops					恢复删除的对象
open		【文件】【打开】		Ctrl+O	打开现有的图形文件
opendwfmarkup		【文件】【加载标记集】			打开包含标记的 DWF 文件
opensheetset		【文件】【打开图纸集】			打开选定的图纸集
options	OP	【工具】【选项】			自定义 AutoCAD 设置
ortho				F8 或 Ctrl+L	限制光标的移动
osnap	OS	【工具】【草图设置】		F3 或 Ctrl+F	设置执行对象捕捉模式
pagesetup					控制每个新布局的页面布局、打印设备、图样尺寸和其他设置
pan	P	【视图】【平移】【实时】			在当前视口中移动视图
partialload		【文件】【局部加载】			在局部打开的图形中加载附加几何图形
partialopen					将选定视图或图层的几何图形加载到图形中

命令	缩写	菜单位置	图标	快捷键	功能
pasteashype-rlink		【编辑】【粘贴为超级链接】			插入剪贴板数据作为超链接
pasteblock		【编辑】【粘贴为块】		Ctrl+Shirt+V	将复制对象粘贴为块
pasteclip		【编辑】【粘贴】		Ctrl+V	插入剪贴板数据
pasteorig		【编辑】【粘贴到原坐标】			使用原图形的坐标将复制的对象粘贴到新图形中
pastespec	PA	【编辑】【选择性粘贴】			插入剪贴板数据并控制数据格式
pcinwizard		【工具】【向导】【输入打印设置】			显示向导，将 PCP 和 PC2 配置文件中的打印设置输入到"模型"选项卡或当前布局中
pedit	PE	【修改】【对象】【多段线】			编辑多段线和三维多边形网格
pface					逐点创建三维多面网格
plan		【视图】【三维视图】【平面视图】			显示指定用户坐标系的平面视图
pline	PL	【绘图】【多段线】			创建二维多段线
plot	PRINT	【文件】【打印】		Ctrl+P	将图形打印到绘图仪、打印机或文件
plotstamp					在每一个图形的指定角放置打印戳记并将其记录到文件中
plotstyle					设置新对象的当前打印样式或指定选定对象的打印样式
plottermana-ger		【文件】【绘图仪管理器】			显示"绘图仪管理器"，从中可以添加或编辑绘图仪配置
pngout					保存选定的对象到 PNG（便携式网络图形）格式的文件
point	PO	【绘图】【点】			创建点对象
polygon	POL	【绘图】【正多边形】			创建闭合的等边多段线
preview	PRE	【文件】【打印预览】			显示图形的打印效果
properties	PROPS	【工具】【特性】		Ctrl+1	控制现有对象的特性
propertiescl-ose	PRCL-OSE				关闭"特性"选项板
psetupin					将用户定义的页面设置输入到新的图形布局中

命令	缩写	菜单位置	图标	快捷键	功能
pspace	PS				从模型空间视口切换到图纸空间
publish		【文件】【发布】			将图形发布到 DWF 文件或绘图仪
publishtoweb	PTW	【文件】【网上发布】			创建包括选定图形的图像的网页
purge	PU	【文件】【绘图实用程序】【清理】			删除图形中未使用的命名项目，例如块定义和图层
qdim		【标注】【快速标注】			快速创建标注
qleader	LE	【标注】【引线】			创建引线和引线注释
qnew					使用默认图形样板文件的选项开始一张新图
qsave		【文件】【保存】		Ctrl+S	用"选项"对话框中指定的文件格式保存当前图形
qselect		【工具】【快速选择】			基于过滤条件创建选择集
qtext					控制文字和属性对象的显示和打印
quit		【文件】【退出】		Ctrl+Q	退出 AutoCAD
ray					创建单向无限长的线
recover		【文件】【绘图实用程序】【修复】			修复损坏的图形
rectang	REC	【绘图】【矩形】			绘制矩形多段线
redefine					恢复被 UNDEFINE 忽略的 AutoCAD 内部命令
redo		【编辑】【重做】		Ctrl+Y	恢复上一个 UNDO 或 U 命令的效果
redraw	R				刷新当前视口中的显示
redrawall	RA				刷新显示所有视口
refedit		【修改】【外部参照和块编辑】【在位编辑参照】			选择要编辑的参照
refset		【修改】【外部参照和块编辑】【添加到工作集】或【外部参照和块编辑】【从工作集删除】			在位编辑参照（外部参照或块）时在工作集中添加或删除对象
regen	RE				从当前视口重生成整个图形

命令	缩写	菜单位置	图标	快捷键	功能
regenall		【视图】【全部重生成】			重生成图形并刷新所有视口
regenauto					控制图形的自动重生成
region		【绘图】【面域】			将包含封闭区域的对象转换为面域对象
reinit					重初始化数字化仪、数字化仪的输入/输出端口和程序参数文件
rename		【格式】【重命名】			修改对象名
render	RR	【视图】【渲染】			创建三维线框或实体模型的照片级真实感着色图像
rendscr					重新显示使用RENDER命令创建的最近一个渲染
replay		【工具】【显示图像】【查看】			显示BMP、TGA或TIFF图像
resume					继续执行被中断的脚本文件
revcloud		【绘图】【修订云线】			创建由连续圆弧组成的多段线以构成云线形
revolve	REV	【绘图】【实体】【旋转】			通过绕轴旋转二维对象来创建实体
revsurf		【绘图】【曲面】【旋转曲面】			创建围绕选定轴旋转而成的旋转曲面
rmat		【视图】【渲染】【材质】			管理渲染材质
rmlin					将来自RML文件的标记插入图形
rotate	RO	【修改】【旋转】			绕基点移动对象
rotate3d		【修改】【三维操作】【三维旋转】			绕三维轴移动对象
rpref	RPR	【视图】【渲染】【系统配置】			设置渲染系统配置
rscript					重复执行脚本文件
rulesurf		【绘图】【曲面】【直纹曲面】			在两条曲线之间创建直纹曲面
save				Ctrl+S	用当前或指定的文件名保存图形
saveas		【文件】【另存为】		Ctrl+Shift+S	用新文件名保存当前图形的副本

命令	缩写	菜单位置	图标	快捷键	功能
saveimg		【工具】【显示图像】【保存】			将渲染图像保存到文件
scale	SC	【修改】【缩放】			在 X、Y 和 Z 方向按比例放大或缩小对象
scaletext		【修改】【对象】【文字】【比例】			增大或缩小选定文字对象而不改变其位置
scene		【视图】【渲染】【场景】			管理模型空间中的场景
script	SCR	【工具】【运行脚本】			从脚本文件执行一系列命令
section	SEC	【绘图】【实体】【截面】			用平面和实体的交集创建面域
securityoptions					使用"安全选项"对话框来控制安全设置
select					将选定对象置于"上一个"选择集中
setidrophandler					为当前 Autodesk 应用的 i-drop 内容指定默认的类型
setuv		【视图】【渲染】【贴图】			将材质贴到对象上
setvar	SET	【工具】【查询】【设置变量】			列出或修改系统变量值
shademode	SHA	【视图】【着色】			控制在当前视口中实体对象着色的显示
shape					插入形
sheetset		【工具】【图纸集管理器】		Ctrl+4	打开"图纸集管理器"
sheetsethide		【工具】【图纸集管理器】			关闭"图纸集管理器"
shell					访问操作系统命令
showmat					列出选定对象的材质类型和附着方法
sigvalidate					显示附加在一个文件上的数字签名的有关信息
sketch					创建一系列徒手画线段
slice	SL	【绘图】【实体】【剖切】			用平面剖切一组实体
snap	SN			F9 或 Ctrl+B	规定光标按指定的间距移动
soldraw		【绘图】【实体】【设置】【图形】			在用 SOLVIEW 命令创建的视口中生成轮廓图和剖视图
solid	SO	【绘图】【曲面】【二维填充】			创建实体填充的三角形和四边形
solidedit		【修改】【实体编辑】			编辑三维实体对象的面和边

命令	缩写	菜单位置	图标	快捷键	功能
solprof		【绘图】【实体】【设置】【轮廓】			创建三维实体的轮廓图像
solview		【绘图】【实体】【设置】【视图】			使用正投影法创建布局视口来生成三维实体及对象的多面视图与剖视图
spacetrans					在模型空间和图样空间之间转换长度值
spell	SP	【工具】【拼写检查】			检查图形中的拼写
sphere		【绘图】【实体】【球体】			创建三维实体球体
spline	SPL	【绘图】【样条曲线】			创建非一致有理 B 样条曲线（NURBS）
splinedit	SPE	【修改】【对象】【样条曲线】			编辑样条曲线或样条曲线拟合多段线
standards	STA	【工具】【CAD 标准】【配置】			管理标准文件与AutoCAD图形之间的关联性
stats		【视图】【渲染】【统计信息】			显示渲染统计信息
status		【工具】【查询】【状态】			显示图形的统计信息、模式和范围
stlout					将实体存储到 ASCII 或二进制文件中
stretch	S	【修改】【拉伸】			移动或拉伸对象
style	STA	【格式】【文字样式】			创建、修改或设置命名文字样式
stylesmanager		【文件】【打印样式管理器】			显示打印样式管理器
subtract	SU	【修改】【实体编辑】【差集】			通过减操作合并选定的面域或实体
syswindows					排列窗口和图标
table	TA	【绘图】【表】			在图形中创建空表格对象
tabledit					在表格单元中编辑文本
tableexport					以 CSV 文件格式从表格对象中导出数据
tablestyle		【格式】【表样式】			定义新表格样式
tablet		【工具】【数字化仪】			校准、配置、打开和关闭已连接的数字化仪

命令	缩写	菜单位置	图标	快捷键	功能
tabsurf		【绘图】【曲面】【平移曲面】			沿路径曲线和方向矢量创建平移曲面
text		【绘图】【文字】【单行文字】			创建单行文字对象
textscr		【视图】【显示】【文本窗口】		F2	打开文本窗口
texttofront		【工具】【绘图次序】【将文字和标注前置】			将文本和标注置于图形中所有其他对象之前
tifout					保存选定的对象到一个 TIFF 格式的文件
time		【工具】【查询】【时间】			显示图形的日期和时间统计信息
tolerance	TOL	【标注】【公差】			创建形位公差
toolbar	TOL	【视图】【工具栏】			显示、隐藏和自定义工具栏
toolpalettes	TP	【工具】【工具选项板窗口】		Ctrl+3	打开"工具选项板"窗口
toolpalettes-close		【工具】【工具选项板窗口】		Ctrl+3	关闭"工具选项板"窗口
torus	TOR	【绘图】【实体】【圆环体】			创建圆环形实体
trace					创建实线
transparency		【修改】【对象】【图像】【透明】			控制图像的背景像素是否透明
traysettings					控制在状态栏系统托盘内显示图标和通告
treestat					显示关于图形当前空间索引的信息
trim	TR	【修改】【修剪】			按其他对象定义的剪切边修剪对象
u					放弃最近一次操作
ucs		【工具】【新建 UCS】			管理用户坐标系
ucsicon		【视图】【显示】【UCS 图标】		F6 或 Ctrl+D	控制 UCS 图标的可见性和位置
ucsman	UC	【工具】【命名 UCS】			管理已定义的用户坐标系
undefine					允许应用程序定义的命令替代 AutoCAD 内部命令

命令	缩写	菜单位置	图标	快捷键	功能
undo					撤销命令的效果
union	UNI	【修改】【实体编辑】【并集】			通过添加操作合并选定面域或实体
units		【格式】【单位】			控制坐标和角度的显示格式和精度
updatefield		【工具】【更新字段】			手动更新图形中选定对象的字段
updatethumbsnow					在"图纸集管理器"中手动更新图样的缩微预览、图样视图和模型空间视图
vbaide		【工具】【宏】【Visual Basic 编辑器】		Alt+F11	显示 Visual Basic 编辑器
vbaload		【工具】【宏】【加载工程】			将全局 VBA 工程加载到当前 AutoCAD 任务中
vbaman		【工具】【宏】【VBA 管理器】			加载、卸载、保存、创建、嵌入和提取 VBA 工程
vbarun		【工具】【宏】		Alt+F8	运行 VBA 宏
vbastmt					在 AutoCAD 命令行中执行 VBA 语句
vbaunload					卸载全局 VBA 工程
view	V	【视图】【命名视图】			保存和恢复命名视图
viewplotdetails		【文件】【查看打印和发布详细信息】			显示有关完成打印和发布作业的信息
viewres					设置当前视口中对象的分辨率
vlisp		【工具】【AutoLISP】【Visual LISP 编辑器】			显示 Visual LISP 交互式开发环境（IDE）
vpclip					剪裁视口对象
vplayer					设置视口中图层的可见性
vpmax					展开当前布局视口以进行编辑
vpmin					恢复当前布局视口
vpoint	VP	【视图】【三维视图】【视点】			设置图形的三维直观观察方向
vports		【视图】【视口】			创建多个视口
vslide					在当前视口中显示图像幻灯文件
wblock	W				将对象或块写入新图形文件

命令	缩写	菜单位置	图标	快捷键	功能
wedge	WE	【绘图】【实体】【楔体】			创建三维实体并使其倾斜面沿 X 轴方向
whohas					显示打开的图形文件的所有权信息
wipeout		【绘图】【擦除】			用空白区域覆盖存在的对象
wmfin		【插入】【Windows 图元文件】			输入 Windows 图元文件
wmfopts					设置 WMFIN 选项
wmfout					将对象保存到 Windows 图元文件
xattach	XA	【插入】【外部参照】			将外部参照附着到当前图形
xbind	XB	【修改】【对象】【外部参照】【绑定】			绑定一个或多个在外部参照里的命名对象定义到当前的图形
xclip	XC				定义外部参照或块剪裁边界，并设置前剪裁平面或后剪裁平面
xline	XL	【绘图】【构造线】			创建无限长的线
xopen					在新窗口中打开选定的外部参照
xplode					将合成对象分解为其部件对象
xref	XR	【插入】【外部参照管理器】			控制图形文件的外部参照
zoom	Z	【视图】【缩放】			放大或缩小显示当前视口中对象的外观尺寸